新时代财商教育系列教材

个人理财规划

Private Financial Planning

主　编◎吴树畅
副主编◎王亚平　张志国

U0215030

清華大学出版社

北 京

内容简介

本书包括理财规划基础和理财规划实务两部分。内容体系围绕个人理财规划基础、筹资规划、投资规划、保险规划、子女教育规划、个人税务规划、婚姻家庭财产规划、退休养老规划、财富传承规划和综合理财规划十大专题展开。与其他个人理财类图书不同，本书立足于理财规划，增加了婚姻家庭财产规划章节内容，以呼应社会现实之需。

本书既有理论深度，又有可操作的原则、流程、方法和案例，能够满足高等院校不同层次人才培养教材之需，以及金融机构财富管理从业者及个人或家庭获取理财规划知识与提升理财技能之需。

图书在版编目（CIP）数据

个人理财规划 / 吴树畅主编. -- 北京 ：清华大学
出版社，2024. 7. --（新时代财商教育系列教材）.
ISBN 978-7-302-66607-3

Ⅰ. TS976.15

中国国家版本馆 CIP 数据核字第 20240QB913 号

责任编辑：张　伟
封面设计：汉风唐韵
责任校对：王荣静
责任印制：丛怀宇

出版发行：清华大学出版社
   网　　　址：https://www.tup.com.cn，https://www.wqxuetang.com
   地　　　址：北京清华大学学研大厦 A 座　　　邮　　编：100084
   社 总 机：010-83470000　　　　　　　　邮　　购：010-62786544
   投稿与读者服务：010-62776969，c-service@tup.tsinghua.edu.cn
   质量反馈：010-62772015，zhiliang@tup.tsinghua.edu.cn
   课件下载：https://www.tup.com.cn，010-83470332
印 装 者：三河市科茂嘉荣印务有限公司
经　　销：全国新华书店
开　　本：185mm×260mm　　印　　张：17.25　　　　字　　数：396 千字
版　　次：2024 年 7 月第 1 版　　　　　　　　　印　　次：2024 年 7 月第 1 次印刷
定　　价：55.00 元

产品编号：105544-01

本书编写委员会

主　　编：吴树畅

副 主 编：王亚平　张志国

编　　委（按照姓氏笔画排序）：

　　　　刘　丽　杜爱丽　邹　静　张　越　崔立升
　　　　董思维

审稿人员：

　　　　曲　迪　汪　涵　韩　菡　王　乾　王　珂
　　　　杨浩然　何佳慧　侯佳萍　王以凡　李泓延
　　　　张雨馨　单思源　姜鑫宇

丛 书 序

　　"人猿相揖别。只几个石头磨过……"毛泽东在其《贺新郎·读史》一词中,以其特有的政治家的豪放和幽默,为我们解读了历史。人类从动物中脱颖而出,主要是由于生存的本能促使人类劳动方式发生了转变,不仅可以利用石头等天然工具,而且可以自己有意识地制造工具。所以,恩格斯说"劳动创造了人本身"。

　　人类的发展史,从一定意义上说也是一部财富的发展史。人类生产方式的演变,很大程度上就是财富生产方式的演变,就是人类获取财富、生产财富、创造财富、分配财富、消费财富、传承财富的演变过程。生产力表现为财富的生产和创造能力,生产关系则表现为在财富生产中形成的社会关系。

　　财富最原始、最恒久的源泉,是土地和人口。动物一般都占有自己的领地,和人类近亲的动物都是群居,以适应生存竞争的需要,这正是"物竞天择,适者生存"的具体体现。原始社会的氏族、部落等的生存,更是主要依赖于领地的面积和物产,以及人口的繁衍。奴隶社会(中国是否存在过与西方同样的奴隶社会,史学界尚有争议)时期,国家间通过战争征服其他国家,占领土地,并把从战败国掠夺来的人作为奴隶,为奴隶主阶级无偿地创造财富。封建社会时期,土地更是财富的主要来源。资本主义的原始积累,靠的不仅是殖民掠夺,还有奴隶贸易。

　　"劳动是财富之父,土地是财富之母。"(配第)土地之上的瓜果以及江河中的鱼类等天然食物,地上地下的各种资源,都构成生产和生活资料,但一切都需要通过劳动这一中间环节,才能变成真正现实意义上的财富。所以,人本身才是最重要的生产要素,是活的力量。正是人类伟大的好奇心和无畏的探索精神,使科学技术最终成为第一生产力。土地和人口的数量及质量,在今天,对一个国家的综合竞争力仍然具有决定性的影响。

　　人类的进化是单向度的,是"波浪式前进、螺旋式上升"的,我们永远不可能与猿类相别千万年后,再回过头去投奔那些老朋友,再次返回"自然"。未来的共产主义绝不是原始的共产主义的简单回归。这提醒我们,对待人类历史,人类只能发现规律,顺应规律,而无法改变规律。由动物到人,再到人类的原始社会、奴隶社会、封建社会、资本主义社会、社会主义社会和共产主义社会,马克思已经发现这样的发展规律,这对于人类是值得庆幸的。规律是不以人的意志为转移的,人们不能够简单地以好恶、道德、价值来评判。人类历史受本身的规律支配着、制约着,固有的规律本身既是自然的,也是神奇的。所以,有的人会以科学的精神来面对这一切,而有的人则将这一切归结为神的力量。人类对人类本身的进化和"进步",是怀着极大的矛盾心理的:一方面为生产方式的每一次革命而欢欣鼓舞,认为是一种"进步";另一方面,每一种"进步"的生产方式也带有自身无法克服的许多"落后"现象。过去的历史一再重复着这样的实践。但天性决定了人类始终对未来充满美好的憧憬,并激发出为之奋斗的无穷力量。所以,资本主义终将会被社会主义和共产主义所代替。

财富的最主要、最集中、最简单明了的表现形式是货币。财富的多寡,往往可以用货币数量的多少来衡量。货币是交易的产物,是在交易过程中诞生的一般等价物。货币的形态多种多样,即使不是所有物品都可以成为货币,至少许多产品都可以成为货币,而且事实上的确许多产品曾经成为货币。通常来讲,货币最初是贝壳,后来是铜、铁,再后来是金银,最后是纸张,现在是电子卡,未来可能是数字。

"金银天然不是货币,但货币天然是金银。"(马克思)当今时代,金银作为货币更主要的只是履行储备的功能,纸币早已成为主要的货币。但纸币究其本质不过就是一张纸,人们怎么可以如此地相信这样的一张纸呢?信用是人类智慧的最伟大体现,更是人类理性的最伟大折射。研究货币史我们会发现,任何政治的、军事的、宗教的力量,都无法从根本上强制人们接受这种或者那种货币,是智慧和理性形成了人们的强大自觉,让人们心甘情愿地接受能够给他们的生活带来实际价值的事物。智慧和理性,让我们对人类自身和人类未来充满了无限的信心:真理和正义最终会战胜一切,任何力量也无法阻挡!所以,人类并不惧怕经历了那么漫长的蒙昧时代,也不惧怕那么残酷的奴隶社会,更不惧怕那么黑暗的中世纪封建社会;即使始终充满着血与火的资本主义社会,在那么令人绝望的两次世界大战面前,人类总是会在苦难中铸就辉煌,奋勇向前。历史可以遭遇挫折甚至倒退,但总的前进方向是不可阻挡的。

经济学其实就是财富学。古希腊的色诺芬被认为第一个使用"经济"一词的人,他的"经济"概念原意为"家庭管理"。他的小册子《经济论》是"关于财产管理的讨论",讨论的是奴隶主如何管理财产。斯密因《国富论》而被认为是古典经济学的"开山鼻祖",《国富论》的全称是《国民财富的性质和原因的研究》,研究的是国民财富的性质及其产生和发展的条件。马克思的《资本论》"是马克思主义最厚重、最丰富的著作"(习近平)。《资本论》是围绕剩余价值而展开的,深刻分析了剩余价值的产生、交换、分配、消费,从而得出结论:"整个'资本主义生产方式'必定要被消灭。"(恩格斯)

陈焕章的《孔门理财学》,是20世纪早期"中国学者在西方刊行的第一部中国经济思想名著,也是国人在西方刊行的各种经济学科论著中的最早一部名著"(胡寄窗)。陈焕章是晚清进士,是康有为的学生和朋友,于1907年赴美哥伦比亚大学经济系留学,1911年获哲学博士学位,《孔门理财学》是其博士论文。论文由英文写成,其英文题目的原意是《孔子及其学派的经济思想》,陈焕章自己将其翻译成中文《孔门理财学》。该书按照西方经济学原理,分别讨论了孔子及其学派的经济思想,特别是在消费、生产、公共财产等方面的思想。当时哥伦比亚大学著名的华文教授夏德和政治经济学教授施格分别为其作序,高度评价了陈焕章采用西方经济学框架对孔子及其学派的经济思想所做的精湛研究。该书出版的第二年(1912年),凯恩斯就在《经济学杂志》上为其撰写书评,韦伯在《儒教与道教》中把《孔门理财学》列为重要参考文献,熊彼特在其名著《经济分析史》中特意指出了《孔门理财学》的重要性。

相比较而言,"经济"一词显得扑朔迷离不容易被理解,而"财富"就简单明了更容易被掌握。陈焕章先生用中国特色的"理财学",对应西方的"经济学",是有其道理的,也是用心良苦的。

中国经济发展的奇迹,创造和积累了巨大的社会财富,于是个人、家庭、企业、各类社会组织直至国家,都面临着财富的保值增值问题,财富管理相应地成为方兴未艾的新兴产业。财富管理服务,已经成为银行、保险、证券等传统的金融机构新的业务增长点,各家金融机构也因此纷纷成立专业理财子公司。同时,财富管理也催生了一大批新型的专业财富管理机构。尽管如此,面对市场的巨大需求,财富管理服务供给明显不足,机构数量少、实力不强,产品不丰富,服务不规范,法制不健全,风险频发,等等。其中,最突出的还是人才缺乏,特别是高端专业人才奇缺。

财富来自社会,最终还要服务于社会。党的十九届四中全会指出,要"重视发挥第三次分配作用,发展慈善等社会公益事业"。第一次分配主要是靠市场的力量,第二次分配主要是靠政府的力量,第三次分配则主要是靠道德的力量。人们通常把市场的作用称作"看不见的手",把政府的作用称作"看得见的手"。在计划经济时代,我们主要靠政府,几乎完全忽视市场。改革开放以来,市场的作用日益突出。习近平总书记反复强调,要"充分发挥市场在资源配置中的决定性作用,更好发挥政府作用"。当前,中国国民生产总值将近100万亿元人民币,人均达到近1万元。在全社会的财富积累到一定程度,人均财富达到一定水平之后,特别是社会上涌现出大批经济效益好的大企业和大批成功的企业家,强调公益慈善的时机就成熟了。发挥好市场、政府和公益三个方面的作用,会使中国经济的发展更加行稳致远,以德治国也将进入新境界。我国的经济发展方式,从此进入了从"两只手"到"三足鼎立"的新的历史阶段。相对于未来的发展需要,当前公益慈善在教育普及、人才培养、科学研究等许多方面,都还存在着巨大的差距。

人类已进入信息化时代。随着人工智能、大数据、云计算、区块链、5G技术的广泛应用,财富管理和公益慈善事业都面临着历史性的机遇和挑战。数字货币已经呼之欲出,这不仅会带来货币和金融的革命,还会引起人们对财富的颠覆性认识:从一定意义上说,"其实,财富不过是一组数字"。党的十九届四中全会指出:"健全劳动、资本、土地、知识、技术、管理、数据等生产要素由市场评价贡献、按贡献决定报酬的机制。"数据第一次被确定为生产要素。信息技术在给人类带来难以想象的便捷的同时,也给人类带来了难以想象的巨大风险，需要全人类共同面对，趋利避害。历史的规律从来如此，在无声无息中顽强地发挥作用，让你欢喜让你忧。

人类天生是社会动物，相互交往既是天性，也是生存的必然需求。今天，经济全球化和世界经济一体化，决定了人类是命运共同体，全人类只有团结起来，才能够更好地应对各种共同的挑战。迄今为止，一切阶级社会的历史都是阶级斗争的历史。社会达尔文主义者把生物进化论中弱肉强食的理论应用到了人类社会，但人类毕竟早已从动物界分化了出来。那种极端的个人主义，以我为中心、自我优先的意识，总是梦想着靠霸权、战争、掠夺的手段，把自己的幸福建立在别人的痛苦之上的行为，已经远远落后于时代了，应该被抛进历史的垃圾堆了。自由、平等、博爱、民主、人权、法制等人类的崇高理想，曾经是资本主义登上历史舞台的旗帜，但今天已经被糟蹋得面目全非了，也许这才是资本主义最真实的本来面目。习近平新时代中国特色社会主义思想，作为二十一世纪的马克思主义、当代中国的马克思主义，为中国特色社会主义建设指明了方向。中国特色社会主义正以无比的生机和活力，勇往直前。

正确的财富观，是社会主义核心价值观的重要内容。如何看待财富，如何对待财富创造、交易、分配、消费、传承，等等，对一个人、一个家庭乃至一个国家，影响都是巨大的。青少年是祖国的未来，如果青少年成了物质主义、拜金主义者，把无限追求财富作为人生的唯一目标，那么一个民族、一个国家的未来会是什么？如果党员领导干部为政不廉、贪污腐败，那么国家的治理会走向何方？如果企业家唯利是图、不择手段，一心追求利润最大化，不顾社会责任，不关心生态环境，创造出来"带血"的GDP又有何意义？

财富安全问题需要引起高度重视，应该成为总体国家安全观的重要内容。财富安全同粮食安全、能源安全等一样，对国家的长治久安有着重大的影响。随着国家经济的发展和经济全球化的深入，我国居民个人和国家的财富配置，也必然日益国际化。我国的外汇储备、外债、人民币国际化、对外直接投资、反洗钱问题，信息化时代的金融科技安全问题，等等，都与我国的国家安全息息相关。

加强财商教育已经成为当今时代的重大课题，教育不仅要重视智商教育、情商教育，也要重视财商教育。唯利是图还是重义轻利？"邦有道，贫且贱焉，耻也；邦无道，富且贵焉，耻也。"（孔子）"天下熙熙，皆为利来；天下攘攘，皆为利往。"（司马迁）"仓廪实而知礼节，衣食足而知荣辱。"（管仲）如何理解、如何应对？财商教育不仅事关人类生存和发展的问题，还事关精神和道德的问题；不仅事关个人和家庭的问题，更事关社会、民族、国家和世界的问题。创造财富，消除贫困，缩小贫富差距，共同致富，社会财富极大丰富，人们精神高度文明，是人类走向最高理想的必由之路。从中国诸子百家的"大同思想"到空想社会主义的"乌托邦"，再到科学社会主义的"按需分配"，处处彰显着财商教育的重要影响。

财商教育应该纳入国民教育体系，让孩子们从小就能够树立正确的财富观，学会珍惜财富、勤俭生活、乐于奉献。财商教育也应该纳入党员领导干部培训体系，使公职人员树立正确的义利观,"当官就不要发财,发财就不要当官,这是两股道上跑的车"(习近平语)。财商教育还应该纳入企业家精神培养,使企业家能够正确处理经济效益和社会效益的关系,树立新发展理念,充分履行好社会责任。财商教育又应该纳入老年教育范畴,面对老年社会的到来,老年人财富管理不仅关系个人的生活质量,还关系家庭和谐甚至社会稳定。通过加强财商教育,在全社会形成尊重财富、崇尚劳动、热爱创造、奉献社会、科学理财的浓厚氛围,形成健康向上的财富文化。

加强财富管理和公益慈善高等教育势在必行,加快财富管理和公益慈善专业人才培养,推动相关理论研究,为国家制定相关政策提供智力支撑,为国家相关法律法规建设建言献策,需要设立专门的财富管理、公益慈善大学,需要有更多的综合性大学建立财富管理、公益慈善二级学院。山东工商学院为此作出了积极努力,我们把建设财商教育特色大学作为长远的奋斗目标,并在金融学院、公共管理学院、计算机科学与技术学院、数学与信息科学学院、创新创业学院,分别加挂了财富管理学院、公益慈善学院、人工智能学院、大数据学院、区块链应用技术学院的牌子,并配备了专职副院长。我们努力在全校建立财富管理和公益慈善的学科集群,所有的学科和专业都突出财富管理和公益慈善特色,协同创新,形成合力。我们已经开始了在相关专业开设本科试验班,并招收了相关研究方向的硕士生。我们还开展了相关课题的研究,并建立了相关的支撑体系。

编写新时代财商教育系列教材,是推进财富管理和公益慈善高等教育发展的基础工程。我们规划了《财富管理学》《中国历代财富管理思想精要》《公益慈善项目管理及能力开发》等相关教材,将会尽快陆续推出。由于是开拓性的工作,新时代财商教育系列教材的编写一定存在这样或者那样的问题,我们衷心希望得到各方面的批评指正,我们也会积极地进行修改、完善和再版。我们还希望有更多的高校和研究机构,以及政府部门、金融监管机构、金融机构、公益慈善组织及其工作人员,积极参与到相关教材的编写中来,不断有精品教材面世。希望通过教材的编写,为推动财富管理和公益慈善教育教学打下坚实的基础,加快培养锻炼专业人才,推动相关科学研究,形成大批高质量的科研成果,造就大批优秀的专家学者,推动中国财富管理和公益慈善事业持续健康发展。

白光昭

2020 年 6 月

前　言

党的二十大报告指出:"中国式现代化是人口规模巨大的现代化,是全体人民共同富裕的现代化,是物质文明和精神文明相协调的现代化,是人与自然和谐共生的现代化,是走和平发展道路的现代化。"需要多渠道增加城乡居民财产性收入,完善个人所得税制度,规范收入分配秩序,规范财富积累机制。

随着中国现代化进程的推进,中国居民财富和个人对财富管理的需求在不断增长,为了适应理财环境的变化,金融机构在加速向财富管理转型,高等院校经济与管理学科专业在一流专业和一流课程建设中,也在向组织和个人教育需求兼顾方向调整与优化。在此背景下,组织撰写本书不仅满足了高等院校教材建设之需,而且满足了金融机构财富管理从业者及个人或家庭对理财规划知识学习与理财技能提升的需要。

在前期大量阅读国内外参考文献,借鉴他人研究成果和作者专著《居民理财》的基础上,经过实地调研,与理论和实务界专家充分讨论和交流,考虑中国居民家庭在住房消费、金融投资、子女教育、婚姻财产、退休养老、财富传承等方面面临的困惑和遇到的现实问题,搭建了本书框架,并组织作者团队撰写。与其他教材内容体系不同之处在于,本书增加了理财规划基础理论的深度和广度,增加了婚姻家庭财产规划内容,做到理论与实践相结合,直面现实问题,能满足不同层面的需求。

本书共分十二章,其中,第一章至第三章为理财规划基础部分,第四章至第十二章为理财规划实务部分,在章节内容的组织和安排上,既有理论性,又具有实践性。

山东工商学院国家一流本科财务管理专业建设负责人、教授、博士吴树畅负责总体规划、设计和书稿总纂,并撰写第一章、第二章第三节和第十二章;烟台理工学院讲师张越负责撰写第二章第一、二节和第九章;山东工商学院讲师杜爱丽负责撰写第三章;山东工商学院副教授、博士王亚平负责撰写第四、五章;中国太平保险公司正高级会计师张志国负责撰写第六章;山东工商学院讲师、博士董思维负责撰写第七章;山东工商学院讲师刘丽负责撰写第八章;烟台理工学院讲师邹静负责撰写第十章;山东商务职业学院副教授崔立升负责撰写第十一章。

本书是国家双一流本科财务管理专业建设的阶段性成果之一,能够付梓出版,得益于清华大学出版社经济与管理事业部、山东工商学院教务处和发展规划处的大力支持,得益于作者团队的辛勤付出,得益于山东工商学院曲迪等的支持和协助,在此表示感谢!

　　本书在编写过程中,作者参阅了大量书籍、学术期刊和其他网络出版物,并引用了部分内容,在此特做说明并对原作者表示感谢!因编写水平有限,书中疏漏与不足之处在所难免,敬请业内专家学者批评指正!

作　者

2024 年 1 月于山东烟台

目 录

第一章

导　论

"君子爱财，取之有道"，更当治之有道，所谓"道"，即理财的观念、知识、技能和经验等。对于大多数人或家庭来说，理财方面的知识相对欠缺，甚至是理财机构中的工作人员，虽然对某一专业领域理财较擅长，但仍缺乏对个人理财知识的系统学习，需要进一步学习和掌握理财之道。

第一节　理财规划概述：概念与目标

经过 40 余年的改革开放，中国经济呈现平均 8％的增长速度，个人和家庭财富增长迅猛，并积累到了一定程度。根据招商银行和贝恩咨询公司发布的《2023 中国私人财富报告》，2022 年，中国个人可投资资产总规模达 278 万亿元人民币，2020—2022 年年均复合增速为 7％；到 2024 年底，可投资资产总规模预计将突破 300 万亿关口。其中，可投资资产在 1 000 万元人民币以上的中国高净值人群数量达 316 万，人均持有可投资资产约 3 183 万元人民币，共持有可投资资产 101 万亿元人民币，2020—2022 年年均复合增速为 10％；预计未来两年，中国高净值人群数量和持有的可投资资产规模将以约 11％和 12％ 的复合增速继续增长。随着我国私人财富的持续增长，财富所有者对于理财规划 (financial planning)的需求越来越大，理财规划市场发展潜力巨大，理财规划机构，如银行、信托公司、证券公司、保险公司及第三方理财规划机构(含家族办公室)在未来将面临难得的发展机遇，专业理财规划人才缺口很大，需求日趋旺盛。

虽然理财市场发展呈现良好态势，但是，现实仍然存在很多问题，如知识匮乏、渠道与方式单一、风险意识薄弱、缺乏合理规划等，财产传承不当造成富不过三代、家族企业持续发展受到挑战等问题，学术界对公司理财关注较高、研究成果颇丰，但对私人理财关注不足、研究成果偏少；高校理财教育偏重公司理财、忽视私人理财，偏重理财专业教育、忽视财商教育；实践中，专业理财机构和人员较多，但综合理财机构和人员偏少等。解决以上问题，对于满足人们对美好生活的向往、规避中等收入陷阱、实现共同富裕具有较强的现实意义。通过对理财规划内涵与外延的界定，对理财规划目标、原则与内容的分析与探讨，构建理财规划的基本理论框架，开创理财规划的基本理论研究，为深入研究理财规划理论与实务、加强理财规划学科建设、培养理财规划人才奠定了理论基础。

一、理财规划的概念

(一)理财规划的对象：财富

财富是理财规划的对象，广义财富观的内涵与外延十分丰富。马克思认为财富是一切使用价值的总称，真正的财富是所有个人的发达的生产力。2005年8月15日，时任浙江省委书记的习近平同志在浙江湖州安吉考察时，首次提出了"绿水青山就是金山银山"的科学论断，他认为生态环境和自然资源也是财富。从所有者来看，财富可分为私人财富、法人财富和国家财富三个层面，私人财富又分为个人财富、家庭财富和家族财富；法人财富包括营利性组织和非营利性组织的财富；国家财富包括国家财政、国有资本和国有企业等财富表现形式。从来源看，财富又分为自有财富、借入财富、租入财富等。

狭义财富观的内涵比较具体，但是其外延也比较丰富。建信信托与胡润百富发布的《2019中国家族财富可持续发展报告》认为，家族财富包括家族资产、家族企业、人力资本以及社会资本。家族资产主要是指家族所拥有的能以货币计量的金融资产和非金融资产。家族企业通常指由家族成员控制并管理的企业。人力资本指家族成员所掌握的可以为家族创造价值的道德修养、意志品格、专业学识等综合素质，以及家族成员共同认可的行为准则。社会资本包含社交人脉和社会影响力两个方面。虽然家族财富只是财富的一种表现形式，但也足以看出，财富的外延比较宽泛。

从金融机构或第三方理财机构"可理财"的角度看，财富可定义为所有者拥有或控制的，可以货币计量的，能够带来未来收益的经济资源。只有具备产权归属清晰、可以货币计量、能够带来未来收益三个基本特征的资源才符合可理财财富的定义。因此，我们认为个人和家庭(或家族)直接拥有或控制的资产具有可理财的财富特征，而人力资本和社会资本虽然对财富的保值与增值有影响，但难以计量，因此，不能纳入理财规划的范畴。

(二)理财规划的定义

关于理财规划的定义，角度不同，观点也不同。白光昭从金融机构的角度理解理财规划，认为理财规划是指金融机构围绕可投资资产的保值、增值，向个人、家庭、金融机构、社会组织提供的个性化服务。李君平从第三方理财的角度理解理财规划，认为理财规划主要是针对高净值客户的定制化服务，是以客户为中心，设计出一套全面的财务规划，通过向客户提供现金、信用、保险、投资组合等一系列金融服务，对客户的资产、负债、流动性进行管理，以满足客户不同阶段的财务需求，帮助客户达到降低风险、实现财富增值的目的。高皓从财富拥有者的角度理解理财规划，认为家族理财规划涵盖财富的全生命周期，包括财富的创造、保护、管理、传承和运用。建信信托与胡润百富发布的《2019中国家族财富可持续发展报告》从财富拥有者和第三方理财双重视角定义理财规划，认为理财规划是以财富拥有者为中心，根据他们的需求进行相应的规划和设计，建立和财富拥有者需求相匹配的投资策略、投资组合，以实现"财富创造、财富增值、财富运用、财富传承"全生命周期的有效管理。

连接理财规划两端的是投资和融资，投资和融资与实体经济和金融市场密切相关，因此,理财规划具有很强的专业性,需要掌握大量的理财知识和信息。财富拥有者受专业能力和理财信息所限,往往需要委托金融机构或第三方理财机构进行理财规划,因此,理财规划具有金融中介的性质,理财规划者可以根据财富拥有者的理财目标制订理财规划、配置资产、负债融资、管控风险、分配和传承财富。

基于以上分析,我们认为理财规划是财富拥有者为了实现不同生命周期阶段的理财目标,通过委托金融机构或第三方理财机构对其资产配置、负债融资、风险管理,以及财产分配与传承等一系列理财活动进行规划的总称。根据财富拥有者的不同,可将理财规划划分为个人理财规划、法人理财规划和国家理财规划。为了与企业理财、国家财政、国有资本管理相区别,本书内容围绕私人理财规划展开。

二、理财规划目标

个人与企业一样主要有三张财务报表:资产负债表、收益表和现金流量表。资产负债表表明特定时点所拥有的资产、负债和自有资产;收益表表明特定时期内的收入、费用和净收益;现金流量表表明特定时期内的现金流入、流出与净流量。从三张报表来看,理财规划的目标是实现个人在特定时期内现金收支平衡、净收益持续增长和资产保值与增值。现金收支平衡是理财规划的首要目标,净收益持续增长是理财规划的动态目标,资产保值与增值是理财规划的基本目标。

(一)理财规划的首要目标:现金收支平衡

理财规划要遵循量入为出、适度负债、风险可控的原则,这样才能做到现金收支平衡,不会因理财、消费而发生影响未来正常生活的必要的现金支出。理财规划目标要根据不同生命周期阶段的各种消费支出需求制订,如子女教育、购房、购车、养老、旅行和日常开支等,只有理财规划目标实现了,各种生活开支才能有保障,否则,超消费将导致负债增加、现金收支容易出现不平衡。同时,理财要平衡资产的流动性、风险性和收益性三者之间的关系。保持资产足够流动性是维持现金收支平衡的基本前提,资产风险性也是维持现金收支平衡的重要影响因素,高风险可能带来高收益,也可能带来巨大损失,导致收益无法满足支出需求,出现现金收支不平衡。

(二)理财规划的动态目标:净收益持续增长

净收益持续增长是财富保值增值的基本前提。净收益取决于工薪收入、财产租赁、利息、投资收益等收入来源项目,以及日常生活、就医、旅游、子女教育、养老、购房租房、购车养车、婚丧嫁娶等支出项目。净收益持续增长与职业选择、资产配置、理财素养等影响收入的因素有关,与消费习惯、健康状况、子女、养老等影响开支的因素有关。工薪收入可以通过合理的职业规划实现;财产收益可通过科学合理的理财规划、资产配置获得。生命周期不同阶段的重大开支和日常开支可以通过理财规划、资产配置获得的收益予以覆盖。对于因健康、意外因素导致的医疗开支、财产损失、职业损失可以通过购买相应的商业保险以覆盖可能发生的大额支出。净收益持续增长的平均水平可以用当年物价的增长率与国内生产总值(GDP)增长率之和作为衡量基准。

（三）理财规划的基本目标：资产保值与增值

个人或家庭是理财规划的主要群体，基本目标是实现个人或家庭资产的保值与增值，以满足未来消费支出需求，实现财务自由。受通货膨胀、汇率波动的影响，持有货币面临购买力下降、外汇贬值的风险，持有其他资产面临价格波动的风险，所以理财规划的首要目标是做到资产的保值。在资产保值的基础上，再综合考虑影响理财的其他因素，选择恰当的理财策略与方式，在风险可控的条件下，实现资产的可持续增值。

第二节　理财规划内容

理财规划的对象决定了理财规划的内容，具体包括投资规划、家庭消费支出与筹资规划、子女教育规划、保险规划、个人税务规划、婚姻家庭财产规划、退休养老规划、财富传承规划等。

一、投资规划

投资规划是影响财富保值与增值的重要因素，如何配置资产以防御通货膨胀，获得无风险收益基础之上的风险溢价，这是理财规划的核心关键。影响投资规划效果的关键是投资组合、时机把握和风险防控。投资组合强调的是不同资产品种的多元化及其比例关系，既要有利于抵抗通货膨胀风险，又要有利于分散非系统风险。投资规划的时机强调的是投资规划的战略机遇期，即根据经济周期（business cycle）不同阶段的变化动态调整资产组合。当经济由萧条转向复苏时，需要调增资产组合中能够代表下一个经济增长周期中新兴产业的相关资产；当经济由繁荣转向衰败时，应适时调增资产组合中的防御性资产，如货币型基金、固定收益证券、黄金、房地产等相关资产的比例，及时调减周期性股票所占比例等。

投资规划的核心是资产配置，资产价格受宏观因素和微观因素的影响而发生波动，引发投资收益的波动，从而影响理财目标收益的实现。资产价格波动风险的管理涉及专业的金融理论和操作方法，需要通过专业理财机构或第三方理财机构实现风险的对冲与管理。

二、家庭消费支出与筹资规划

家庭消费支出主要包括日常消费支出、购房支出、购车支出等。日常消费支出通过日常收入满足，而购房支出、购车支出所需金额较大，很难用自有资金一次性支付，此时，需要合理地筹资规划。

资产负债表右侧管理的核心是负债的规模及比例。不动产投资、大额支出往往会限制当期的投资和消费，合理安排负债不仅可以满足不动产投资和大额消费需求，而且可以有效对冲通胀带来的财富缩水风险。物价的长期趋势是上涨的，而货币则处于相对贬值状态。负债买入具备长期升值趋势的不动产，可以享受资产价格上涨带来的财富增值，同时，用未来贬值的货币归还之前借入的负债，实际利率低于名义利率，从而对冲货币贬值带来的损失。

负债要考虑住房公积金政策、金融政策、房地产调控政策等因素的影响。个人住房公积金账户资金可以在购房时一次性提取，可以在按揭贷款时每年定期取出用于还款。因此，负债购房不仅可以盘活个人住房公积金的存量资金，规避个人住房公积金的货币贬值风险，而且可以利用住房公积金归还银行贷款，减轻还贷压力。住房公积金贷款还可以享受优惠贷款利率，作为个人或家庭应重点考虑。

负债要控制可能发生的偿债风险，不能超出个人和家庭所能承受的范围。归还当期负债的本息加上当期支出占当期收入的比例一般不超过75%，否则，负债会影响个人或家庭的日常生活。现实中，个人或家庭因盲目投资、过度负债导致个人或家庭破产的案例比比皆是，不仅违背了专业理财的原则，而且负债超出了个人或家庭所能承受的范围，导致投资风险和财务风险叠加，严重影响正常生活和财产保值与增值。

三、子女教育规划

子女教育支出分为九年义务教育支出和非义务教育支出、公立教育支出和私立教育支出、国内教育支出和留学教育支出。国内义务教育支出负担较轻，日常收入足以满足，而非义务教育，特别是私立教育、高等教育、留学教育支出金额相对较大，仅靠日常收入难以满足，需要个人或家庭作出长期理财规划，明确教育支出目标，通过财富增值以满足未来子女大额教育支出需求。

四、保险规划

个人生命周期的不同阶段，面临着生育、养老、疾病、人身伤害、失业、财产损失等不同风险，当个人面临以上风险时，除了可用单位和个人缴纳的五险准备金支付相应的支出或损失之外，剩余部分将由个人或家庭承担，如果这部分支出超出了个人或家庭的承受范围，必将影响个人或家庭的正常生活。

保险是风险管理的有效途径，通过保险可以规避因疾病、人身伤害、财产损失等引发的支出或损失，以保证正常生活不受影响。另外，可以通过合理的投资规划获得相应的收益，满足生育、养老、失业等因失去工作能力所带来的生活开支需求。

五、个人税务规划

与个人或家庭有关的税种主要有个人所得税、不动产交易税等，影响税负的因素很多，收入来源、属地不同，税负也不同。通过对税收政策的研究，结合个人或家庭涉及的税种，合理筹划家庭资产配置、收入来源及规模、债务水平等，从而合理降低个人或家庭税负。

六、婚姻家庭财产规划

现代婚姻家庭具有契约性特点，特别是一线城市家庭，购房成本和住房价值很大，往往表现为家庭资产很大，而同时负债也很大，新组建家庭的夫妻双方往往需要对各自财产和夫妻共同财产进行约定，或通过人寿保险、家庭信托等形式实现婚前财产的保护。婚前财产和婚后财产的约定，需要律师、理财规划师帮助当事人进行婚姻家庭财产规划，以规避家庭解散可能面临的资产损失。

七、退休养老规划

为了保障个人退休之后生活质量不发生明显变化,就要保证退休之后的收入不会明显下降。退休之后的养老收入来源于养老金、资产增值或租赁带来的收益。养老金的多少和国家的养老金政策有关,也和个人缴纳的养老金有关,可以通过退休之前的养老规划,以实现养老收入与退休前收入相当。也可以通过退休前投资的资产增值或租赁获得收益,补充养老金收入。如退休之后,房子不需要太大,可以将住房变卖或出租,用获得的收入支付养老机构的费用,实现老有所养。

八、财富传承规划

财产分配与传承是指个人在无力管理财产时,为了保证个人或家庭财产得到合理分配和传承而作出的安排。遗产如何分配是中产以上家庭面临的普遍问题,涉及继承者未来的生活保障、代际传承、税收、法律等相关问题。对于高净值个人或家庭来说,财产如何在代际传承是一个很现实的问题,家族办公室、信托(trust)等不同理财模式为财产的代际传承提供了可供选择的方案。

第三节　理财规划原则

理财规划原则包括基本原则和操作性原则,基本原则兼顾理论和实践经验的总结,操作性原则主要基于经验的积累,经过长期样本数据的观察得到的结论,根据个人和家庭情况的不同可以做适当调整。

一、理财规划的基本原则

(一) 复利增值

复利即"利滚利",是一种指数化的增长方式,复利增值是理财规划的基本原则。储蓄之所以成为最常用的理财方式,是因为储蓄不仅方便、安全,而且能够生息,利息再储蓄又能生息,如此循环往复,财富会不断增值。除了储蓄之外,其他的理财方式也能带来复利增值,如购买银行理财产品、证券等。复利增值的大小取决于复利率和复利次数,因此,为了最大限度地获取复利增值,理财规划首先要做到及时理财,即随时将闲散的现金存入银行,购买货币基金、国库券等流动性强、收益稳定的金融产品。其次,选择风险可以接受、复利率相对较高的理财工具,如银行理财产品、证券投资基金、股权、房产等。

(二) 风险报酬匹配

风险报酬匹配是指理财规划所承受的风险要与所获得的收益相匹配,即低风险低收益、高风险高收益,不冒风险获得很高的报酬是不现实的,但是,冒风险并不一定能获得相应的收益,只有当资产价格小于等于价值时,买入持有,才有可能获得与风险对等或超额的报酬。因此,要理性投资,选择合适的理财时机,以获得与所冒风险相匹配的报酬。每个人或家庭的风险偏好和风险承受能力是不一样的,选择风险在可接受范围之内的理财工具,以获得与风险相适应的预期报酬。

（三）长期投资

受经济、政治、社会、自然、技术、法律等因素的影响,理财环境具有不确定性,短期理财收益呈现波动性,且难以把握。但是,从长期来看,如果把握资产组合价值线的变化趋势,财富价值会随着时间的推移而递增。因此,理财规划应坚持长期主义,坚持全生命周期,这样才能做到从容不迫,应对生命周期不同阶段所面临的挑战。

从货币时间价值(time value of money)来看,时间是理财收益的关键影响因素,时间越久,理财收益越高。从财富积累的角度看,只有积少成多,坚持长期理财,才能实现财富的不断增长。因此,理财应遵循长期主义,坚持长期投资。

（四）分散化投资

“鸡蛋不能放在一个篮子里”是对分散化投资的最好诠释,发达国家理财规划一般遵循分散化原则。据美国投资公司协会(ICI)《2023 年投资公司行业趋势和活动综述》报告,截至 2022 年底,散户投资者(即家庭)持有 22.1 万亿美元美国共同基金,占基金净资产的 88%,持有长期共同基金净资产的比例甚至高达 94%。但是,美国人很少像中国人一样炒股,而是通过购买共同基金的方式间接获取收益。基金是一种专业化的理财方式,每只基金对应的是一个投资组合,购买基金等于购买了一个投资组合,实现了投资分散化。分散化原则要求投资理财按照一定的比例配置多样化资产,不能过度集中于某项资产。实务中,还可以通过分期分批买入相同资产,以规避某一时点资产价格波动的风险。因此,分散化投资可以通过资产配置的比例和时机实现。

（五）适度举债

负债不仅可以满足当期消费支出需求,而且可以对冲未来通货膨胀带来的货币贬值风险。但是,要用未来收入还本付息,实际上是牺牲未来效用满足当期效用。如果过度举债,未来还本付息压力很大,会因负债造成总效用减少。因此,负债有利有弊,要权衡即期边际效用和未来边际效用,选择效用最大化时的负债额度。如“房贷三一定律”,即每月归还房贷的金额以不超过家庭当月总收入的 1/3 为宜,实际上一定程度说明了个人或家庭如何适度负债。

（六）专业理财

理财需要一定的专业知识和经验,可以根据自身情况选择直接理财或委托理财。如果个人或家庭成员中有精通理财的,可选择直接理财方式;如果没有,则要选择委托理财。商业银行、保险公司、信托公司、证券公司等金融机构一般设有专门的理财机构和理财专员,这些机构和专员具备较为全面的理财知识与经验,能够提供专业理财顾问和专业化理财服务。专业理财可以保证选择正规理财渠道和方式、科学配置资产、防范理财风险,避免盲目跟风炒作、过于保守所带来的机会成本或过于偏激理财所带来的风险。

（七）收入分配合理化

收入分配包括消费和投资两部分,消费是为了实现当期效用而发生的开支,投资是为了实现未来效用而进行的财富积累。因此,收入分配需要权衡即期效用和远期效用。首先,满足日常消费支出;其次,满足大额消费支出,如购房、买车、子女留学等。收入扣除消费剩余部分用于投资理财,避免因过度消费而失去投资理财机会,或因投资理财而减少当期必要的消费支出。

（八）开源节流

"开源"与"节流"是财富增长的两个基本途径,也是理财规划的基本原则。实现财富增长目标,首先,要扩大收入及来源,如谋求更高收入的职业、资产对外出租、拓宽理财渠道、创业等;其次,要节约开支,节约是中华民族的传统美德,也是理财的重要原则之一,合理安排必要开支,不乱花钱、不铺张浪费。在开源受限的条件下,要节约开支,尽量压缩不必要的开支;当家庭或个人处于成长时期,要积极拓展收入的来源,提高收入水平,同时,适度提高消费水平,以提高家庭幸福指数。

二、理财规划操作性原则

（一）4321 原则

所谓 4321 原则,实质上是收入分配原则的具体化,即把家庭收入按安全账户、风险账户、保障账户和现金账户分成 4 份,比例分别为 40%、30%、20% 和 10%,把这些钱分别用于保本生息、投资获利、保险和现金开支。

（二）80 法则

80 法则是理财投资中常常会提到的一个法则,意思就是放在高风险投资产品上的资产比例不要超过 80 减去你的年龄。比如你今年 35 岁,包括存款在内的各种投资性资产有 20 万元,按照 80 法则,投放在高风险资产的投资不超过 45%,也就是 9 万元。而到了50 岁,你的投资性资产有 200 万元,那么也只能放 30%,也就是最多可放 60 万元在高风险资产上。80 法则的目的很明显,其实就是强调了年龄和风险投资之间的关系——年龄越大,风险承受能力越低,就越要减小高风险资产的投资比例,从对收益的追求转向对本金的保障。

（三）双十定律

双十定律的规划对象主要是保险。所谓双十,就是指保险额度应该为 10 年的家庭年收入,而保费的支出应该为家庭年收入的 10%。打个比方,如果你目前的家庭年收入是10 万元,那么购买的意外、医疗、财产等保险的总保额应该在 100 万元左右,而保费不能超过 1 万元。这样做的好处在于可以用最少的钱去获得足够多的保障。

第四节　理财机构与理财规划师

一、理财机构

目前,我国个人理财机构有私人银行、证券公司、信托机构、保险公司、家族办公室、第三方财富管理机构等。

(一) 私人银行

私人银行是指商业银行或国际金融机构与特定客户在充分沟通协商的基础上,签订有关投资和资产管理合同,客户全权委托商业银行按照合同约定的投资计划、投资范围和投资方式,代理客户进行有关投资和资产管理操作的综合委托投资服务。

根据西方银行业的服务分类,第一类是大众银行(Mass Banking),不限制客户资产规模;第二类是贵宾银行(Affluent Banking),客户资产在 10 万美元以上;第三类是私人银行(Private Banking),要求客户资产在 100 万美元以上;第四类是家族传承工作室(Family Office),要求客户资产在 8 000 万美元以上。

各家国际性大银行在不同地区、不同时间段要求的最低金融资产额度也略有不同,比如高盛对港澳地区私人银行客户设置的门槛是 1 000 万美元,汇丰银行(HSBC)的最低门槛是 300 万美元,而瑞银集团(UBS,全球私人银行资产名列第一)对中国内地客户的离岸账户的金融资产要求为 200 万美元。著名的银行品牌包括瑞银集团、花旗银行和汇丰银行等。

私人银行服务的内容非常广泛,包括资产管理服务、保险服务、信托服务、税务咨询和规划、遗产咨询和规划、房地产咨询等。每位客户都有专门的财富管理团队,包括会计师、律师、理财和保险顾问等。一般来说,私人银行为客户配备一对一的专职客户经理,每个客户经理身后都有一个投资团队做服务支持;通过一个客户经理,客户可以打理分布在货币市场、资本市场、保险市场、基金市场和房地产、大宗商品及私人股本等各类金融资产。

中国私人银行在 2007 年正式起步。2007 年 3 月,中国银行与其战略投资者苏格兰皇家银行合作在北京、上海两地设立私人银行部。随后,花旗银行、法国巴黎银行、德意志银行等外资银行相继跟进,开设私人银行业务。2009 年 7 月,中国银监会发布《银监会关于进一步规范商业银行个人理财业务投资管理有关问题的通知》,在全国范围内开放私人银行牌照的申请,允许建立私人银行专营机构。据《中国银行业理财市场年度报告(2023年)》,截至 2023 年末,全国共有 258 家银行机构和 31 家理财公司有存续的理财产品,数量为 3.98 万只,规模为 26.80 万亿元。其中,理财公司存续产品数量为 1.94 万只,存续规模为 22.47 万亿元,占市场规模的 83.85%。

目前,国内私人银行以服务为主,投资服务、融资服务、顾问服务和增值服务"四位一体",同时实行"1+1+N"的服务模式,即对高净值人群实行一对一的客户服务,每一位高净值人士都会配备一位专业的客户经理,而客户经理则代表一个投资团队。

（二）证券公司

根据中国证券业协会网站的统计,截至 2022 年 12 月底,我国证券公司有 140 家,在个人理财机构中占据重要地位。证券公司能够为个人或机构提供股票、债券、基金、期货、期权、融资、融券等交易平台或咨询服务,个人或机构投资者可以按照其不同需求及投资偏好选择不同的理财工具和理财服务。

（三）信托机构

信托业具有以下功能。

1. 社会理财

信托本身就是一种财产管理的制度安排,财产管理构成信托业首要的和基本的功能。金融财产与非金融财产等多样化的财产形式都可以通过信托方式交由信托公司经营,信托公司通过开办信托业务、提供专项服务,发挥为财产所有者经营、管理、运作、处理各种财产的作用,以此实现财产的保值、增值,进而实现社会财富的增长。

2. 中长期金融

在货币信用经济条件下,社会财产的相当大部分必然以货币形态出现,对这部分财产的管理必然伴随货币资金的融通过程,因此理财功能的发挥必然在某种程度上表现为金融功能,信托公司越来越具有财产管理机构和中、长期金融机构的双重性质与机能。

3. 社会投资

通过开办信托业务参与社会投资行为是信托业的重要功能。信托公司开办投资业务是世界上许多国家普遍的做法,信托业务的开拓和延伸,必然伴随着投资行为的出现。只有在信托业享有投资权和具有相适应的投资方式的条件下,其代人理财功能的发挥方能建立在可靠的基础上。

4. 中介服务

信托公司作为委托人和受益人的中介,对其提供信任、信息与咨询服务,协调和处理经济过程中各个环节的各种经济关系是信托业的特有功能。因此,经济咨询、资信调查、投资咨询、担保见证等应构成信托的特有业务。

5. 为社会公益服务

在西方发达国家,办学基金、慈善机构一般都由信托公司代理经营,随着我国经济的逐步发展,社会公益需求逐步上升,近年来出现的扶贫基金、养老统筹基金等也可以由信托经营。

信托理财(trust financing)是一种财产管理制度,它的核心内容是"得人之信,受人之托,履人之嘱,代人理财",具体是指委托人基于对受托人的信任,将其财产权委托给受托人,受托人按委托人的意愿以自己的名义为受益人的利益或者特定目的进行管理或者处分的行为。我国信托业务发展比较早,1921 年,上海出现了第一家信托机构——中国通商信托公司。1979 年 10 月,中国国际信托投资公司成立,但在高度集中的计划经济管理体制下,信托业未能得到发展。直到 2007 年,由于银信合作不断深化,信托业得到了飞速发展。2012 年,中国首个家族信托产品落地。

（四）保险公司

保险公司是指依据保险法和公司法设立的公司法人。保险公司收取保费，将保费所得资本投资于债券、股票、贷款等资产，运用这些资产所得收入支付保单所确定的保险赔偿。保险公司通过上述业务，能够在投资中获得高额回报并以较低的保费向客户提供适当的保险服务，从而盈利。保险公司的业务分为以下两类。

（1）人身保险业务，包括人寿保险、健康保险、意外伤害保险等保险业务。

（2）财产保险业务，包括财产损失保险、责任保险、信用保险、保证保险等保险业务。我国的保险公司一般不得兼营人身保险业务和财产保险业务。

随着人寿保险成为财富传承和资产配置的主要产品，保险公司也开始慢慢介入家族财富管理行业。如今，保险产品逐渐增加了储蓄、投资、财富传承等保障功能，保险理财具有避税、债务隔离、指定受益人等优势，逐渐受到高净值人群的青睐。

（五）家族办公室

家族办公室起源于古罗马时期的大"Domus"（家族主管）以及中世纪时期的大"Domo"（总管家）。现代意义上的家族办公室出现于19世纪中叶，一些抓住产业革命机会的大亨将金融专家、法律专家和财务专家集合起来，研究的核心内容是如何管理和保护自己家族的财富与广泛的商业利益。这样就出现了只为一个家族服务的单一家族办公室（Single Family Office，SFO）。家族办公室是最主要的家族财富管理与传承的专业机构之一。这种管理机构最早是1838年摩根（Morgan）家族成立的摩根之家（House of Morgan）。真正意义上的家族办公室则是1882年洛克菲勒家族建立的家族办公室。

家族办公室在提供广泛的高度专业化和定制的服务方面有着悠久的历史，它像管家一样，由涉及不同领域行业的专家组成，监督及管理整个家族的财务、健康、风险管理、教育发展等状况，以协助家族获得成功以及顺利发展为目标，家族办公室秉持公正和客观的态度，通过与家族其他顾问的紧密合作与协调，为同一家族的几代人提供高度个性化的服务。

家族办公室从家族产业中发芽并持续为一个家族服务，这就是它最纯粹的形式，即SFO。一家SFO有10多位雇员，拥有至少1亿美元资产的家族才能负担起它的运转费用。

而衍生的"多家族办公室"（Multi Familg Office，MFO）则服务于多个雇主，庞大的MFO可以服务上百个家族，费用均摊后，拥有2 500万美元以上资产的家族即可负担。

除了管理资金外，家族办公室还承担着各种服务，包括税务和法律服务、监管网络安全等。有的还能处理敏感的家族事务，如拟定婚前协议或离婚协议，帮助继承人上任等，因而被称为"超级富翁的超级帮手"。

2012年，中国引入家族办公室，经过10多年的高速发展，以及国内经验和国际经验的积累，这一体系逐渐成熟。中国的家族办公室市场虽然起步较晚，却有着巨大的爆发潜力。据《2024中国家族办公室行业发展趋势白皮书》报告，中国单一家族办公室服务对象以制造业、地产业为主，集中在上海（39%）、浙江（17%）和北京（17%）等经济发达地区。

同时,超 95％中国式家族办公室都已布局"家族财富传承""资产配置服务"两项核心服务内容;70％～90％具备"税法咨询""风险管理""家族成员教育"等主流服务内容;50％～70％涉足"慈善事业管理""家族企业战略规划"等领域。家族办公室业务发展迅速。

(六) 第三方财富管理机构

第三方理财是指那些独立的中介理财机构,它们不同于银行、保险等金融机构,能够独立地分析客户的财务状况和理财需求,判断所需投资工具,提供综合性的理财规划服务。通常,第三方独立理财机构会先对客户的基本情况进行了解,包括客户的资产状况、投资偏好和财富目标,然后,根据具体情况为客户定制财富管理策略,提供理财产品,实现客户的财富目标。

1997 年,第三方财富管理机构萌芽,经过 20 多年的发展,如今的第三方财富管理机构相较于传统的金融机构,已经有越来越多的优势:产品线更丰富;因为对接各种金融机构、咨询系统、投资人等,信息也更灵通。

二、理财规划师

(一) 理财规划师及其职业发展前景

理财规划师是指运用理财规划的原理、技术和方法,针对个人、家庭以及中小企业、机构的理财目标,提供综合性理财咨询服务的人员。理财规划要求提供全方位的服务,因此,理财规划师须全面掌握各种金融工具及相关法律法规,为客户提供量身定制、切实可行的理财方案,同时,在对方案的不断修正中,满足客户长期、不断变化的财务需求。

随着近 30 年中国经济的快速发展,中产阶级和豪富阶层正在迅速形成,并有相当一部分从激进投资和财富快速积累阶段逐步向稳健保守投资、财务安全和综合理财方向发展,因而对能够提供客观、全面理财服务的理财规划师的需求迅猛增长。与理财服务需求不断看涨形成反差,中国理财规划师数量明显不足。中国理财市场规模远远超过 1 000 亿元人民币,一个成熟的理财市场,至少要达到每 3 个家庭就拥有 1 个专业的理财规划师,这么计算,中国理财规划师职业有 20 万人的缺口,仅北京市就有 3 万人以上的缺口。在中国,只有不到 10％的消费者的财富得到了专业管理,而在美国,这一比例为 58％。

理财规划师有多元化发展方向,即可以服务于金融机构,如商业银行、保险公司、第三方理财公司等。专业的理财规划师是站在中立的角度帮客户配置资产或理财产品。而越来越多的理财规划师选择进入正规第三方理财公司,持有从业资格的专业人士独立执业。私人理财顾问更可通过收取咨询费、理财规划书制作费、每年定期服务费、客户盈利分成、产品方佣金等方式来进一步提高收入。据了解,美国理财规划师的平均年收入是 11 万美元,中国香港理财规划师最高收入达 200 多万港元,理财规划专家委员会秘书长刘彦斌认为,国内理财规划师的年薪应该在 10 万～100 万元人民币之间。参考中国的宏观经济形势,不难预见理财规划师将成为继律师、注册会计师后,国内又一个具有广阔发展前景的金领职业。

（二）理财规划师职业资格认证

1. 国际金融理财规划师职业资格认证

国际金融理财规划师（Certified Financial Planner，CFP）认证制度始于1969年，是国际非营利组织FPSB（Financial Planning Standards Board，国际金融理财标准委员会）面向财富管理领域从业者推出的国际性金融证书。其于2004年引入中国内地。CFP是由总部位于美国的非营利组织FPSB统一签发，被全球27个国家（地区）引进和认可的国际性金融理财证书。FPSB于1990年左右先后与澳大利亚、日本、加拿大等国家签署了CFP商标国际许可协议。这些协议允许当地获得授权的组织参照美国CFP标准委员会的模式，向达到教育（education）、考试（examination）、从业经验（experience）和职业道德（ethics）等严格要求（即"4E"标准）的当地金融理财规划师颁发CFP证书。国际非营利组织FPSB官方网站显示，2023年，全球CFP持证人增加了10 768人，同比增长5.1%。截至2023年，全球CFP持证人总数达到了223 770人。

现代国际金融理财标准（上海）有限公司（FPSB China）是取得FPSB授权在中国内地进行CFP认证和CFP商标管理的机构。在中国内地实行两级认证制度，即AFP（金融理财规划师）认证和CFP认证制度。AFP认证是CFP认证的第一阶段，申请人取得AFP认证后才能参加CFP考试和认证。现在包括中、农、工、建在内的国内主要银行，将AFP、CFP认证作为引导和鼓励员工学习的项目之一，为学员报销学费。民生、兴业、招商、华夏等银行明文要求相关岗位员工必须持有AFP证书。FPSB China官网数据显示：截至2023年12月31日，中国内地CFP系列有效持证人总人数为202 578人，其中AFP有效持证人总人数162 031人，CFP有效持证人总人数34 747人，EFP（金融理财师）有效持证人总人数631人，CPB（认证私人银行家）有效持证人总人数5 169人。

1）金融理财规划师

金融理财规划师，英文全称为Associate Financial Planner。国际组织在批准中国实行两级认证体系时，明确指出AFP与CFP持照人数应当保持一定的差距；在实行多级认证制度的国家，AFP和CFP持照人数之比大约为10∶1。与CFP认证一样，AFP认证由国际组织FPSB统一签发。AFP考试科目为《金融理财基础》一门，覆盖金融理财规划理论及实操的七大模块内容。

2）国际金融理财规划师

获得AFP认证后，可报名参加CFP考试和认证。CFP考试科目分为四门专业科目和一门综合科目。专业科目为《投资规划》《员工福利与退休规划》《个人税务与遗产筹划》《个人风险管理与保险规划》；综合科目为《综合案例分析》。

2. 注册财务策划师职业资格认证

注册财务策划师（Registered Financial Planner，RFP）是美国注册财务策划师学会（RFPI）制定的国际权威认证资质，也可以翻译为注册理财规划师。其考试科目主要包括《财务规划原理》《子女教育规划与住房规划》《投资规划》《保险规划及养老规划》《税务规划及遗产规划》《法商智慧》《企业理财规划》。美国注册财务策划师是全球通行的国际权威资质，是世界投资理财管理行业专业认证之一。取得该证书意味着学员可以体系化掌握理财规划过程中所涉及的各个环节,从而针对不同客户族群的需要,量身定制专属化理财规划,真正帮助客户实现财富"保值、增值"的功能。美国注册财务策划师学会于1983年在美国正式成立,全球共有15个国家和地区拥有其协会机构。其会员组织遍布全世界,包括美国、中国、加拿大、英国、法国、德国、瑞士、澳大利亚、新西兰、日本、新加坡、韩国、印度、马来西亚和南非等21个国家和地区。2004年,RFPI设立RFP学会中国中心,并在上海设立RFP考试中心。财务策划师普遍就职于欧美各国的银行、保险、第三方理财、证券、基金、信托公司、会计师事务所、律师事务所,以及在各类公司担任财务管理职务。

国际上还有其他金融理财资格认定,如特许金融分析师(CFA)与理财规划师相近,但职业定位和服务对象不同,特许金融分析师主要服务于金融机构。中国劳动和社会保障部于2003年制定了《理财规划师国家职业标准》,将理财规划师职业作为中国的一个正式职业,实施三级理财规划师认定制度,即助理理财规划师(国家职业资格三级)、理财规划师(国家职业资格二级)、高级理财规划师(国家职业资格一级)。根据国务院2016年印发的《国务院关于取消一批职业资格许可和认定事项的决定》,在2018年职业资格认证目录单上,国家理财规划师资格证书被取消。

(三)理财规划师应具备的专业素养和能力

理财规划师的核心工作是帮助想理财的客户实现财务安全和财务自由。作为一名合格或者优秀的理财规划师,应具备以下专业素养和能力。

1. 理财规划师应具备的专业素养

(1)良好的人品及职业操守。理财规划师应以客户利益为服务中心,时时刻刻为客户着想。此外,保守客户的个人秘密也是重要方面。

(2)丰富的金融、投资、经济、法律知识。理财规划师应是"全才+专才"。这就是说,理财规划师应系统掌握经济、金融、投资、法律知识,同时在某些方面又是专才,如在保险、证券等方面有特长。

(3)丰富的实践经验。只讲理论是不能帮助客户达成理财目标的,因此,实践经验是否丰富是客户选择理财规划师的一个重要标准。

(4)相对的独立性。在银行、证券、保险公司工作的理财规划师,在为客户进行理财规划的同时,或多或少都会有推销产品的目的,这是客观存在的问题,但推销产品应以客户的利益为出发点,不应是"为推销而理财"。今后社会上会出现很多"独立理财公司",这些理财公司的独立性较强,不依附于某些金融机构,它们是从客户的角度出发,帮助客户选择投资产品,从而实现客户的理财目标。

(5)良好的个人品牌。今后社会上一定会出现一批具有良好口碑的"名牌理财规划师"。客户选择这些名牌理财规划师应该会得到更优质的服务,"信誉"是理财规划师赖以生存的重要基础。

(6)良好的心理素质。理财规划师会遇到很多被拒绝的情况,好的理财规划师应该在好的时候出现,在不好的时候也不离弃。

2．理财规划师应具备的能力

1）沟通与交流

了解客户的理财目标、财务状况，制订理财方案并有效实施，需要理财规划师与客户做充分的沟通与核实，以真正了解客户的需求、制订合理的理财方案。因此，专业的理财规划师应具备良好的沟通交流和协调能力，通过与相关金融领域专家很好地合作，给客户一个完整、有效的理财规划方案；能够熟练运用与客户会谈的技巧，清晰有序地介绍服务内容，并表达自己的专业观点、建议和规划等；能够根据客观情况、客户要求及突发情况对自己的谈话内容进行适时调整；能够协助客户与其他专业的理财师进行沟通；能够针对客户的理财认知或目标期望存在的误区，与其进行有效沟通、磨合调整。

2）学习与知识应用

理财规划师是运用理财规划的原理、方法和工具，为客户提供理财规划服务的专业人员，理财环境不确定性、金融政策不断调整、市场行情不断变化、新的专业知识不断涌现，这些都需要理财规划师坚持学习，不断更新自己的专业知识。一个称职的理财规划师只有坚持不断地学习，才能为客户做好充分的理财规划，为客户及时调整并优化理财方案，才能获得客户的信任和好评。

3）计算与分析

通过对客户的了解和分析，需要对客户的理财目标进行量化，才能使理财方案落地实施。所以，针对客户理财目标制订理财规划方案时，需要依据一定的理财原则，通过合理测算，分配不同理财方案应投入的资金；利用专业知识，分析计算不同理财方案的预期效果，看能否实现不同的理财目标；能够通过计算家庭财务指标分析客户的财务状况，并针对存在的问题提出理财建议；能够基于假设前提对客户全生命周期不同阶段的财务收支进行预测，以便合理规划客户全生涯综合理财方案。

4）评估与实施

方案确定之后，需要理财规划师对整个方案的结果进行风险评估、可能性结果的分析以及相应的理财对策调整建议；能够针对客户的需求与目标独立设计可行性方案，能够根据客户意见、他人建议以及实际情况的变化对方案加以适时调整，协助客户匹配科学的产品组合，指导协助客户实施方案。

（四）理财规划师的职业道德准则与社会责任

1．理财规划师的职业道德准则

根据国内理财行业发展状况和理财规划师实际工作环境及需要，可以把我国金融机构理财规划师的职业道德要求总结为以下六个方面。

（1）遵纪守法。作为理财规划师，遵纪守法是基本要求。理财规划师应在各项法律法规许可的前提下，遵法守规地从事理财活动。理财规划师从事的工作包括理财产品销售、合同签订、税务筹划、证券投资等，涉及许多相关法律制度，须严格遵守执行。

（2）保守秘密。理财规划师在未经客户或所在机构明确同意的情况下，不得泄露任何客户或所在机构的相关信息，包括客户的个人身份信息、资产信息、账户信息、信用信息等隐私信息及所在机构的商业秘密。信息安全保障问题，尤其是投资者信息安全受法律严格保护。2020年2月,中国人民银行下发了《个人金融信息保护技术规范》,对个人金融信息在收集、传输、存储、使用和删除等环节都提出了具体的规范性要求,要求理财规划师必须按照国家法律法规、监管规定和银行内部管控制度等要求,切实做好客户信息保护工作,坚决杜绝泄露客户个人信息的行为。

(3)正直守信。理财规划师在为客户提供专业理财服务时,应当遵守正直守信原则,即踏踏实实地为客户提供应该提供的理财服务,不以诱导或夸大事实等方式销售,不因个人的利益而损害客户利益。

(4)客观公正。理财规划师应根据客户的实际需要为客户设计理财规划,摒弃个人情感、偏见和欲望,以确保在有关各方存在利益冲突时做到公平、合理。理财规划师应公正对待每位客户、委托人、合伙人或所在的机构,在提供理财服务过程中,不受经济利益、人情关系等因素影响,对可能发生的利益冲突及时向有关方面披露。

(5)勤勉尽职。理财规划师在开展理财业务过程中,应勤恳周到、及时有效地完成工作。勤勉尽职就是要求理财规划师工作干练和细心,对于提供的专业服务,在事前进行充分的调查、分析和计划;在事中进行充分的沟通、协调,并根据客户实际需求进行优化调整;事后进行跟踪与监控。同时,理财规划师应更多地从客户角度出发,始终保持严谨、审慎的工作作风,讲究细节、忠于职守,在合法合规的前提下,最大限度地维护客户的个人利益。

(6)专业胜任。理财规划师是一个涉及多领域专业知识且需要丰富实战经验的职业,理财行业又是产品创新和服务创新最为集中的行业之一。理财规划师必须具备良好的专业素养,不间断地学习更新专业知识,做到对市场环境、监管政策的及时研判,同时,不断进行工作总结与反思,这样才能成为一名合格胜任的理财规划师。

2011年,中国银监会颁布的《银行业金融机构从业人员职业操守指引》(银监发〔2011〕6号),从尊重客户、保护隐私、遵纪守法、廉洁从业等几方面对理财从业人员提出了明确要求。2018年中国银保监会颁布的《商业银行理财业务监督管理办法》也明确要求商业银行建立健全理财业务人员的资格认定、培训、考核评价和问责制度,确保理财业务人员具备必要的专业知识、行业经验和管理能力,充分了解相关法律、行政法规、监管规定以及理财产品的法律关系、交易结构、主要风险及风险管控方式,遵守行为准则和职业道德标准。

2. 理财规划师的社会责任

1)宣传并践行国家金融政策法规

理财规划师应积极、主动宣传与理财业务相关的各类市场相关法律、法规知识,引导客户了解国家金融政策和法规,避免因对政策的不了解而无法行使和维护自身的权利。首先,正确的政策传导可以提升客户对金融机构及其产品的认知度,也可以提升客户对风险及自身权利的认识度,最终提升理财服务的整体满意度;其次,客户的理财要求通常会涉及比较长的时间周期,客户了解更多的金融政策,有利于客户制订适合自己的理财目标,理财规划师根据客户的理财目标制订出的方案更切实可行;最后,国家的金融政策和金融法规随着经济条件的变化和时间的推移会不断调整,理财规划师必须洞悉各项政策法规对国家宏观经济形势的影响,及时向客户传导政策法规的变化,以修正客户的理财方案。

2）倡导正确的投资理念

据国家统计局发布的数据，2020 年，我国国内生产总值首次突破 100 万亿元大关，全国居民人均可支配收入为 32 189 元，扣除价格因素，比上年实际增长 2.1%，中产阶级富裕群体日益壮大，居民投资需求日益增长。国家经济景气监测中心公布的一项调查结果表明，全国约有 70% 的居民希望得到理财顾问的指导。

理财规划师将为解决国民财富增长之后出现的日益突出的理财问题发挥关键作用。理财规划师要为客户量身定制详细、周密的理财方案，实现客户资产的保值增值和其他理财要求。同时，理财规划师还应倡导健康的投资理念，引导客户设立切实可行的理财目标，不应只关注产品的收益性，而忽视投资的风险性。尽量弱化客户追求短期收益的习惯，协助客户树立长期投资观念。理财规划师应引导客户根据自己的风险承受能力选择合适的投资产品，树立正确的投资理念，以避免投资损失对其生活造成较为严重的负面影响。

3）尽到风险提示责任

"理财有风险，投资须谨慎"这句话是对投资理财所面临风险和收益的最佳诠释，理财规划师在为客户制订理财规划或提供理财建议时，必须正确揭示其中的风险；通过提示理财相关风险让客户了解和区分不同产品与理财方案的风险特征，坚持"卖者尽责"与"买者自负"的有机统一，尤其让客户理解"买者自负"的基本原则。理财规划师需要向客户说明投资有风险，一切投资都应当遵循诚实信用、风险自担的原则。为了加快建立和完善有利于保护金融消费者权益的金融监管体系，保护金融消费者长远和根本的利益，《中国人民银行金融消费者权益保护实施办法》（中国人民银行令〔2020〕第 5 号）自 2020 年 11 月 1 日起施行，该办法重点对与投资者息息相关的八项权利进行了规范，新增受尊重权内容，对信息收集、披露和告知、使用、管理、存储与保密等方面做了优化。投资者权益保护的要求决定了理财规划师在提供专业服务过程中，应严格遵守职业操守，厘清金融机构作为代理销售机构与客户投资者之间的权责，及时、充分地向客户揭示所推荐的产品及方案存在的潜在风险。同时，理财规划师在服务过程中，应充分了解客户的风险承受能力和风险偏好，从而根据客户需求向客户提供适合的产品和服务。

4）及时反馈客户的意见和建议

理财规划师不仅代表所服务的金融机构，而且是客户利益的代表。在日常工作中，理财师应积极了解客户对理财产品或服务的需求，及时向金融机构反馈，促进金融机构不断创新理财产品、丰富理财产品体系、提高金融服务水平。对于客户的意见和建议，理财规划师要认真听取，逐级报告，忠实地代表客户的利益，反映客户的需求，做客户声音的反馈者。

 即测即练

第二章

理财规划基础

个人理财规划中要用到货币时间价值、风险与报酬、资产配置等基本理论，这些理论来自会计学、财务学、金融学和经济学等不同学科专业，具有综合性特点，也正是因为如此，才需要专业的理财机构和理财人员。本章所述的货币时间价值、风险与报酬、周期理财、资产配置等理论对理财规划实务不仅具有指导性，而且具有很强的实操性。

第一节　货币时间价值

货币时间价值是指当前所持有的一定量的货币比未来获得的等量货币具有更高的价值，或者现在持有的一定量货币经过一段时间之后会发生增值。货币时间价值通常指无风险条件下货币带来的无风险报酬，与风险报酬（risk premium）共同构成投资报酬。

一、现值与终值

现值（present value，PV）是指未来某一时点上的货币资金现在的价值，即零时的价值；终值（future value，FV）是指货币在未来某一时点的价值，这一价值包括现在的本金和按照复利计算的利息。所有的定价问题都与 4 个变量即 PV、FV、T、r 有关，确定其中 3 个，即能得出第 4 个。T 表示终值和现值之间的时间区间；r 表示利率。

（一）单期现值与终值

【例 2-1】　假设利率为 5%，某人准备拿出 1 万元进行投资，1 年后，将得到 10 500 元，计算公式为

$$FV = 10\,000 \times (1 + 5\%) = 10\,500（元）$$

FV 为投资结束时获得的价值，称为终值。因此，单期终值的计算公式为

$$FV = PV \times (1 + r)^1$$

其中，PV 是第 0 期的现金流；r 是利率。

由单期终值计算公式，可推导出单期现值的计算公式为

$$PV = \frac{FV}{1 + r}$$

其中，FV 是第 1 期期末的现金流；r 是利率。

假设利率为 5%，某人想保证自己通过 1 年的投资得到 1 万元，那么当前的投资应该为 9 523.81 元。

（二）多期现值与终值

【例 2-2】 某人将 10 000 元存入银行，存款期限为 3 年，利率为 5%，则第 1 年、第 2 年和第 3 年年末的价值分别为

$$FV_1 = 10\,000 \times (1 + 5\%)^1$$
$$= 10\,500(元)$$
$$FV_2 = 10\,000 \times (1 + 5\%)^2$$
$$= 10\,000 \times 1.102\,5$$
$$= 11\,025(元)$$
$$FV_3 = 10\,000 \times (1 + 5\%)^3$$
$$= 10\,000 \times 1.157\,6$$
$$= 11\,576(元)$$

因此，由例 2-2 可推导出多期终值的计算公式为

$$FV = PV \times (1 + r)^T$$

其中，PV 是第 0 期的现值；r 是利率；T 是投资期数；FV 是第 T 期的终值；$(1+r)^T$ 是终值系数；$1/(1+r)^T$ 是现值系数。

现值计算是终值的逆运算，简单地说，终值计算是将现在一笔钱折算为未来某一时刻的本利和。而现值计算，则是未来一笔钱折算到现在多少钱。这是货币时间价值计算中最基本也最重要的换算关系。随着期限 T 的增长，现值系数 $1/(1+r)^T$ 将减小，即同样一笔钱，离现在越远，现值越小。

随着利率 r 的提高，现值系数 $1/(1+r)^T$ 将减小，即同样一笔钱，贴现率越高，现值越小。相反，随着期限 T 的增长，终值系数 $(1+r)^T$ 将增大，即同样一笔钱，离现在越远，终值越大；同时随着利率 r 的提高，终值系数 $(1+r)^T$ 将增大，即同样一笔钱，利率越高，终值越大。

【例 2-3】 假如利率是 15%，某人想在 5 年后获得 2 万元，他需要在今天拿出多少钱进行投资？

解析：今天所需投资为

$$PV = \frac{20\,000}{(1 + 15\%)^5} = 9\,943.53(元)$$

（三）计息方式对现值与终值的影响

计息方式有单利和复利两种。单利只计算本金在投资期限内的利息，而不计算利息的利息。复利则是在每经过一个计息期后，都要将利息加入本金，以计算下期的利息，即利生利，也就是俗称的"利滚利"。国际上通行的计息方式为复利，中国的计息方式为单利。

计息方式（复利和单利）的不同对终值和现值的计算结果有巨大影响，而且时间越长，差别越大。以下例子为单利和复利分别计算时"利滚利"的演示结果。

【例 2-4】 复利和单利的区别

现值为 100 元,年利率为 10%,计算 5 年后的终值。

解析:如按单利计算,终值为 150 元;如按复利计算,终值为 161.05 元,如表 2-1 所示。

表 2-1　复利和单利的终值比较　　　　　　　　　　　　　　　　　　　　元

年　度	现　值	单　利	复　利	总 利 息	终　值
1	100.00	10.00	0.00	10.00	110.00
2	110.00	10.00	1.00	11.00	121.00
3	121.00	10.00	2.10	12.10	133.10
4	133.10	10.00	3.31	13.31	146.41
5	146.41	10.00	4.64	14.64	161.05
总计		50.00	11.05	61.05	

(四)利率和期限对现值与终值的影响

【例 2-5】　如何成为千万富翁?

假如你现在 21 岁,每年能获得 10% 的收益,要想在 65 岁时成为千万富翁,今天你要一次性拿出多少钱来投资?

解析:确定变量:$FV=1\,000$ 万元,$r=10\%$,$T=65-21=44$ 年,代入终值算式中并求解现值:$10\,000\,000=PV\times(1+10\%)^{44}$

$PV=10\,000\,000/(1+10\%)^{44}=150\,911$(元)

当然我们忽略了税收和其他的影响因素,但是现在你需要的是筹集 150 911 元,44 年之后可以实现千万富翁的梦想。这个例子再一次告诉我们,时间的长短和复利的计息方式对资本增值有巨大影响。对财务规划来说,计划开始得越早,所需要的投入就越少。

二、年金现值与终值

(一)年金的概念

年金是指相等间隔期内发生的一系列等额货币资金收入、支出或收支净额。如每月发放的基本工资、定期等额存入银行的款项、每月领取的养老保险金、分期支付的工程款、分期收回的等额货款等都是年金的表现形式。按照现金流发生的时点不同,年金可分为期末年金和期初年金。

1. 期末年金

期末年金是指每期的现金流发生在期末的年金。生活中像工资收入、利息收入、红利收入、等额本息房贷摊还、储蓄等都是期末年金。

2. 期初年金

期初年金是指每期的现金流发生在期初的年金。生活中像房租、养老金支出、生活费支出、教育金支出、保险缴费等都是期初年金。

（二）普通年金现值与终值

普通年金是指在一定期限内,时间间隔相同、不间断、金额相等、方向相同的一系列现金流。

1. 普通年金现值

1）期末年金现值

期末年金每期现金流发生的时点在期末,期末年金现值就是每期期末的现金流折现到 0 时点的现值之和。

期末年金现值计算公式如下:

$$PV = \frac{C}{1+r} + \frac{C}{(1+r)^2} + \frac{C}{(1+r)^3} + \cdots + \frac{C}{(1+r)^T}$$

$$PV_{期末} = \frac{C}{r}\left[1 - \frac{C}{(1+r)^T}\right]$$

2）期初年金现值

期初年金每期现金流发生的时点在期初,期初年金现值就是每期期初的现金流折现到 0 时点的现值之和。

期初年金现值计算公式如下:

$$PV = C + \frac{C}{1+r} + \frac{C}{(1+r)^2} + \frac{C}{(1+r)^3} + \cdots + \frac{C}{(1+r)^{T-1}}$$

$$PV_{期初} = PV_{期末} \times (1+r)$$

【例 2-6】 如果王先生在未来 10 年内每年年初获得 1 000 元,年利率为 8%,则这笔年金的现值为

$$PV_{期初} = (1\,000/0.08) \times [1 - (1+0.08)^{-10}] \times (1+0.08) = 7\,246.89(元)$$

如果王先生的年金在每年年末获得,则这笔年金的现值为

$$PV_{期末} = (1\,000/0.08) \times [1 - (1+0.08)^{-10}] = 6\,710.08(元)$$

【例 2-7】 消费贷款年金的现值

如果某人采用了一项为期 36 个月的购车贷款,每月月末为自己的汽车支付 400 元,年利率为 7%,按月计息。那么他能购买一辆价值多少钱的汽车?

解析:该车的价值即消费贷款年金的现值,计算如下:

$$PV_{期末} = \frac{400}{0.07/12}\left[1 - \frac{1}{(1+0.07/12)^{36}}\right] = 12\,954.59(元)$$

【例 2-8】 计算等额支付贷款

如果某人想买一辆价值 250 000 元的车,首付 10%,其余部分银行按 12% 的年利率提供贷款,期限 60 个月,按月计息,每月需还多少钱?

解析:借贷的总额是 90% × 250 000 = 225 000(元)。月利率为 12%/12 = 1%,连续 60 个月,每月月底还款额的现值之和为

$$225\,000 = C \times [1 - 1/(1+1\%)^{60}]/1\%$$
$$= C \times [1 - 0.550\,45]/1\%$$
$$= C \times 44.955$$

$C = 225\,000/44.955 = 5\,005.00$（元），即每月需还 5\,005 元。

【例 2-9】 计算期间 T

假如你的信用卡账单上的余额为 2\,000 元，月利率为 2％。如果你月还款的最低额为 50 元，你需要多长时间才能将 2\,000 元的账还清？

解析：$2\,000 = 50 \times [1 - 1/1.02^T]/0.02$

$0.80 = 1 - 1/1.02^T$

$1.02^T = 5.0$

$T = 81.3$ 个月，即大约 6.78 年。

2. 普通年金终值

1）期末年金终值

期末年金每期现金流发生的时点在期末，期末年金终值就是每期期末的现金流累积到 T 时点的终值之和。

期末年金终值计算公式如下：

$$\text{FV}_{期末} = C \times (1+r)^{T-1} + C \times (1+r)^{T-2} + C \times (1+r)^{T-3} + \cdots + C$$

$$\text{FV}_{期末} = \frac{C[(1+r)^T - 1]}{r}$$

【例 2-10】 某人为了在 20 年之后退休时获得一定的养老保险，现在每年年末存入养老保险账户 1 万元，利率为 5％。那么，该人退休时其养老保险账户的资金余额为多少？

$$\text{FV}_{20} = 10\,000 \times (F/A, 5\%, 20)$$
$$= 10\,000 \times 33.066$$
$$= 330\,660（元）$$

2）期初年金终值

期初年金每期现金流发生的时点在期初，期初年金终值就是每期期初的现金流累积到 T 时点的终值之和。

期初年金终值计算公式如下：

$$\text{FV}_{期初} = C \times (1+r)^T + C \times (1+r)^{T-1} + C \times (1+r)^{T-2} + \cdots + C \times (1+r)$$

$$\text{FV}_{期初} = \frac{C(1+r)[(1+r)^T - 1]}{r}$$

$$\text{FV}_{期初} = \text{FV}_{期末} \times (1+r)$$

【例 2-11】 一个 21 岁的年轻人现在投资 150\,091 元（10％的年利率），可以在他 65 岁时（44 年后）获得 1\,000 万元。假如这个年轻人现在一次拿不出 150\,091 元，而是想在今后 44 年中每年投资一笔等额款，直至 65 岁，那么这笔等额款该为多少？

解析：$10\,000\,000 = C \times [(1.10)^{44} - 1]/0.10$

$C = 10\,000\,000/652.640\,8 = 15\,322.36$（元）

【例 2-12】 如果该投资人现在已经 40 岁了，也想在 65 岁时成为千万富翁。如果他的投资年收益率也为 10％，从现在（年底）开始每年投资一笔等额款，直至 65 岁，那么这笔等额款该为多少？

解析：$10\,000\,000 = C \times [(1.10)^{25} - 1]/0.10$

$$C = 10\ 000\ 000/98.347\ 06 = 101\ 680.72(元)$$

如果他的投资年收益率为 20%，那么这笔等额款为

$$10\ 000\ 000 = C \times [(1.20)^{25} - 1]/0.20$$
$$C = 10\ 000\ 000/471.981\ 1 = 21\ 187.29(元)$$

（三）永续年金现值

永续年金是永无到期日的一组稳定现金流，在无限期内，时间间隔相同、不间断、金额相等、方向相同的一系列现金流。

1. 期末永续年金现值

期末永续年金现值计算公式如下：

$$PV = \frac{C}{1+r} + \frac{C}{(1+r)^2} + \frac{C}{(1+r)^3} + \cdots$$

$$PV = \frac{C}{r}$$

【例 2-13】 某国政府拟发行一种面值为 100 元、息票率为 10% 的国债，每年年末付息但不归还本金，此国债可以继承。如果当时的市场利率是 6%，则该债券合理的发行价格是多少？

解析：根据期末永续年金现值公式：

$$PV = C/r = 100 \times 10\% / 6\% = 166.67(元)$$

即债券的合理发行价格为 166.67 元。

2. 期初永续年金

期初永续年金现值计算公式如下：

$$PV = C + \frac{C}{(1+r)} + \frac{C}{(1+r)^2} + \frac{C}{(1+r)^3} + \cdots$$

$$PV = \frac{C}{r} \times (1+r)$$

（四）增长型年金

增长型年金是指在一定期限内，时间间隔相同、不间断、金额不相等但每期增长率相等、方向相同的一系列现金流。

1. 增长型年金现值

1）期末增长型年金现值

期末增长型年金每期现金流发生的时点在期末，期末增长型年金现值就是每期期末的增长型现金流折现到 0 时点的现值之和。

期末增长型年金现值计算公式如下：

$$PV = \frac{C}{1+r} + \frac{C \times (1+g)}{(1+r)^2} + \frac{C \times (1+g)^2}{(1+r)^3} + \cdots + \frac{C \times (1+g)^{T-1}}{(1+r)^T}$$

当 $r \neq g$ 时，

$$PV = \frac{C}{r-g} \times \left[1 - \left(\frac{1+g}{1+r} \right)^T \right]$$

当 $r=g$ 时，

$$PV = \frac{TC}{1+r}$$

其中，T 表示期间数；C 表示增长型年金的第一项。

【例 2-14】 增长型年金

一项养老计划为你提供 40 年养老金。第一年为 20 000 元，以后每年增长 3%，年底支付，如果贴现率为 10%，这项计划的现值是多少？

解析：$PV = \dfrac{20\,000}{0.10-0.03} \times \left[1 - \left(\dfrac{1.03}{1.10} \right)^{40} \right] = 265\,121.57(\text{元})$

2）期初增长型年金现值

期初增长型年金每期现金流发生的时点在期初，期初增长型年金现值就是每期期初的增长型现金流折现到 0 时点的现值之和。

期初增长型年金现值计算公式如下：

$$PV_{期初} = C + \frac{C \times (1+g)}{(1+r)} + \frac{C \times (1+g)^2}{(1+r)^3} + \cdots + \frac{C \times (1+g)^{T-1}}{(1+r)^{T-1}}$$

$$PV_{期初} = PV_{期末} \times (1+r)$$

2. 增长型年金终值

1）期末增长型年金终值

期末增长型年金每期现金流发生的时点在期末，期末增长型年金终值就是每期期末的增长型现金流累积到 T 时点的终值之和。

期末增长型年金终值计算公式如下：

$$\begin{aligned} FV_{期末} &= C \times (1+r)^{T-1} + C \times (1+g)(1+r)^{T-2} + C \times (1+g)^2(1+r)^{T-3} \\ &\quad + \cdots + C \times (1+g)^{T-1} \end{aligned}$$

当 $r \neq g$ 时，

$$FV_{期末} = \frac{C \times (1+r)^T}{r-g} \times \left[1 - \left(\frac{1+g}{1+r} \right)^T \right]$$

当 $r=g$ 时，

$$FV_{期末} = TC(1+r)^{T-1}$$

其中，T 表示期间数；C 表示增长型年金的第一项。

【例 2-15】 小华打算为将来买房储蓄资金，计划每年年末拿出工资的 30% 存入银行。今年税后工资是 6 万元，假设工资增长率是 5%，存款年利率是 3%，那么 5 年后他可以积累多少钱？

解析：$FV = \dfrac{6 \times 30\%(1+3\%)^5}{3\%-5\%} \times \left[1 - \left(\dfrac{1+5\%}{1+3\%} \right)^5 \right] = 10.53(\text{万元})$

2）期初增长型年金终值

期初增长型年金每期现金流发生的时点在期初，期初增长型年金终值就是每期期初的增长型现金流累积到 T 时点的终值之和。

期初增长型年金终值计算公式如下：

$$FV_{期末} = C \times (1+r)^T + C \times (1+g)(1+r)^{T-1} + C \times (1+g)^2(1+r)^{T-2}$$
$$+ \cdots + C \times (1+g)^{T-1}$$

当 $r \neq g$ 时，

$$FV_{期末} = \frac{C \times (1+r)^T}{r-g} \times \left[1 - \left(\frac{1+g}{1+r}\right)^T\right]$$

当 $r = g$ 时，

$$FV_{期初} = TC(1+r)^T$$
$$FV_{期初} = FV_{期末}(1+r)$$

（五）增长型永续年金

增长型永续年金为以某固定比率增长的永续年金现金流，在无限期内，时间间隔相同、不间断、金额不相等但每期增长率相等、方向相同的一系列现金流。

1. 期末增长型永续年金

期末增长型永续年金现值计算公式如下：

$$PV_{期末} = \frac{C}{1+r} + \frac{C \times (1+g)}{(1+r)^2} + \frac{C \times (1+g)^2}{(1+r)^3} + \cdots$$

$$PV_{期末} = \frac{C}{r-g}$$

2. 期初增长型永续年金

期初增长型永续年金现值计算公式如下：

$$PV_{期初} = C + \frac{C \times (1+g)}{(1+r)} + \frac{C \times (1+g)^2}{(1+r)^2} + \frac{C \times (1+g)^3}{(1+r)^3} + \cdots$$

$$PV_{期初} = \frac{C}{r-g} \times (1+r)$$

$$PV_{期初} = PV_{期末} \times (1+r)$$

应该注意的是，在推导以上公式时，必须假定 $r > g$，否则现金流的现值将发散，永续年金的现值将为无穷大。因此在使用该公式时，应注意初始现金流 C 时间点的位置和 $r > g$ 的要求。

【例 2-16】 杨小姐最近准备投资 S 公司股票，她对该公司股票的股利分配政策进行了研究，经过 S 公司股东大会讨论通过，明年该股票预计每股分配股利 0.5 元，且以后每年固定增长 3%，假定折现率为 5%，该股票现在市价为每股 30 元。假定该公司能够保持这项股利分配政策不变，且不考虑其他因素对股票价格的影响，该股票现在的市场价格是否合理？

解析：股票合理价格 $= C/(r-g) = 0.5/(0.05-0.03) = 25$（元）。该股票现在的市场价格为每股 30 元，而股票内在价格为每股 25 元，所以该股票被高估了。

三、名义利率与实际利率

一年内对某金融资产计 m 次复利，T 年后，你得到的价值是

$$FV = PV \times \left(1 + \frac{r}{m}\right)^{m \times T}$$

【例 2-17】　假如你对 50 元进行投资，年利率为 12%，每半年计息一次，那么 3 年后你的投资价值变为

$$FV = 50 \times \left(1 + \frac{0.12}{2}\right)^{2 \times 3} = 50 \times 1.418\,5 = 70.93(元)$$

例 2-17 中，该投资的年化利率（Effective Annual Rate，EAR）是多少？ 3 年后能给我们带来相同收益的年收益率即为年化利率，即

$$50 \times (1 + EAR)^3 = 70.93(元)$$

$$EAR = \left(\frac{70.93}{50}\right)^{1/3} - 1 = 0.123\,6$$

也就是说，按 12.36% 的年利率投资的收益与按 12% 的名义年利率并按半年计复利的投资收益是相同的。

因此，年化利率的计算公式为

$$EAR = \left(1 + \frac{r}{m}\right)^m - 1$$

其中，EAR 为年化利率；r 为名义年利率；m 为一年内复利次数。

名义利率为 10%，复利次数不等，年化利率计算结果如表 2-2 所示。

表 2-2　10% 的名义年利率在不同复利次数下的有效年利率

复 利 区 间	复利次数/次	有效年利率/%
年	1	10.000 00
季	4	10.381 29
月	12	10.471 31
周	52	10.506 48
日	365	10.515 58
时	8 760	10.517 03
分	525 600	10.517 09

四、货币时间价值的应用

（一）净现值

净现值（net present value，NPV）等于投资项目所有现金流（包括正的现金流和负的现金流）的现值之和。如果一个项目的 NPV≥0，说明收入现金流的现值大于支出现金流的现值，项目有正的收益，能够满足投资者收益要求，因此应该接受它；相反，如果一个项目的 NPV＜0，就应拒绝采用它。

为什么要使用 NPV 作为投资项目评估的标准呢？ 这是因为接受 NPV 为正的项目

符合投资人的投资目标,即投资收益为正,NPV 越大,投资收益越高,由于 NPV 方法在计算现值时考虑了投资项目所有现金流,而且贴现率是投资人要求的报酬率,也是现金流的再投资收益率,因此,NPV 是较好的投资项目评估方法,投资项目的 NPV 越大越好。

【例 2-18】 NPV 的计算

项目 X 的初始投资为 1 100 元,投资收益率为 10%,每年的收入和支出如表 2-3 所示,该项目是否值得投资?

表 2-3 投资项目每年的现金流入、现金流出和现金净流量   元

年　度	现 金 流 入	现 金 流 出	现金净流量
1	1 000	500	500
2	2 000	1 300	700
3	2 200	2 700	−500
4	2 600	1 400	1 200

解析:由表 2-3 可知项目 X 每年的现金流入、现金流出和现金净流量。

因此,项目 X 的净现值为

$$NPV = \sum_{t=0}^{T} \frac{C_t}{(1+r)^t}$$
$$= -1\,100 + 500/1.1 + 700/1.1^2 + (-500)/1.1^3 + 1\,200/1.1^4$$
$$= 377.02 > 0$$

该项目净现值大于 0,所以项目值得投资。

(二)内部收益率

内部收益率(internal rate of return, IRR)是使项目 NPV 为 0 时的贴现率。当投资人要求的投资收益率小于 IRR 时,说明投资项目的 NPV 大于 0,项目可接受;当投资人要求的投资收益率大于 IRR 时,说明投资项目的 NPV 小于 0,项目应该被拒绝。因此,投资项目的 IRR 越大越好。使用 IRR 作为投资项目的决策标准具有简单、直观的优点,易于被接受。但应该注意的是,在 IRR 的计算过程中,再投资收益率假定为 IRR,而这一假定不符合实际情况(NPV 计算中再投资收益率为真实投资收益率)。另外,IRR 的计算要解一元多次方程,有时会出现多解和无解的情况,在面临互斥项目的选择时容易出现问题。因此,当 IRR 和 NPV 发生冲突时,投资项目的决策应该以 NPV 的结论为准。

第二节　风险与报酬

一、风险的来源

(一)利率风险

在市场化利率条件下,利率是不断波动的,由于利率的波动而带来的投资人收益的变化及其影响属于利率风险。利率的变化会影响企业资本的成本和资产价值的变化。当利

率上升时,债权人和投资者所要求的报酬提高,债券和股票的价格会下跌;当利率下降时,债权人和投资者所要求的报酬降低,债券和股票的价格会上涨。企业融资或投资、投资人购买金融资产都会面临利率变动的风险。

由于美元作为全球流通货币,美联储通过加息或减息,使全球资金不断流入美国或流出美国,导致其他国家或地区金融市场的动荡。如2022—2023年美联储连续加息,造成其他货币贬值,资本市场风险加大。

(二)市场风险

由于非预期事件引起的市场价格的波动带来的风险属于市场风险。例如,1997年由泰国、韩国及俄罗斯等国引发的亚洲金融风暴,2001年美国"9·11"恐怖事件,2008年全球金融危机引起全球金融市场的连锁反应等皆属市场风险。市场风险发生时,给投资者的收益都会带来影响,是一种无法分散的风险。

(三)购买力风险

由于物价持续上涨而对投资者实际报酬产生的影响称为购买力风险(或称为通货膨胀风险)。例如,假设定期存款利率为10%,现在存入银行1 000元,1年之后可以获得的本利之和为1 100元,但该1 100元由于物价上涨10%,在1年之后却只能买到以现在货币价值计算为1 000元的商品。考虑购买力风险之后的实际存款利率为零。2022—2023年,欧美等国家受能源价格的影响,居民消费价格不断上涨,货币购买力下降,居民生活质量受到严重影响。

(四)经营风险

行业景气、公司管理能力、生产规模等特殊原因导致企业营业收入或营业成本的波动,从而造成的息税前利润的变动称为经营风险。例如,2005年年初,由于进口铁矿石原料价格的上涨,中国钢铁企业的营运成本上升,导致钢铁企业息税前利润的变化,这种变化则为经营风险。投资者购买股票,面临上市公司经营不善带来的经营风险。

(五)财务风险

财务风险是指企业无法按期支付利息、偿还本金,而有破产可能的风险,又称为违约风险。企业过高的资产负债率和现金周转不畅都可能导致无法支付到期债务本金和利息的风险。例如,美国安然公司过多地将资金投放于高风险的石油衍生金融产品业务导致经营失败,无法支付到期债务而破产清算等。投资者购买证券,面临上市公司不能按期还本付息的债务风险,即财务风险。

(六)流动性风险

流动性风险是指由于市场交易规则的限制,或寻找买主的成本很高而导致资产变现能力下降的风险。如中国上市公司的国有股股东和法人股股东所持有的股票就不能在证券市场上流通,因而承受流动性风险。宏观流动性风险强调资金供给不足,微观流动性风险强调资金面的紧张,以及所持资产变现能力的降低。

二、风险与报酬的关系

在有效市场假设条件下,风险与报酬是相互匹配的,即高风险高报酬、低风险低报酬。投资者可以根据自身风险承受能力的大小选择适度风险的投资品种,获得预期报酬。

以美国证券市场为例,其各类主要证券的平均报酬率及其标准差如表 2-4 所示。资料显示,投资债券的报酬率最低,中长期公债次之,长期公司债最高;股票中则以营运状况较不稳定的小公司报酬较高。从衡量总风险的标准差来看,平均报酬率越高的证券,其标准差也越大。资料表明,具有较高报酬的证券隐含着较高的风险,具有相对稳定报酬的证券隐含的风险较低。

表 2-4　美国资本市场主要证券平均报酬率及其标准差　　　　　　　　%

证 券 类 别	平均报酬率	标 准 差
大公司股票	13.3	20.1
小公司股票	17.6	33.6
长期公司债	5.9	8.7
长期政府公债	5.5	9.3
中期政府公债	5.4	5.8
美国国库券	3.8	3.2

投资于高风险的证券品种是否一定能够获得高报酬呢?答案是否定的。如果答案是肯定的,也就无所谓高风险。高风险高报酬、低风险低报酬是从市场均衡的角度得出的结论,或者从有效市场假设条件下得出的结论。但是,真实市场中的个别投资者由于知识、能力等方面的限制,可能作出错误的判断,导致投资损失的发生。无论如何,投资者之所以愿意冒风险进行投资,是因为投资者预期能够获得与所冒风险相匹配的报酬。风险与报酬的匹配实质上是市场对投资者所冒风险的收益补偿,这种收益补偿也可称为风险溢价。

预期报酬由预期无风险报酬和风险报酬两个部分组成,根据风险的来源,可以将风险报酬进一步划分为购买力风险报酬、违约风险报酬、流动性风险报酬等。所以,预期报酬率的构成公式可以表述如下:

$$预期报酬率＝无风险报酬率＋购买力风险报酬率＋违约风险报酬率＋$$
$$流动性风险报酬率＋\cdots$$

三、风险分散与必要报酬率的确定

(一)系统风险与非系统风险

系统风险是指那些影响所有公司的因素引起的风险。例如,自然灾害、战争、经济衰退、通货膨胀等非预期因素对市场中所有资产的价格都产生影响。各种股票处于同一经济系统之中,它们的价格变动具有趋同性,多数股票的报酬率在一定程度上正相关。经济繁荣时,多数股票的价格都上涨;经济衰退时,多数股票的价格都下跌。由于系统风险是影响整个资本市场的风险,所以也称"市场风险"。由于系统风险没有有效的方法消除,所以也称"不可分散风险"。

非系统风险是指发生于个别公司的特有事件造成的风险。例如,一家公司的工人罢工、新产品开发失败、失去重要的销售合同、诉讼失败,或者宣告发现新矿藏、取得一个重要合同等。这类事件是非预期的、随机发生的,它们只影响一个或少数公司,不会对整个市场产生太大影响。这种风险可以通过多样化投资来分散,即发生于一家公司的不利事件可以被其他公司的有利事件所抵消。

由于非系统风险是个别公司或个别资产所特有的,因此也称"公司特有风险"。由于非系统风险可以通过投资多样化分散掉,因此也称为"可分散风险"。

(二)资产组合与风险分散

如果投资分散于多种不同的证券,资产组合的投资收益波动幅度将会下降。如果资产组合中各种证券的收益并不随时间同时变动——它们不完全相关,则收益风险就会降低。这是因为,资产组合的投资收益率等于各种证券投资收益与相应投资比例的加权平均数,资产组合的方差则不等于各种证券的方差与其投资比例的加权平均数,而是比方差的加权平均数要小。图 2-1 显示了加入新的股票后,资产组合收益风险将会发生变化的情况。风险降低是因为有些股票收益的变动趋势是独立的,这种股票所特有的收益风险可以被另一种股票的收益风险所抵消。但是,资产组合的风险不可能完全抵消掉。在实际中,完全消除资产组合的风险是相当困难的,几乎是不可能,因为股价的变化往往有一致的趋势。

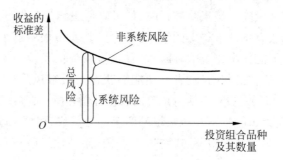

图 2-1　风险构成及其分散效应

从图 2-1 可以看出,总风险随着股票数量的增加而逐渐降低,资产组合的数量达到一定程度之后,总风险的降低速度开始缓慢,直到很不显著。剩余的风险,一般为总风险的40%,是资产组合的市场风险。此时,资产组合的风险与市场所有证券高度相关。影响资产组合风险的事件不再是单只股票所对应的公司所特有的,而是整个经济的发展变化或政治事件的发生。

由于公司特有风险或非系统风险可以通过分散投资予以消除,证券市场不会为此风险给予额外收益的补偿,因此,对风险的度量应放在一种股票或资产组合如何随市场全部证券组合(如 S&P500 指数、上证 180 指数)而波动规律的预测上,这种关系可以通过编制某种股票或证券组合的历史收益与同期市场证券组合收益的关系图得到。

（三）系统风险的衡量

在一个完全有效的资本市场里，投资者可以通过持有投资组合分散非系统风险，市场均衡的结果是投资者都持有一定份额的市场投资组合（market portfolio），非系统风险可以完全分散掉。投资者只需要考虑系统风险，那么，如何衡量系统风险的大小呢？或者，如何确定一项资产（或资产组合）系统风险的大小呢？

确定一项资产系统风险的大小，可以通过考察该资产（或资产组合）的收益变化与市场收益变化之间的依存关系。这种关系可以用贝塔系数（β）来表示。如果 $\beta=1$，说明该资产（或资产组合）的风险溢价变化与市场是同步的。假设市场风险溢价为 5%，那么，该项资产（或资产组合）的风险溢价也是 5%。如果 $\beta=0.5$，说明该资产（或资产组合）的风险溢价变化是市场的 1/2，市场风险溢价为 5%，该项资产（或资产组合）的风险溢价为 2.5%。如果 $\beta=0$，说明该项资产（或资产组合）的系统风险为零。如果 $\beta>1$，说明该项资产（或资产组合）的系统风险超越了市场风险。通常情况下，股票的贝塔系数取值范围在 0.60 至 1.60 之间。

如果以 S&P500 指数为横轴，McDonald 公司为纵轴，根据 McDonald 公司和 S&P500 指数一定时期内收益数据比对绘制出二者收益依存关系的散点图，并根据散点图画出最能反映二者收益变化关系的特征线。特征线的斜率反映了 McDonald 公司和 S&P500 指数收益依存关系的平均变化趋势，即 McDonald 公司股票的价格相对于 S&P500 指数价格的平均变化关系。对于 McDonald 公司来说，如果特征线的斜率为 1.35，意味着市场收益（S&P500 指数的收益）上升或下降 1%，McDonald 公司股票的收益平均上涨或下降 1.35%。

特征线的斜率 1.35 表明了 McDonald 公司股票系统风险的大小，其值等于 McDonald 公司股票的贝塔系数（β）。散点偏离特征线两侧较远，这是由 McDonald 公司特有风险所致。如果一个资产组合的贝塔系数也等于 1.35，我们就会发现散点收敛于特征线两侧，这是因为资产组合具有分散非系统风险的效应。在充分资产组合的条件下，非系统风险被完全分散掉，散点将分布于特征线之上。

如果知道了各项资产的贝塔系数，那么，如何确定资产组合的贝塔系数呢？资产组合的贝塔系数等于各项资产的贝塔系数乘以该项资产在资产组合中的投资比例之和，用公式可以表示为

$$\beta_p = \sum_i^n \beta_i W_i$$

其中，β_p 代表资产组合的贝塔系数；β_i 代表第 i 种资产的贝塔系数；W_i 代表第 i 种资产投资的比例。

【例 2-19】 现有 ABC 股票组合，已知三种股票 A、B、C 在资产组合中所占的比例及其各自 β 值，如表 2-5 所示。试求该股票组合的 β 值。

表 2-5   ABC 投资组合情况

股 票	在资产组合中的比例/%	β 值
A	40	1.00
B	25	0.75
C	35	1.30

$$\beta_p = 1.00 \times 40\% + 0.75 \times 25\% + 1.30 \times 35\% = 1.0425$$

通过上述公式及其例,可以得出结论:资产组合的 β 值是由个别证券的 β 值决定的。如果资产组合中含有低 β 值的股票,则整个组合的 β 值相应较低;反之亦然。但是,如果资产组合的 β 值较为稳定,单只股票的 β 值并不一定稳定。

(四) 必要报酬率

必要报酬率(required rate of return)是指投资者购买或持有一种资产所要求的最低报酬率,这种资产可能表现为一种证券、证券组合或一项投资项目。这一定义考虑了投资者投资时的资本机会成本。也就是说,如果投资者将资本投入某个项目,那么,投资者就失去了(forgo)将资本投向次优(next-best)方案可能带来的收益,这种失去的收益就是投资者选择投资于某项目的机会成本,因此,也是投资者要求的必要报酬率。否则,投资者会选择次优的投资方案。换言之,投资者之所以投资,是因为购买一项资产的价格足够低,并确保未来获得的现金流足以弥补必要的报酬率要求。

为了更好地理解必要报酬率的性质,可以将必要报酬率分解为两个基本的组成部分:无风险报酬率(risk-free rate of return)和风险报酬率,用公式可以表示为

$$K = K_{rf} + K_{rp}$$

其中,K 为投资者要求的最低报酬率;K_{rf} 为无风险报酬率;K_{rp} 为风险报酬率。

无风险报酬率是投资者推迟消费获得的报酬,而非承担风险获得的报酬。无风险报酬反映了这样的基本事实,即今天的投资是为了今后更多地消费。无风险报酬率只能用作无风险投资项目的必要报酬率,如国库券投资就可视为一种无风险投资项目。

风险报酬是投资者因承担风险而期望获得的额外报酬。风险水平越高,投资者预期的额外报酬越高;相反,风险水平越低,投资者预期的额外报酬越低。

假如你正在考虑购买一只股票,这只股票明年能够给你带来 14% 的回报。如果 90 天期限的国库券的无风险报酬率为 5%,那么,你所获得的风险报酬率则为 9%。

(五) 资本资产定价模型

对于投资者来说,如何确定必要报酬率是一件十分重要的事情。从必要报酬率的两个组成部分来看,确定必要报酬率的难点在于风险报酬率的测算。在有效资本市场假设条件下,非系统风险可以通过投资组合分散掉,所以,风险报酬率测算实际上是系统风险报酬率的测算。

投资实践中,经常使用资本资产定价模型(CAPM)测算必要报酬率。资本资产定价模型是一个方程式,即证券的预期报酬率等于无风险报酬率加上该证券的系统风险报酬

率。虽然,资本资产定价模型受到了许多批评,但是,毋庸置疑,资本资产定价模型为投资者提供了一种直观地确定投资必要报酬率的有用工具。

将必要报酬率的表达式转换可以得到:

$$K_{rp} = K - K_{rf}$$

这个公式表明,证券的风险报酬率等于必要报酬率减去无风险报酬率。例如,如果必要报酬为15%,无风险报酬率为5%,那么,风险报酬率则为10%。同理可得,如果市场投资组合的必要报酬率为12%,无风险报酬率为5%,那么,市场的风险报酬率则为7%。这个7%的风险报酬率可以运用于与市场投资组合风险相当的任何证券,或贝塔系数等于1的证券。

在同样的市场上,如果一种证券的贝塔系数等于2,该证券应当提供14%,或者2倍于市场的风险报酬。因此,更为一般地,第j种证券的必要报酬率可以表示为$K_j = K_{rf} + \beta_j(K_m - K_{rf})$,此式即为资本资产定价模型。这个等式代表了市场中存在的风险与收益的匹配(trade-off),这里风险的大小是根据贝塔系数确定的。资本资产定价模型又称为证券市场线(Security Market Line),证券市场线代表了在给定系统风险条件下,证券投资的必要报酬率。如果β等于0,1,2,无风险报酬率为5%,市场的投资报酬率为12%,那么,必要报酬率分别为:

如果$\beta=0$,则$K_j = 5\% + 0 \times (12\% - 5\%) = 5\%$

如果$\beta=1$,则$K_j = 5\% + 1 \times (12\% - 5\%) = 12\%$

如果$\beta=2$,则$K_j = 5\% + 2 \times (12\% - 5\%) = 19\%$

四、风险管理策略

企业风险承受能力是相对稳定的,但是,其可供选择的财务行为机会集合却会因为风险管理策略的不同而不同。企业可根据风险状态的不同,以及自身的禀赋状态的差异,选择风险接受、风险转移和风险回避等不同策略。

(一)风险接受策略

风险接受策略是指投资项目的风险程度在企业所能承受的范围内,接受该项目能够获得与风险相匹配的收益。此时,企业应选择风险接受策略。其前提是对投资项目的不确定状况及其自身的风险承受能力作出正确的评估。经评估,如果个人认为具有分散投资风险的能力,就可以选择风险接受策略,投资者也会因为承受更大的风险而要求更高的投资回报。

(二)风险转移策略

风险转移策略也可称为风险外包,是指企业通过购买远期合同或签订风险资产管理合同的形式将风险转移给其他具有风险分散优势主体的策略。风险转移策略可以使个人或企业获得既定的合同收益,合同以外的收益则随着风险的转移而转移给其他主体。这种策略是个人或企业对既定风险资产管理所采取的风险转移策略。个人或企业购买保险实质上就是风险转移策略。

（三）风险回避策略

风险回避策略是指企业通过卖出或拒绝买入超越其风险承受能力的风险合同，或拒绝接受超出自身风险承受能力的投资项目，以达到规避风险，将风险控制在可接受范围内的一种风险分散策略。它是风险接受策略的反向策略。这是企业对其风险承受能力和投资风险作出评估后，认为投资风险超出了可接受的范围，选择该项投资并不能获得与预期风险相匹配的收益时，所采用的一种风险分散策略。理财实践中，金融机构往往通过对个人风险承受能力的测试，确定客户的风险承受等级，进而提供客户风险可接受范围的理财产品，而风险可接受之外的理财产品则被筛选掉了。

第三节　家庭资产配置理论

资产配置是指投资者将投资分配在不同的资产上，换取预期收益的同时将风险降至可接受程度的最低值，它是在某一时点上家庭资产组合的构成，是一个静态的概念。资产选择就是在若干种可供选择的资产（如货币基金、股票、债券、外汇、不动产和事业投资等）之间进行决策，确定是否投资某类资产以及投资多少金额，目标是使投资者最终持有的资产整体收益尽可能高、风险尽可能低，对现有的资产进行优化配置。

创造财富主要有两种方式：一是劳动收入，这是大多数家庭的经济来源，可以把它称为第一现金流；二是投资性收入，如自己创办企业盈利、对外出租房子收取租金、投资金融产品获得收益等，也称为被动收入，是第二现金流。想要实现财务自由，则需不断提高被动收入，合理配置资产结构。

一、标准普尔家庭资产配置理论

（一）标准普尔家庭资产配置象限图

标准普尔家庭资产配置象限图是美国标准普尔公司在调查 10 万家资产长期稳健增长的中产阶级家庭后，得出的一套系统的家庭资产配置方案。它把家庭资产配置分为 4 个象限，即第 1 象限：保命的钱；第 2 象限：要花的钱；第 3 象限：生钱的钱；第 4 象限：保本升值的钱，具体如图 2-2 所示。

第 1 象限是保命的钱，也称为保障账户（或杠杆账户）。该账户余额约占家庭资产的 20%，它是家庭资产配置的关键，具有专款专用、以小博大的特点。其投资的目的是防范家庭可能面临的疾病、自然灾害、意外事件等带来的财产损失。其主要配置资产品种包括意外险、医疗险、重疾险、终身寿险和财险等。假如未来家庭有人不幸罹患重大疾病（这个概率还是很高的，据统计，人一生罹患重大疾病的概率是 72.18%），需要 30 万元到 50 万元的治疗费用，一般人会怎么做？一定想办法筹钱看病，先把股票、基金等都卖了，不够的话，银行存款也都取出来，亲戚朋友借点，再不够就真的砸锅卖铁了。这样辛辛苦苦积累多年的财富，可能就会因为一场大病而花光。所以，财务规划的核心是财产保障规划，它是家庭资产配置的防火墙。

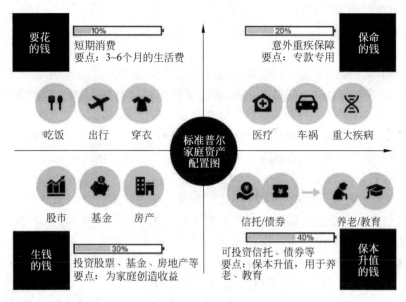

图 2-2　标准普尔家庭资产配置象限

第 2 象限是要花的钱，也称为消费账户（或现金账户）。该账户余额约占家庭资产的 10％，一般是家庭 3～6 个月的生活开支。比如，一个家庭每月的日常开销为 1 万元，那这个账户的余额要保持 3 万～6 万元，以满足家庭日常开支的需求。如果未来真发生意外情况，比如失业了，这个账户至少可以保证该家庭半年的生活开支。

这个账户的资产要求安全性高、流动性强，能够随取随用，可配置的资产形式包括活期储蓄、货币型基金等。

第 3 象限是生钱的钱，也称为投资账户（或风险账户）。该账户余额约占家庭资产的 30％，具有高收益和高风险的特征。其主要投资于股票、基金、股权和房产等，其目的是实现家庭财富的快速增长，走向财务自由之路。投资收益是家庭收入结构的重要组成部分，如果投资收益满足家庭的各项开支要求，也就实现了财务自由。如有的家庭仅靠房产租金或股份分红收入就可以超额满足家庭的各项开支，工薪收入已经不是家庭的重要收入来源，此时，可以选择提前退休享受生活。

第 4 象限是保本升值的钱，也称为增值账户（或安全账户）。该账户余额约占家庭资产的 40％，具有安全性高、收益稳定的特点。投资的目的是实现资产安全稳定增长，抵御通货膨胀风险。投资的资产包括债券、储蓄型保险产品（如教育金保险、养老金保险等）、稳健的理财产品和债券型基金等金融产品。

（二）标准普尔家庭资产配置理论应用应注意的问题

（1）家庭资产配置的比例关系，是持续优化不断调整最终呈现的静态结果。资产配置包括静态资产结构的调整和增量资产的配置。

家庭资产配置"4321"的目标比例关系可以通过静态资产结构的调整和增量资产配置实现。因此，增量资产不一定按照"4321"的比例关系配置，但配置后静态资产的比例关系是否合理,可以按照"4321"的标准进行衡量。

(2)家庭资产配置的比例关系不是一成不变的,要根据个别家庭的实际情况作出相应调整。

受生命周期、收入、支出、知识、经验和风险承受能力等因素的影响,家庭资产配置比例也要做相应的调整。对于刚踏入社会、收入不是很高的单身族来说,消费支出占收入比例很高,可投资性资产总额不大,且主要分布在现金账户、增值账户和保障账户,投资账户资产比例较低,甚至为零。但对于成熟期的家庭来说,收入相对稳定,生活开支占收入比例较低,投资性资产总额较大,就需要考虑各账户资产之间比例关系问题,此时,就可以按照"4321"标准衡量和配置资产。

(3)现金账户配置资产的比例约占10%需要考虑的因素。现金账户需要保留的现金余额,满足家庭3~6个月生活开支的基本要求是硬约束,10%是软约束,可以根据家庭的财务情况调整。比如一个投资性资产总额为1 000万元的家庭,按照10%计算,现金比例为100万元。假如该家庭每月生活开支是2万元,按照6个月计算,需要保留12万元的现金余额,占其投资性资产的比例仅为1.2%,需要将超出的88万元配置到其他账户。所以,家庭投资性资产总额越大,现金余额占投资性资产的比例越小。在满足家庭3~6个月生活开支的前提下,现金余额配置比例一般以不超过10%为准,除非3~6个月内预计有大额现金支出。满足生活现金开支的时长,需要根据具体情况而定。如果你所处行业发展不错、工作环境稳定、未来失业可能性极小、收入中等以上,能满足3个月生活费开支的现金余额基本就够了。如果所处行业前景不好、竞争压力大、随时面临失业,可准备满足6个月生活开支的现金余额。

(4)保障账户可为人身、财产提供保障,是防范家庭风险的重要举措。风险可能导致家庭财富的急剧减少或不足以弥补损失而给家庭带来伤害。但风险只是未来可能发生的,而不会必然发生,因此,该账户资产配置比例往往偏低。而对于该账户资产配置比例严重偏低的家庭,一旦面临重疾、意外伤害等风险,给家庭带来伤害可能是无法承受的,将严重影响家庭的正常生活。因此,该账户资产配置是不可或缺的。

【例2-20】 一个成长期的家庭,主要成员有夫妻二人和两个孩子,双方父母有退休金,经济条件优越。2022年6月30日,除了自住房之外,该家庭有投资性资产300万元,其中,投资房产一套价值200万元,投资股票50万元,风险等级为R1的银行理财产品38万元,教育保险金保单价值6万元,现金6万元。夫妻二人单位每月为其缴纳各种保险9 000元、住房公积金8 000元。每月需还公积金贷款5 000元,每月平均生活开支6 000元。每年6月为两个孩子购买医疗险600元、意外伤害险400元、教育保险金1万元,已缴纳5年。按照标准普尔家庭资产配置理论分析该家庭资产配置的合理性,并给出相应调整建议。

解析:

(1)计算资产配置比例,并分析其合理性。

现金账户余额6万元,所占资产比例为2%,与资产配置比例10%的标准相比,虽然严重偏低,但考虑该家庭投资房产为公积金贷款,不需要从现金账户中扣除,因此,现金账户余额能够满足10个月的家庭生活开支。从覆盖家庭生活开支的时长来看,现金账户余额明显偏大。

保障账户余额为 6 万元,所占资产比例为 2%,远低于 20% 的配置比例。除了单位缴纳的"五险一金"之外,夫妻二人均未购买其他商业保险,保障程度较低。

投资账户余额为 250 万元,所占资产比例为 83.33%,远远超过了 30% 的标准,而且所投资产为高风险的房产、股票。考虑未来房产升值潜力不大、股票市场波动较大等因素,认为该家庭资产配置风险过高、比例过大。

安全账户余额为 38 万元,所占资产比例为 12.67%,与 40% 的配置标准相比,比例严重偏低。

(2)资产配置结构调整建议。

虽然有 5 000 元的房贷,但属于公积金贷款,不需要动用现金账户,考虑该家庭有两个孩子,各种开支不确定性较大,现金账户余额覆盖 6 个月的生活开支时长比较合理,因此,建议现金账户余额调减到 3.6 万元。

夫妻二人处于家庭、事业上升期,但是,有两个子女需要养育,压力越来越大,保障账户资产配置比例较低,只是考虑了孩子的部分保险,没有考虑自身的人身、健康风险,以及孩子的重疾险问题。建议增加夫妻双方的重疾险、意外伤害险和医疗险,以及子女的重疾险。将保障账户的资产配置比例提高到 6%,保障资产总额配置到 18 万元,之后再逐年提高配置的比例。

考虑夫妻二人较年轻,风险承受能力较大,安全账户资产配置比例可逐渐提高到 30% 以上,即安全资产配置到 90 万元以上,需调增 52 万元以上,以降低家庭资产配置风险,保证资产增值的稳定性。

对于投资账户资产配置比例较高,风险过大,建议逐渐调减股票配置比例。

二、生命周期理论

生命周期理论是指生命的诞生、生长、成熟、衰退过程。家庭作为一个社会单位,担负着组织家庭成员分工合作、生产、消费、养育子女和赡养老人等各项重要功能,也有从形成、发展、成熟、衰退到消亡的过程。单身、结婚建立家庭生儿养女、子女长大就学、子女独立和事业发展到巅峰、夫妻退休到夫妻终老家庭消灭,就是一个家庭的生命周期。

在生命周期的不同阶段有着不同的需求和目标,因此,在不同的生命周期阶段应坚持不同的资产配置策略,以满足家庭即时与未来消费需求,实现家庭收支平衡和财富增长。一般而言,个人的生命周期与家庭的生命周期紧密相连,都有其诞生、成长、发展、成熟、衰退直至死亡的过程。

(一)个人生命周期

个人生命周期可分为六个阶段:探索期、建立期、稳定期、维持期、高原期和退休期。

1. 探索期

年龄阶段:15～24 岁;家庭形式:以父母为生活重心;理财活动:求学深造、提高收入;投资工具:活期、定期存款,基金定投;保险计划:意外险、寿险。

2. 建立期

年龄阶段：25～34 岁；家庭形式：择偶结婚,有学前子女；理财活动：银行贷款、购房；投资工具：活期存款、股票、基金定投；保险计划：寿险、储蓄险。

3. 稳定期

年龄阶段：35～44 岁；家庭形式：子女上小学、中学；理财活动：偿还贷款、筹教育金；投资工具：自用房产投资、股票、基金；保险计划：养老险、定期寿险。

4. 维持期

年龄阶段：45～54 岁；家庭形式：子女进入高等教育阶段；理财活动：收入增加,筹退休金；投资工具：多元化组合；保险计划：养老保险、投资型保险。

5. 高原期

年龄阶段：55～60 岁；家庭形式：子女独立；理财活动：负担减轻,准备退休；投资工具：降低投资组合风险；保险计划：长期看护险、退休年金。

6. 退休期

年龄阶段：60 岁以后；家庭形式：以夫妻两人为主；理财活动：享受生活规划、遗产；投资工具：固定收益投资为主；保险计划：领退休金至终老。

个人不同生命周期阶段,理财侧重点、理财工具、投资组合也不一样,具体如表 2-6 所示。

表 2-6　个人生命周期与理财

期　　间	年龄阶段	家庭形态	理财活动	投资工具	保险计划
探索期	15～24 岁	以父母为生活中心	求学深造、提高收入	活期、定期存款,基金定投	意外险 寿险
建立期	25～34 岁	择偶结婚、有学前子女	银行贷款、购房	活期存款 股票、基金定投	寿险 储蓄险
稳定期	35～44 岁	子女上小学、中学	偿还房贷、筹教育金	自用房产投资、股票、基金定投	养老险 定期寿险
维持期	45～54 岁	子女进入高等教育阶段	收入增加、筹退休金	投资组合优化	养老险 投资型保险
高原期	55～60 岁	子女独立	负担减轻、准备退休	降低投资风险	长期看护险 退休年金
退休期	60 岁以后	以夫妻两人为主	享受生活规划、遗产	固定收益投资为主	领退休年金至终老

（二）家庭生命周期

1985 年美国经济学家、诺贝尔经济学奖获得者弗兰科·莫迪利安尼（Franco Modigliani)提出的生命周期理论,成为西方发达国家理财的理论基础。该理论把家庭生命周期(family life cycle)分为单身期、家庭形成期、家庭成长期、家庭成熟期和家庭衰退期五个阶段,其核心思想是依据家庭生命周期的阶段特征设置理财目标。家庭处于生命周期的不同阶段,其资产、负债状况会有很大不同,理财需求和理财重点也应有差异。家庭的类型分为青年家庭、中年家庭和老年家庭,中年家庭的结余储蓄用来缓解老年家庭由于医疗护理支出增加而造成的老年财务压力,成为退休养老规划的理论依据。家庭生命周期与理财策略紧密相关,青年家庭建议采取激进策略,中年家庭则攻守兼备,而老年家庭需要稳健保守的理财策略。

家庭生命周期所处阶段不同,理财目标不同,家庭理财策略也不同,如表 2-7 所示。

表 2-7 家庭生命周期与理财

家庭生命阶段	起 止 时 间	特 征	理财主要内容
单身期	参加工作—结婚前	收入较低,购置生活用具,承担房租金,储备结婚费用	意外保险 现金规划 投资规划
家庭形成期	结婚—孩子出生前	收入稳定增加,购买自住房和家用品,支付房贷款	购房规划 家庭用具购置计划 健康意外保险
家庭成长期	孩子出生—孩子大学毕业前	家庭收入稳定,家庭成员积累了一定的资金和投资经验,支出较大,主要是子女教育费和老人医疗费	子女教育基金 健康意外保险 养老基金规划 投资组合规划 避税规划
家庭成熟期	子女工作—父母退休前	子女独立,债务还清,工作能力、经验及家庭经济状况达到最高峰	养老基金规划 投资组合规划 旅游、换新房规划 避税规划
家庭衰退期	父母退休后	安度晚年,投资防范风险,以稳健为好	养老规划 遗产规划 特殊目标(旅游)

1. 单身期

单身期指从参加工作到结婚前这段时间,年龄一般在 22～25 岁之间。这一时期的年轻人没有太大的经济负担,承担风险的能力较强。

2. 家庭形成期

家庭形成期指从结婚到新生儿诞生前,年龄一般在 22～35 岁之间。这一时期家庭支出较多,偿还房贷、车贷,以及用于家庭各项生活用品的购买支出较多,用于投资理财的资金不多。理财方案中,保险安排:意外伤害险、医疗保险、养老保险、失业保险、机动车险等基础性保险,以及重疾险等;核心资产配置:股票、债券、基金和银行理财产品等。

3. 家庭成长期

家庭成长期指从小孩出生直到大学毕业前,年龄一般在 30～55 岁之间。这一时期时间较长,负担较重,子女教育、医疗、生活费用是主要开支。但是随着子女长大独立,夫妻双方有了较多的独立时间,有了更多金融投资接触和经验,有能力去做一些投资。理财方案中,保险安排:除了基础性保险之外,重点配置教育险、重疾险和终身寿险等;核心资产配置:股票、债券、基金、银行理财产品、衍生金融产品等,以及房产和贵金属。

4．家庭成熟期

家庭成熟期指孩子参加工作到家长退休，年龄一般在 50～60 岁之间。这一时期，个人能力、经验和经济条件都达到高峰状态，子女已完全自立，家庭负担已逐渐减轻，风险承受能力上升，有更多的资金和时间去做投资理财。理财方案中，保险安排：除了基础性保险之外，重点配置养老保险或递延年金储备退休金和终身寿险等；核心资产配置：股票、债券、基金、银行理财产品和贵金属等。

5．家庭衰退期

家庭衰退期指退休以后。这一时期人的风险承受能力最低，要保证资金的灵活性以及安全性，时间较多，生活支出较少，一般不会选择中高风险投资产品。理财方案中，保险安排：投保长期看护险或将养老保险转即期年金；核心资产配置：债券、风险等级中等偏下的基金和稳健的银行理财产品等。

以上家庭生命周期阶段的分类有助于我们对家庭资产配置结构的合理性进行分析，有利于更好地制订家庭资产增值配置方案。

三、经济周期理论

（一）经济周期的概念

经济周期也称商业周期、景气循环，指一个国家宏观经济整体运行通常会出现阶段性的扩张或收缩，表现为总产出和就业等的周期性波动。经济周期通常伴随着经济增长与通胀水平的周期性变化，包括衰退、复苏、过热和滞胀四个阶段，具体如图 2-3 所示。

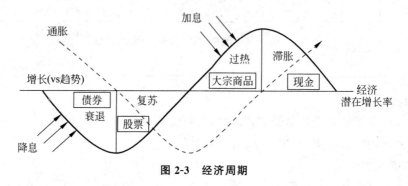

图 2-3　经济周期

1．衰退阶段

由于繁荣阶段的过度扩张，社会总供给开始超过总需求，经济增长减速，存货增加，利率下降，物价上涨，公司的成本日益上升，加上市场竞争日趋激烈，业绩开始出现停滞甚至下滑的趋势。

2．复苏阶段

在经济萧条阶段后期，经济逐渐走出谷底，经济增长速度逐渐恢复。公司利润缓慢增加，但是就业状况往往悲观，物价和利率仍处于较低水平。

3．过热阶段

随着经济复苏的持续，经济增长速度加快，直至超越潜在经济增长率。市场需求逐渐增加,企业产品库存减少,企业的固定资产投资快速增加。物价不断上涨,就业状况良好。过热阶段的最高点是经济周期的波峰。

4. 滞胀阶段

波峰之后,经济进入滞胀阶段,物价持续上升,经济增长速度下滑至谷底,失业人口不断增加。市场需求不足,公司经营情况不佳。

(二) 经济周期的宏观监测指标

按统计指标变动轨迹与经济变动轨迹之间的关系划分,指标变动轨迹在时间上和波动起伏上与经济波动轨迹基本一致的称为同步指标;在相同时间上的波动与经济波动不一致,在时间轴上向前平移的指标称为先行指标,在时间轴上向后平移的指标称为滞后指标。

先行指标主要用于判断短期经济总体的景气状况,由于其在宏观经济波动到达高峰或低谷前,先行出现高峰或低谷,因而可以利用它判断经济运行中是否存在不安定因素,程度如何,并进行预警和监测。

中美经济周期宏观监测指标有差异,具体如表 2-8 所示。

表 2-8　中美经济周期宏观监测指标对比

大 类 指 标	分类指标(中国)	分类指标(美国)
宏观经济先行指标	实际货币供给	实际货币供给
	10 年期国债利差	债券价格、利差
	上证综指	股票价格
	消费者预期指数	消费者预期指数
	新开工面积	新屋开工和建筑许可数
	新订单(原材料)	生产商对消费品和材料的新订单
	N	平均每周制造工时
	制造业采购经理指数(PMI)	供应商绩效
	N	平均每周失业保险首次索赔
行业先行指标	波罗的海干散货指数(BDI)	N
	出口订单	N
	用电量	N
同步指标	N	产能利用率
	N	上市公司收益变动
	N	非农就业人数
	个人收入(剔除转移支付)	个人收入(剔除转移支付)
	工业产量	工业产量
	制造业销售	制造业销售
	平均银行贷款基本利率	平均银行贷款基本利率
	商业贷款余额	工商业贷款余额
	服务业消费者物价指数	服务业消费者物价指数
	单位劳动成本	单位劳动成本变动
	库存指数	制造与贸易对销售额的比率
	N	分期付款与收入比

（三）经济周期与宏观调控

经济呈周期性变化规律,而宏观调控的目标则是经济的平稳增长。因此,当经济处于过热阶段时,政府往往会选择加息、收缩银根等货币政策和增加税负、减少财政投入等紧缩性财政政策,以抑制经济的过快增长。而当经济处于衰退阶段时,政府则会采取降息、放松银根等宽松的货币政策和降低税负、增大政府投入等积极的财政政策,以刺激经济增长。因此,政府的宏观调控与经济运行周期往往是相反的,具有逆周期性。

逆周期调控以熨平短期经济波动为目的。逆周期宏观调控理论源于英国经济学家约翰·梅纳德·凯恩斯(John Maynard Keynes),自 20 世纪 30 年代以来,已成为各国政府最主要的宏观经济调控手段。其核心主张是关注短期经济波动。宏观经济具有周期性波动特征,大体上按照繁荣、衰退、萧条和复苏四阶段做循环往复的周期性运动,导致经济活动总是陷入扩张与紧缩交替的周期性波动变化中。凯恩斯认为,要用政府"看得见的手"调控市场,也就是在经济下行时采取扩张性政策刺激经济,在经济上行时"泼冷水"抑制总需求,给经济降温。通过这种逆周期操作平滑短期经济波动,减少社会福利损失。

虽然逆周期宏观调控在促进短期经济发展上有着较好的成效,但其往往忽视中长期经济发展方向与需求,这难以满足我国追求经济高质量发展的要求。因此,宏观调控往往采取中长期目标相结合的方式,一方面采取逆周期宏观调控,另一方面采取跨周期宏观调控。

跨周期宏观调控的核心在于兼顾短期和中长期,其有三层含义:一是调控的稳定性,即避免政策超调,给未来的政策调控预留充足的空间,把对市场的干预控制在一定范围内;二是调控的前瞻性,即关注中长期经济发展方向,促进未来经济的平稳运行和高质量发展;三是调控的持久性,即调控策略不能一蹴而就,增强调控策略的定力和耐力,以"持久战"的思路应对当前经济发展困局。

（四）投资时钟理论

经济周期性和宏观调控的逆周期性使家庭理财有一定的规律可循。美林证券曾经运用美国 1973 年 4 月至 2004 年 7 月 30 多年的资产和行业回报率数据提出并验证了投资时钟理论(Investment Clock)。根据美林证券投资时钟理论中经济增长和通胀的周期性表现,经济周期可以分为四个阶段(图 2-4)。

第一阶段是经济衰退阶段。此阶段,宏观经济结束了上一轮的过热和滞胀,陷入衰退,货币当局会通过不断减息及其他宽松货币政策刺激经济,提升价格水平。这个阶段最好的投资品是债券,股票类资产中表现相对较好的是金融、保险、消费品、医药等防守型股票,表现最差而需要回避的是工业类股票。

第二阶段是经济复苏阶段。上一阶段放宽货币供给等宏观政策逐步发挥作用,经济开始转暖,价格水平开始回升。这个阶段以持有股票为主,尤其是成长型股票,表现最差的资产是现金类或防守类资产。

第三阶段是经济过热阶段。此时央行开始加息,银根紧缩。这个阶段表现最好的是大宗商品、工业类股票、基础原材料,表现最差而需要回避的是债券和金融类股票。

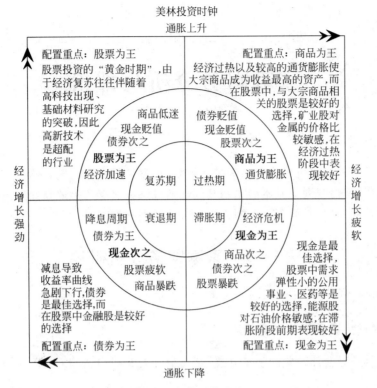

图 2-4 投资时钟理论

第四阶段是经济滞胀阶段。经济增长停滞,通胀余威未减,这个阶段现金、货币市场基金是最佳资产类别,防守型投资股票如公用事业类股票也不会错,其余类型资产要全面回避。

从美林证券提出的投资时钟理论来看,资产配置需要根据经济周期不同阶段而相应调整。家庭理财与经济周期、宏观调控、资本市场、商品市场等密切相关,因此,家庭理财应根据经济周期不同阶段特征采取相适应的资产配置策略。

 即测即练

第三章

家庭财务分析与评价

家庭财务分析与评价是家庭财务是否健康、理财是否存在问题、是否存在风险的重要诊断方法,它是理财规划的基本前提和基础。通过财务比率实际值与标准值的比较,发现家庭理财存在的问题,以便下一步制订更加合理的理财方案。

第一节　家庭财务分析概述

一、家庭会计基础

(一)家庭会计要素与财务报表

会计要素是对会计对象的基本分类,家庭会计要素可分为资产、负债、净值、收入、支出、储蓄六大类。

资产是指家庭主体过去的交易或事项形成的、由家庭拥有或者控制的、预期会给家庭带来效益或经济利益的资源。负债是指家庭过去的交易或事项形成的在将来需要偿还的付款义务。净值是资产扣除负债后的余额。资产、负债和净值三项会计要素构成家庭资产负债表的基本架构,反映家庭的财务状况。资产来源于净值和对债权人的负债,资产等于负债加净值。因此,家庭会计的基本等式为:资产＝负债＋净值,这也是家庭资产负债表的理论依据。

收入是指家庭在一定期间获得的导致净值增加的经济利益流入。支出是指家庭在一定期间发生的导致净值减少的经济利益流出。储蓄是指家庭在一定期间内现金收支的结余。收入、支出和储蓄构成家庭收支储蓄表的基本架构,反映家庭在一定期间的经营成果。

(二)家庭会计核算基础

企业会计核算采用权责发生制。所谓权责发生制,是以导致收入实现的权利和费用发生的责任形成的时点为准,来确认收入和费用的一种会计记账基础。企业会计为了符合收入和支出的配比原则,一般都使用权责发生制。例如,企业在赊欠购物但已拿到对方发票时,如果购买的是货物,则应确认为资产,不能直接确认为支出,而是需要按照资产流转特点进行分期结转进入利润表,同时,确认负债,支付货款时,直接冲抵负债。在销售已经发生、给客户开出发票时,不管是否收到现金,都需要确认收入,同时,结转商品销售成本。

一般家庭往往采用收付实现制。收付实现制以收到现金或支付现金为标志,当收到现金时确认为收入,当支付现金时确认为费用或支出。例如在使用信用卡时,如果采用权责发生制,当刷卡可以拿到货物或使用卖方提供的服务,也拿到卖方的发票时,应该在收支储蓄表上记支出;如果采用收付实现制,则只有在归还信用卡账单金额时,才在收支储蓄表上记支出。

(三)家庭会计计量属性

会计计量属性包括历史成本、重置成本、市场价格、现值等,家庭会计往往采用历史成本和市场价格两种计量属性。家庭非现金资产的入账价值,主要以购入时所支付的现金计量,即历史成本计量;但在会计期末或理财时点,还需要对非现金资产价值按照市场价格进行重估,成本价值和市场价值之间的差异,就是账面资产损益,一方面要调整非现金资产的账面价值,另一方面要根据价格的变化调整家庭净值。

对市价变动频繁且有客观依据来评判的上市公司股票、各种国债、企业债、基金等有价证券,可以当前市价来计算当前市场价值,将未实现的资本利得或损失反映在当期净值的变动上。企业会计在处理类似资产时,本着审慎性原则,一般采用成本和市价孰低的原则。然而,对于家庭而言,编制报表的主要目的是供自己参考,可以真实反映投资的账面损益。需要注意的是,每期对有价证券的价值进行调整时,要以上一期调整后的市价为基准,如某股票 2018 年购买成本是 50 万元,2019 年市场价值 70 万元,净值因未实现资本利得而增加了 20 万元,但 2020 年市值降到 60 万元,比 2019 年少了 10 万元,故 2019 年净值减少 10 万元。

对于市价评估不易、流动性差的房地产、汽车或未上市交易的有价证券,可以根据成本入账,平常不进行资产重估调整,在处置此类资产时,将其处置收益直接列净值变动额。如果房产等资产短期市价变化大,为避免资产负债表失真,可按照当前可以卖出的价格对资产进行重新估值,资产重估后的增减值也列入净值变动额,但并不影响家庭的收支储蓄。

二、家庭财务分析

财务分析一般是以企业为分析对象,通过收集、整理企业财务会计报告中的有关数据,并结合其他有关补充信息,对企业的财务状况、经营成果和现金流量情况进行比较分析和评价,为财务会计报告使用者提供决策有用信息的分析方法。其通常包括偿债能力、盈利能力、营运能力和成长能力四个分析维度及指标,通过财务指标纵向横向、实际值与标准值的比较分析作出相应评价。

家庭财务分析是以家庭为分析对象,通过收集、整理家庭资产负债及收支储蓄等有关数据,并结合家庭其他有关信息,对家庭的财务状况和收支活动进行比较、分析和评价,从理财规划的视角帮助家庭进行资产配置和规划的一项活动。家庭财务分析包括财务结构分析和财务比率分析,财务结构分析又包括资产负债结构分析和收入支出结构分析。

（一）家庭财务分析主体与目的

1. 家庭成员及理财师

近年来,随着人们收入水平和理财意识的提高,每个家庭都对家庭财务管理越来越重视,家庭成员需要了解家庭财务状况,不同于企业财务信息使用者,了解家庭财务状况的主体是家庭成员。随着理财行业及理财规划师等职业的蓬勃发展,专业的理财机构和理财师能够更专业地为家庭提供财务分析服务,为家庭开源节流、规避或降低家庭财务风险,制订理财规划方案,进而实现家庭财富增长的目的。

2. 债权人

商业银行或其他金融机构在对家庭提供贷款或者授信服务时,需要对家庭的资信和偿付能力进行分析,但债权人关注的信息面相对较窄,主要关注总债务水平、房产和汽车价值、其他金融资产或生息资产价值等影响家庭偿债能力的财务信息。

（二）家庭财务分析与企业财务分析的区别

（1）财务数据规范度方面。由于家庭财务报表的使用范围狭小,不需要定期报告,不需要受公认的会计准则约束编报,报表格式和内容相对自由。使用者通过此报表较清晰准确地评估家庭的基本财务及收支储蓄现状,为家庭实现更高的理财目标提供有用的信息即可。而企业则需要按照会计制度、会计准则的要求定期对外披露财务报告。

（2）财务信息使用范围方面。制作家庭财务报表的主要目的是及时了解家庭财务状况,合理进行家庭财务管理,这些信息一般情况下无须对外公开,仅供家庭成员和理财师使用。企业财务信息的使用者除了内部经营者之外,还包括外部投资者、税务、银行等部门,涉及的范围较广。

（3）核算准则方面。在企业会计实务中,为了可靠地记录企业资产,要求资产项目计提减值准备,比如对存货计提存货跌价准备,对应收账款计提坏账准备,对长期股权投资、长期债权投资计提长期投资减值准备,对企业拥有的专利权、商标权计提无形资产减值准备。这些减值或跌价准备作为对相应资产项目的备抵科目,必须列在资产负债表中,作为相应资产的减项。而对于家庭财务报表就没有这么严格的要求。对于家庭资产的主要项目,如住宅、汽车、股票投资或债券投资,减值准备也是可列可不列,完全视家庭的需要和编制会计报表时的经济环境而定。一般而言,只有宏观经济十分萧条、金融市场交易特别冷清的时候,为谨慎起见,才需根据资产可能贬值的情况,对这些项目计提减值准备,列入家庭资产负债表作为减项。

另外,企业会计严格要求对固定资产计提折旧,但对于家庭会计而言,尽管家庭的自用住宅、商用、投资住宅和汽车也有折旧的问题,很多时候也不一定把折旧列入家庭资产负债表,但往往需要根据市值的变化调整资产账面价值和净值。

（4）分析涉及的内容方面。家庭财务分析的内容是根据家庭财务数据编制的资产负债表以及收支储蓄表。企业财务分析的内容包括基本财务报表和其他应当在财务报告中披露的相关信息和资料,如报表附注和审计报告等。

第二节　家庭资产负债表编制与分析

一、家庭资产负债表的编制

资产负债表反映家庭在某时点拥有的资产和负债情况。

（一）家庭资产负债表的格式与内容

1. 家庭资产负债表的格式

资产和负债是存量的概念，反映家庭在某个时点的资产和负债情况，通常以月末、季末、年末作为资产负债的编制基准日，在基准日需汇总当日所有资产、负债的情况，然后才能编制家庭资产负债表。家庭资产负债表包括资产、负债和净值三个部分，资产列在左边，负债和净值列在右边，具体格式如表 3-1 所示。

表 3-1　家庭资产负债表格式　　　　　　　　　　　　　　　　　元

资　　　产	金　　额	负债和净值	金　　额
现金		信用卡循环信用	
活期存款		小额消费信贷	
其他流动性资产		其他短期消费性负债	
流动资产合计		**流动性负债合计**	
定期存款		金融投资借款	
外币存款		实业投资借款	
股票投资		投资性房产按揭贷款	
债券投资		其他投资性负债	
基金投资		**投资性负债合计**	
投资性房产		住房按揭贷款	
保单现金价值		汽车按揭贷款	
其他投资性资产		其他自用性负债	
投资性资产合计		**自用性负债合计**	
自用房产		**负债合计**	
自用汽车			
其他自用性资产		**净值**	
自用性资产合计			
资产总计		**负债和净值总计**	

2. 家庭资产负债表的内容

1）现金

每个家庭都应该在报表编制基准日盘点手中的现金，对每个家庭成员手中的现金进行汇总计算。

2）活期存款

活期存款的形式表现为商业银行、互联网金融机构账户的活期存款余额，它是每个家庭成员、每个金融机构账户中所有活期存款的加总。

3）金融性资产

金融性资产包括定期存款、外币存款、投资基金等，股数或单位数乘以取得单价就是取得成本，股数或单位数乘以结算日的市价就是结算日的市值。有关股票收盘价、投资基金净值价格的数据可以通过网络、报纸、基金公司获得，最新汇率可由银行获得。此外，由个人工资薪金所得按一定比率缴费形成的住房公积金和养老金等个人账户，虽然须符合一定条件才可以领取，但所有权属于个人，也可以计入投资性资产中。

4）房产

在核算中，往往由房屋权属证明确定房屋面积，用商品房购销合同上的总价款加上各项购房时需支付的税费确定取得成本。通常我们用市场比较法评估房产当前的价格，以每平方米市价乘以面积估计房产的市值。如果是投资性房产，假如店面有租金收入，则可以简单使用收入贴现法来计算市值，即房租收入/平均收益率＝市价。如100平方米的店面房租每月6 000元，店面的市场平均收益率为5%，则该店面的预计市价为6 000元×12÷5%＝144（万元），144万元÷100平方米＝14 400元/平方米。

5）其他耐用消费品

一般而言，自用汽车一落地就折价1/3，使用两年折价一半，使用5年后的残值几乎所剩无几。资产负债表上如果要显示自用汽车的价值，就要参考同品牌的二手车行情。其他资产，有增值可能的古董或收藏品需要定期估价。一般家具、电器等耐用消费品，只能以旧货商的收购行情计价，因价值往往较低，可忽略。

6）应收款项

借给他人的款项如果确定可收回，以借出额为应收款项的市值。但如果回收概率较低，则应该比照企业会计计提坏账准备，将应收账款成本按照回收概率打折来计算市价。

7）保单

保单现金价值在编制资产负债表时常被忽略。如果投保的是定期寿险、意外险、产险、医疗险等费用性质的险种，一般没有现金价值，是否列入资产影响不大。但如果投保了终身寿险、养老险、子女教育储蓄年金、退休年金、短期储蓄险及其他分期付或期满一次趸付的险种，或是投资型保单，那么只要投保两年以上，一般都有现金价值。投保时间越久，保单现金价值越大，绝对不可以漏列。保单现金价值可参考保单上的记录。如果每个月底编制资产负债表，在缴纳保费当月调高保单现金价值即可，不需要每月调整。

8）负债

常见的家庭负债有房贷、车贷和小额信贷等，最近缴款通知单上所载的余额减去本期的本息还款额，就是负债余额。信用卡的循环信用余额＝上月末还款余额＋本月应缴款额－本月实际缴款额，这一项可由信用卡缴款通知单和缴款收据共同确认。

（二）家庭资产负债表编制资料基础

家庭资产负债表项目余额计算的资料基础具体如表3-2所示。

表 3-2 家庭资产负债表编制资料基础

资 产 类	资 料 基 础	负 债 类	资 料 基 础
现金	月底盘点余额	信用卡循环信用	签单对账单
存款	月底存单余额	车贷	账单月底本金余额
股票	股票数量×买价(月底股价)	房贷	账单月底本金余额
基金	单位数×申购净值(月底净值)	小额负债	月底本金余额
债券	市价或面额	私人借款	借据
保单	现金价值	预收款	订金收据
房产	买价(最近估价)		
汽车	二手车行情		
应收款	债权凭证		
预付款	订金支付收据		

(三)家庭资产负债表编制的注意事项

(1)确定资产负债表的编制时点。资产、负债和净值是存量信息,首先,要确定编制的时点是月末、季末还是年末,具体可根据家庭理财的需要选择编制的时点;其次,也可根据理财的需要,编制特定日期的资产负债表。

(2)首次编制资产负债表时,要清点家庭资产明细并评估价值,成本与市价分别记录,并计算账面损益。在第二次编制资产负债表时,如果资产数量未变,只需比较两期的市价变化,其差异就是未实现的资本利得或损失,最终可以反映在净值的变化上。如果数量有变,则说明当期有资产交易,以成本计价的资产额会发生变化,处置时也会有已实现的资本利得反映在净值和收支储蓄表上。负债方面,如果未新增贷款项目,那么期末负债本金余额=期初负债本金余额—等额本金或等额还本付息中的本金部分。

(3)汽车等自用性资产可计提折旧以反映其市场价值随使用而降低。

(4)债权预计无法回收的部分应提坏账准备,以反映其市场价值的减少。

(5)资产负债表有三个重要的公式:①资产—负债=净值;②以成本计价的期初期末净值差异=当期储蓄;③以市值计价的期初期末净值差异=储蓄额+资产账面价值变动。由此可见,储蓄可以通过增加资产(即储蓄拿去做投资)和减少负债(即用储蓄来还贷款本金)两种方式去增加净值,但是储蓄并不是引起资产负债变化的唯一因素,比如可以将投资资产变现减少贷款本金,此时资产、负债同时减少;也可以借一笔资金进行投资,资产和负债会同时增加。此外,将定期存款取出用以投资基金,或将国内股票卖出购入国债,都是资产内部结构变化。另外,用利率为 6%的房屋抵押贷款来置换利率为 15%的信用卡负债,是负债结构变化。

二、家庭资产负债表编制案例

【例 3-1】 2021 年 12 月 31 日,王先生和李女士夫妻俩的家庭情况与财务资料如下:夫妻俩结婚 17 年,他们的女儿今年 15 岁,在上高中,财务资料如表 3-3 所示。

表 3-3　王先生家庭财务资料

现金：1.5 万元				自用房产：成本 150 万元		
活期存款：3 万元				当前市价：180 万元，房贷余额 50 万元		
外币存款：1.5 万元				投资性房产：成本 80 万元，		
成本汇率：6.4，年底汇率：6.3				当前市价 110 万元，房贷余额 40 万元		
汽车：买价 13 万元，使用 3 年，折旧 50%				信用卡循环信用余额：1 万元		
证券名称	数量	成本	市价	保险种类	保额	现金价值
A 股票	10 手	6 元/股	3 元/股	定期寿险	50 万元	0
B 股票	30 手	4 元/股	6 元/股	终身寿险	10 万元	1 万元
C 股票	10 手	12 元/股	11 元/股	养老寿险	20 万元	5 万元

注：1 手＝100 股

　　根据王先生家庭财务资料编制 2021 年 12 月 31 日家庭资产负债表。按照表 3-1 提供的样例，把相应的资产、负债数据计入表 3-4 中，为接下来的资产负债结构分析以及比率分析做好准备。

表 3-4　2021 年 12 月 31 日王先生家庭财资产负债表　　　元

资　　产	成　　本	市　　价	负债和净值	成　　本	市　　价
现金	15 000	15 000	信用卡循环信用	10 000	10 000
活期存款	30 000	30 000	小额消费信贷		
其他流动性资产			其他短期消费性负债		
流动资产合计	45 000	45 000	**流动性负债合计**	10 000	10 000
定期存款			金融投资借款		
外币存款	96 000	94 500	实业投资借款		
股票投资	300 000	320 000	投资性房产按揭贷款	400 000	400 000
债券投资			其他投资性负债		
基金投资			**投资性负债合计**	400 000	400 000
投资性房产	800 000	1 100 000	住房按揭贷款	500 000	500 000
保单现金价值	60 000	60 000	汽车按揭贷款		
其他投资性资产			其他自用性负债		
投资性资产合计	986 000	1 286 500	**自用性负债合计**	500 000	500 000
自用房产	1 500 000	1 800 000	**负债总计**	910 000	910 000
自用汽车	130 000	65 000			
其他自用性资产			**净值**	1 751 000	2 286 500
自用性资产合计	1 630 000	1 865 000			
资产总计	2 661 000	3 196 500	**负债和净值总计**	2 661 000	3 196 500

三、家庭资产负债表结构分析

　　健康的家庭财务应具有良好的资产负债结构、足够的应急支付能力、多元化的收入来源、量入为出的财务负担、良好的资本积累习惯以及稳健的投资能力。接下来从资产、负债的分类以及净资产的变化规律方面来进行分析。

（一）资产与负债的分类

普通家庭的资产通常被分为三大类：流动性资产、自用性资产和投资性资产。相应地,负债也被分为流动性负债、自用性负债和投资性负债。通过对资产和负债的统计,可以清楚直观地看到资产和负债的配比情况,有助于提高家庭的债务管理能力,为家庭财富增长奠定基础。

1. 流动性资产和流动性负债

流动性资产是客户用于家庭日常开销和紧急备用金的准备金。流动性负债,是透支信用借钱来消费,在结算时点时所积欠的余额。

1）流动性资产

流动性资产包括现金、活期存款、货币市场基金等,其特性是安全性和流动性最强,但获利性最低。持有流动性资产主要满足交易性、预防性及投机性三个动机。一般而言,以6个月左右的家庭生活支出额作为流动性资产水平标准,根据客户的具体情况可以酌量增减。譬如客户子女已经成人独立,客户夫妻俩工作、收入长期稳定,保持3～4个月家庭生活开支水平的紧急预备金即可。如果客户年轻,收入不稳定,孩子小,开支大,建议起码保持6个月家庭生活开支或更高水平的紧急备用金。这里所指的生活支出必须是包括客户家庭所有的支出,即还贷支出、保险支出、教育支出等比较刚性的支出。

2）流动性负债

流动性资产的来源除了自有资金外,部分由流动性负债来满足。典型的流动性负债,如信用卡透支余额和小额消费贷款。信用卡的使用给现代家庭带来诸多的便利,每月应该及时还清信用卡欠款。信用卡逾期还贷利息高昂,应及时调整债务结构,在做任何投资前,先还清信用卡欠款。消费贷款属于流动性负债,常见于家庭购买大型家电、房屋装修、出国旅游等。消费贷款作为家庭信用管理的一部分,在电子商务时代,应用场景很多,如京东、淘宝、抖音等购物平台都提供信用支持,有利于弥补短期流动资金的不足,减少资金闲置。

2. 自用性资产和自用性负债

自用性资产和自用性负债指的是客户当前用于维护家庭生活品质的资产及负债。

1）自用性资产

自用性资产包括个人或家庭使用的,且拥有产权的房屋、汽车、珠宝首饰等资产。它们可以提供使用价值,在通货膨胀时通常有保值功能,虽然在必要时可以卖出变现,但持有不以赚取买卖价差为主要目的。自用性资产中的自用汽车作为消费品,其价值将随使用年限不断降低。

2）自用性负债

自用性负债通常在购买自住房产和购车等重大消费支出的时候产生。财富积累早期的自用性负债往往是家庭最重要的负债,随着家庭资产的逐步积累,自用性负债逐步减少。

3. 投资性资产和投资性负债

投资性资产和投资性负债均是客户为未来人生不同阶段理财需求进行准备的最主要

的财务安排。

1）投资性资产

投资性资产指能够产生利息收入或资本利得的资产中扣除自用资产后的资产,包括定期存款、国债、公司债、股票、债券型基金、股票型基金、平衡型基金和外币投资产品等。如果说家庭理财是一个科学地规划客户现在及未来财务资源的过程的话,那么投资性资产无疑就是家庭最重要的"资本"。投资性资产通常可以分为两类:可配置投资性资产和不可配置投资性资产。前者包括流动性相对较强的证券类投资、储蓄或房地产等资产;后者包括流动性较差、一时无法变现的投资性资产,如未上市公司或合伙企业的股权、保单现金价值、住房公积金和个人养老账户余额等。对投资性资产进行分类可以帮助家庭充分认清当前财务状况,发现资产管理中的问题。

2）投资性负债

投资性负债主要包括用于投资的各种债务,比如客户利用财务杠杆进行金融投资所拥有的债务、投资性房产的按揭贷款,或者用于实业投资的个人债务。投资性负债的运用体现了家庭理财的积极性,一定程度上反映了客户的风险属性。

（二）净值分析

净值代表家庭财富水平,净值越高,家庭财富越多。净值增长有以下原因:收入大于支出,有储蓄结余;取得投资收益;资产增值;接受捐赠或遗产等。净值=总资产-负债;流动性净值=流动性资产-流动性负债;自用性净值=自用性资产-自用性负债;投资性净值=投资性资产-投资性负债。

1. 净值功能

流动性净值可以随时用来支付紧急的开销。因自用性资产的价值相对稳定,尽管自用房产可能增值,但也会折旧,自用汽车更是只有折旧、少见增值,所以,自用性净值波动程度不大。净值中自用性净值若占总净值的比重大,总净值多随负债的减少缓慢增长。当运用负债进行投资时,一定是借钱来投资那些收益率有机会超过贷款利率的投资项目,但不管投资失败与否,贷款到期,一定要还款。因此,投资性负债的比重越大,投资性净值波动的幅度越大,对整个净值的影响也越大。

2. 净值的趋势变化

趋势方面,购房前,房产比例为零,家庭总净值主要是流动性净值。购房后,一般而言,家庭的总净值在5~10年内以自用性净值为主,之后房贷逐渐减少,投资性净值又逐渐占主导地位。有闲钱就可提前还清贷款,缩短自用性净值主导期间,过渡到投资性净值主导期以准备退休金。但如果不断地通过贷款换更大的房屋,则可能一辈子都是自用性净值为主。当退休时没投资却有一栋无贷款的大房子,便可考虑出租大房子、另租小房子,创造现金流供养老之用。

3. 市场变化对净值的影响

市场变化势必对家庭净值产生影响,如果房地产市场行情大幅下滑,在房贷负债不变的情况下,自用性净值会大幅下降,在房屋市值低于贷款额时,自用性净值会成为负数。如果投资性资产是以股市投资为主,则股市行情的变动对投资性净值的影响会很大。股市大幅下跌时，投资借款还是要还的，此时投资性净值会大幅降低，甚至变成负净值。总之，一个家庭财务状况受房地产和股市变动影响大小主要依赖于其资产结构及净值结构。

第三节　家庭收支储蓄表编制与分析

家庭收支储蓄表可分为收入、支出、储蓄三大类。收支储蓄表的编制和分析的重点是协助家庭更好地进行开源节流，即提高收入、控制支出。

一、家庭收支储蓄表编制

（一）家庭收支储蓄表的格式与内容

家庭收支储蓄表的格式与内容如表 3-5 所示。

表 3-5　家庭收支储蓄表　　　　　　　　　　　　　　　　元

项　　目		金　　额
工作收入		
其中：	薪资收入	
	其他工作收入	
减：生活支出		
其中：	子女教育支出	
	家庭生活支出	
	其他生活支出	
工作储蓄		
理财收入		
其中：	利息收入	
	资本利得	
	其他理财收入	
减：理财支出		
其中：	利息支出	
	保费支出	
	其他理财支出	
理财储蓄		
储蓄合计		

（二）家庭收支储蓄表的编制基础

1. 家庭收入编制基础

家庭收入分为工作收入和理财收入。工作收入指家庭成员依靠体力劳动和脑力劳动付出而获得的收入，分为即期收入和延期收入两部分。即期收入就是当月拿到的薪资、劳务报酬等,延期收入是满足一定条件后按照预先承诺延期获得的收入,主要包括企业年金、股权收益等。理财收入是指借助某一理财工具获得的收入,如股利、资本利得、利息、房租收入等。

2. 家庭支出编制基础

家庭支出分为生活支出和理财支出。生活支出是指现实生活中日常的一些开支,如衣食住行支出、房租支出、子女教育支出、赡养父母支出等。理财支出是指为了获取未来的收益付出的一些支出,如借款的利息支出和保费支出等。

(三)编制家庭收支储蓄表的要点及注意事项

(1)家庭收支储蓄表是关于某一时期家庭收入、支出和储蓄情况的报表,报表编制的时期通常为月、季度、半年或年,具体可根据实际需要编制。

(2)以收付实现制为编制基础,信用卡到期还款时记支出。

(3)变现资产的现金流入包含本金与资本利得,只有资本利得记收入,收回投资本金为资产调整;未实现的资本利得是资产的调整项,不计入当期的收支表。

(4)对绝大多数家庭来说,购买住房和汽车都是大额支出,属于固定资产购置,这类开支体现在资产负债表中,不计入收支储蓄表。

(5)财产险、意外险、定期寿险、健康保险等保障险,无储蓄性质,保费直接列为支出项目;而终身寿险、养老保险、教育保险、投资连结保险等可积累现金价值,具有储蓄性质,因此需要把实际缴纳保费减去当年保单现金价值增加额的差值作为费用,计入支出项目。

(6)有些收支是月度性的,有些则是年度性的(如保费、学费等),为了更好地观察家庭月度收支和年度收支的状况,可以分别编制月度收支储蓄表和年度收支储蓄表。

二、家庭收支储蓄表编制案例

【例 3-2】 王先生夫妇 2021 年家庭收支情况如表 3-6 所示。

表 3-6　王先生夫妇 2021 年家庭收支情况　　　　　　　　　　　　万元

夫妻二人年税后工资	25	家庭生活支出	7
		赡养父母支出	2
		子女教育支出	3
利息收入	0.15	保障型保费支出	1.3
实现资本利得	2	储蓄型保费支出 (保单价值增加)	1 (0.2)
实现资本损失	1	房贷支出	3
劳务报酬税后收入	2	利息支出	2.5

根据家庭收支储蓄表的形式,编制王先生夫妇 2021 年家庭收支储蓄表。把表 3-6 中家庭收支数据填入其中,得到王先生夫妇 2021 年家庭收支储蓄表(表 3-7)。

表 3-7　王先生夫妇 2021 年家庭收支储蓄表　　　　　　　　　　元

项　　目	金　　额	
工作收入	270 000	
其中：	薪资收入	250 000
	其他工作收入	20 000
减：生活支出	120 000	
其中：	子女教育支出	30 000
	家庭生活支出	70 000
	其他生活支出	20 000
工作储蓄	150 000	
理财收入	11 500	
其中：	利息收入	1 500
	资本利得	10 000
	其他理财收入	
减：理财支出	46 000	
其中：	利息支出	25 000
	保费支出	21 000
	其他理财支出	
理财储蓄	−34 500	
储蓄合计	115 500	

三、家庭收支储蓄表结构分析

家庭收支储蓄表中的会计等式为：收入－支出＝储蓄；工作收入－生活支出＝工作储蓄；理财收入－理财支出＝理财储蓄。

不同的收入来源结构决定了家庭收入的稳定性和成长性。就每个家庭来讲，工作收入是源头活水，是其他财富的来源，但工作收入具有时限性，当退休以后，不再工作，就主要靠理财收入来维持日常生活，因此在工作期间应逐年提高理财收入的比例，以应对退休后收入结构变化带来的收入落差。支出可按照不同标准进行分类，比如按支出去向分为生活支出、理财支出；按支出特点分为固定支出、临时支出；按可调整程度分为可控支出和不可控支出。对于可控的生活支出，可进行预算控制，避免生活开支过大。对于理财支出而言，由于退休后就不再工作，因此，在退休前应该把贷款还清、保费缴清，在退休后就没有了理财支出，只有生活支出。

四、增加家庭储蓄的着力点和方向

总储蓄＝固定用途储蓄＋自由储蓄，固定用途储蓄是指已安排的本金还款或投资，包括当月拨入个人住房公积金和个人基本养老金账户的余额、房贷应定期摊还的本金额、应缴储蓄型保费、其他自由目标（固定缴存）等。要增加家庭储蓄，无非是开源或者节流，或二者并重，如图 3-1 所示。

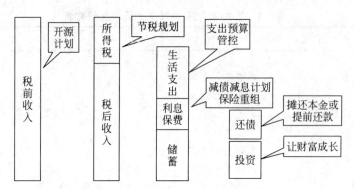

图 3-1　增加家庭储蓄的着力点和方向

（一）增加家庭工作收入

（1）在原有工作上通过自身努力获得晋升加薪。

（2）论时或论件计酬时，通过加班或者增加工作量来增加收入。

（3）在有可能的情况下争取兼职工作或通过当下流行的网络个人账号的营销增加收入进项。

（4）寻找待遇更好的工作机会。

（5）单薪家庭可转为双薪家庭，多一份工作收入。

（二）增加家庭理财收入

家庭理财收入＝投资性资产×投资收益率，投资性资产的多少在短期内变化有限，而且投资收益率通常也并非主观努力可决定，只有等客观环境出现利息调高、股市上升、房租上扬时，拥有相关资产的理财收入才会增加。另外，投资时如果顾及节税的规划，或是利用手续费打折时投资，省下的钱也可以作为理财收入。如果通过借款扩大信用投资，那么当投资收益率高于借款利率时，财务杠杆的作用也会使得理财收入提高。

（三）降低家庭生活支出

生活支出应进行预算控制，首先要避免盲目性消费。盲目性消费，就是没有计划，缺乏深思熟虑地用钱。其次是节制有害性消费，生活中有一些消费不仅毫无意义，反而有害，如吸烟。吸烟的人往往每个月多用两三百元，等于少加一级工资。如果烟龄20年，就花了3万元以上，合理控制至消除，不仅降低了生活支出，甚至减少未来在医疗方面的支出，更重要的是利于身体健康。

（四）降低家庭理财支出

理财支出主要包括利息支出和保障型保险的保费支出，支出弹性较小，但事先做好规划仍有办法降低。比如，在购房时，寻找适合自己状况的政策性、优惠性低息贷款或者首次购房贷款；支付能力有限时以租代购，而租金支出通常会低于房贷本息支出；做好保险规划，比如年轻时可以多配置保障型寿险，这样就可以在同样的保额下降低保费支出。

五、家庭收支储蓄表与资产负债表的钩稽关系

与企业财务报表间存在着数量关联相似,家庭资产负债表和收支储蓄表也存在着钩稽关系,钩稽关系是检验报表数据正确与否的关键。对于家庭财务报表而言,若以成本计价,资产负债表中当月月底的净值余额与上月月底的净值余额差异应等于当月储蓄额。以成本计价的资产负债表,当期的净值分为两部分:一部分为前面各期所累积的净值,一部分为本期增加的净值,也就是前后两期的差异。收入减去支出等于储蓄,而储蓄必须等于本期增加的净值。储蓄可用来投资资产或偿还负债本金,如果还有剩余,则现金或存款余额会增加。如果储蓄为负,需要变现资产或新增借贷来平衡。如果是以市值计价的资产负债表,当期的净值＝当期储蓄＋资产账面价值变动。因为未实现损益会显示在资产负债表上,故建议每期分别以成本和市值计价来编制资产负债表,前者用来与收支储蓄表相对照,后者用来显示当前家庭的实际财富状况。

第四节　家庭财务比率分析与评价

财务比率分析是家庭财务报表结构分析的重要补充。财务比率分析可用来简明地衡量家庭财务的安全性、流动性、盈利性等状况,反映家庭的风险偏好、生活方式和价值取向,判断其财务安全状况,以便进一步制订改善财务状况的方案。

一、家庭财务比率

（一）家庭偿债能力指标

1. 流动比率

$$流动比率＝流动性资产÷流动性负债$$

计算该指标时,流动性资产指"现金及现金等价物",一般只包括现金、活期存款、定期存款、货币市场基金、银行现金类理财产品,这些资产可随时变现且本金不受损失。流动性负债是由短期消费支出产生的。流动比率反映家庭支出能力的强弱,应保持在2以上。流动比率受收入稳定性影响,一般来说,收入稳定性高,则流动比率可保持较低水平;反之则保持较高水平。流动比率过低,不足以保障正常支出;流动比率过高,会影响资产的收益率。

2. 资产负债率

$$资产负债率＝负债÷资产$$

该指标反映客户债务负担的高低,正常值保持在60％以下。资产负债率过高,家庭债务负担沉重,生活品质降低;资产负债率也并非越低越好,此比率过低反而反映出没有合理利用举债能力来加快净资产的积累。

资产负债率与年龄、职业稳定性、收入增长预期等有关。一般来说,年轻人此比率较高,中年人次之,老年人最低;职业稳定性高、收入增长预期乐观,可承受较高的资产负债率。

3. 财务负担率

$$财务负担率＝年本息支出÷年可支配收入(当期收入)$$

财务负担率应控制在 40％以下，超过 40％说明过多的收入都用于还贷，这会影响正常的生活水平。此比率受年龄和收入稳定性影响，年轻人较高，中年人次之，老年人最低。

4. 平均负债利率

$$平均负债利率＝年利息支出÷负债总额$$

该比率反映家庭实际承担的贷款利率水平，一般应在基准利率的 1.2 倍以下，若超出该水平，表明家庭的借贷利率过高。

（二）家庭保障能力指标

1. 最低风险覆盖度

$$最低风险覆盖度＝个人身故保额/（5 年家庭支出＋50％房贷）$$

参考值达到 1，该指标主要用来衡量家庭收入主要贡献者的身故保障是否充足。

2. 保费负担率

$$保费负担率＝保费÷税后工作收入$$

为降低家庭的财务风险，除社会基本保险体系外，往往还需要一定的商业保险进行补充，如补充医疗险、意外伤害险以及定期及终身寿险，补充的险种要跟家庭收入直接关联，一般以工作收入的 10％为商业保险的合理保费预算。

（三）家庭应急能力指标

$$紧急预备金倍数＝流动性资产÷月总支出$$

家庭应持有一定量的流动性资产，以便应对失业或紧急事故的发生，一般持有的流动性资产要能够应付 3～6 个月的支出，持有过多，则会导致投资收益过低。如工作稳定，保险充足，可适当降低持有量。

（四）家庭储蓄能力指标

1. 储蓄率

$$储蓄率＝（税后总收入－总支出）÷税后总收入$$

税后总收入包括工作收入及理财收入，该指标一般保持在 25％以上，开源节流会提高该指标。

2. 自由储蓄率

$$自由储蓄率＝（储蓄－固定用途储蓄）÷税后总收入$$

自由储蓄率越高，说明家庭资金越宽裕，可用来实现越多的短期目标或提前还债。该指标一般保持在 10％以上较为合适。

（五）家庭成长性指标

$$净值增长率＝（期末净值－期初净值）/期初净值$$

该指标是一个综合性指标，反映家庭财富积累速度，增长率越大，财富积累速度越快。净值＝期初净值＋当期储蓄＝期初净值＋当期工作储蓄＋当期理财储蓄。提高储蓄率、提高投资资产收益以及提高生息资产在总资产中的比例，都可以加快净资产的增长速度。

（六）家庭财富增值能力指标

1．生息资产比率

$$生息资产比率＝生息资产÷总资产$$

生息资产包括流动性资产及投资性资产，该指标主要用于衡量家庭资产中有多少可以拿来应付流动性、成长性与保值性的需求。年轻人应尽早利用生息资产来积累家庭资产，该指标通常应保持在50％以上。

2．平均投资收益率

$$平均投资收益率＝理财收益÷生息资产$$

该指标主要用于衡量家庭投资绩效，一般应比通货膨胀率高2个百分点以上才能保证家庭财富的保值增值。因资产配置比率与市场表现的差异，每年的投资收益率会有较大的波动。

（七）家庭财务自由度指标

$$财务自由度＝年理财收入/年总支出$$

财务自由度理想的目标值是在我们退休之际等于或大于1，即包括退休金在内的资产，放在银行生息的话，光靠利息就可以维持生活。但在投资收益率降到较低水平，而支出不变的情况下，财务自由度会降低；反之，则升高。那么一个人在不同的阶段应有多高的储蓄率，才能最迟在60岁顺利退休呢？

若 $N＝$ 总工作年限，$R＝$ 投资收益率，$C＝$ 当年支出，$Y＝$ 当年收入，$F＝$ 财务自由度，$S＝Y－C＝$ 当年储蓄，$S/Y＝$ 储蓄率，由 $F＝(S\times N\times R)/C$，$S＝Y－C$，则推导出储蓄率 $S/Y＝F/(F＋N\times R)$。

表3-8列示了在财务自由度 $F＝1$，以及25岁开始职业生涯的假设前提下，几种不同情形下储蓄率的大小。

表3-8　不同投资收益率及工作年限下储蓄率的大小　　　　　　　%

投资收益率	55岁退休	60岁退休	65岁退休
5	40	36.4	33.3
10	25	22.2	20

从表3-8的计算结果可见，投资收益率越高，或工作年限越长，所需的储蓄率越低。财务自由度 $F＝(S\times N\times R)/C$，提高储蓄率、投资收益率，延长工作年限，都可以提高财务自由度。假定25岁职业生涯开始，60岁退休，5％的投资收益率，退休后每年支出5万元，如若60岁财务自由度达到1，则需拥有100万元的净值。如果家庭现在按照当前储蓄率算出的财务自由度低于应有标准，应更积极地进行储蓄投资计划，当整体投资收益率随存款利率而日渐走低时，即使净值没有减少，财务自由度也会降低，此时应设法多储蓄来累积净值，否则就只有降低年支出的水平才有办法在退休时达到财务自由的目标。

二、财务比率分析案例

【例 3-3】 续例 3-2 王先生家庭财务比率计算结果如表 3-9 所示。

表 3-9　王先生家庭财务比率

评价维度	财务指标	实 际 值	标 准 值	评价结果
偿债能力	流动比率	4.5	≥2	财务较安全
	资产负债率	28.47%	≤60%	合理范围内
	财务负担率	19.54%	≤40%	合理范围内
	平均负债利率	2.75%	≤8%	合理范围内
保障能力	最低风险覆盖度	76.19%	100%	偏低
	保费负担率	8.52%	5%~10%	合理范围内
应急能力	紧急预备金倍数	2.76	3~6	合理范围内
储蓄能力	储蓄率	41.03%	25%	合理范围内
	自由储蓄率	30.37%	≥10%	合理范围内
成长能力	净资产增长率	53.20%	≥10%	合理范围内
财富增值能力	生息资产比率	50.66%	≥50%	合理范围内
	平均投资收益率	6.73%	≥5%	合理范围内
财务自由度	财务自由度	6.93%	≥30%	偏低

表 3-9 中,从偿债能力指标来看,家庭偿债能力尚佳,如果夫妻双方工作稳定,可以考虑将更多的流动资产转化为投资资产来增加理财收入,结合投资资产的收益率水平来看,投资收益率是超过负债利率的,将闲置资金放在高收益率资产上,会更迅速地增加家庭财富,提高家庭财务自由度。从家庭保障能力指标来看,家庭的保障能力较低,家庭在基本社保的基础上应购买更高比例的商业保险作为补充,来确保家庭成员在失去工作能力、意外、身故等情况下,其他成员较高的正常的生活水平。从家庭的储蓄能力、成长能力以及财富增值能力来看,家庭处于一个比较良好的状态,结合家庭当前的成员年龄结构,目前的收支情况都属于一个较旺盛的阶段,离财务自由还有比较大的差距,接下来,应注意开源节流,增加投资性资产和理财收入,逐渐走向财务自由之路。

为实现某一家庭财务目标,除了增加储蓄率外,还可以理性调整家庭风险水平,如想较快实现财务自由就不能过于厌恶风险。但不同风险偏好水平的家庭在家庭理财中均要注意以下几点。

(1) 投资未动,保险先行。"辛辛苦苦几十年,一病回到解放前"就是家庭基本风险裸露的生动写照。这要求任何风险偏好水平的家庭都必须严格设置家庭保险资产,建设好家庭财产安全的第一道防线。

(2) 不熟、不做、不投。现在各类金融投资工具五花八门,产品和服务供应方往往以高收益为噱头吸引投资者,风险偏好水平高的家庭必须谨慎对待,不要受高收益诱惑承担巨大风险。

(3) 不惧不贪,理性对待风险。切记风险和收益的同向性,科学配置各类资产。风险偏好水平高的家庭在利用杠杆投资或投向高风险项目时,往往会因为一时获得高收益而尝到甜头就失去理性,妄想获取更高的收益而不断加大风险资产的配置比率,一旦风险爆发,极易造成巨大亏损,导致家庭陷入财务危机。相反,风险偏好水平低的家庭则谈险色变,这虽然能够较好地保证资产的安全性,但资产收益率太低、净值增长较慢,导致家庭生活水平难以提高。

三、财务比率情景分析

财务比率的大小不仅体现了家庭当前的财务状况,也应与当前家庭所处阶段相吻合。家庭所处阶段不同,财务比率往往也会凸显不同的特点,每个阶段都应该有相应的理财重点。此外,家庭结构的变化也会给家庭财务带来冲击,应合理调整财务结构,以确保生活无忧。

(一)家庭财务状况的阶段性特征

在对家庭财务状况的分析评价中可以得知,家庭理财的目标是实现家庭财富增长,进而在退休时达到财务自由度≥1。要想达到此目标,需要根据当前家庭所处阶段来制定行动指南,以工作收入和理财收入的比重作为划分基准,可分为如下几个阶段。

第一阶段是初入社会阶段。此时只有工作收入,没有理财收入。行动计划的要点在于将部分工作收入储蓄起来,积少成多,累积投资本金,充实自己,想办法提高收入并维持适当的储蓄率是本阶段的行动守则。

第二阶段是有理财收入但理财收入仍低于工作收入的阶段。理财收入=投资金额×投资收益率,本阶段主要通过投资组合的报酬来累积理财收入。在工作收入持续增长的同时,想办法提高投资收益率,并制定避免本金遭受损失的风险管理策略,是本阶段的理财重点。

第三阶段是理财收入已大于工作收入的阶段。此时工作方面的选择可以基于兴趣或工作环境,不再为"五斗米折腰"。可多花些时间经营自己的理财投资,随着年龄的增长调整风险组合,购置自用房产之外的投资性房产是该阶段可考虑的投资策略。

第四阶段是指退休后只有理财收入没有工作收入,是开始享用投资成果的阶段,也就是一般所称的财务自由阶段。投资组合的配置应该偏向固定派息的债券、定期存款或通过定期定额赎回基金来满足晚年生活的需求。

每个人或每个家庭达到各阶段的年龄不尽相同,但是在年龄增长过程中以理财收入逐步取代工作收入是必经的过程。越早开始理财,越有机会提前达到财务自由的阶段,可提前退休享受生活。如果始终入不敷出或收支相抵储蓄不足,无法跨入第三、第四阶段,则要么终身为工作所役,或养老依赖政府和子女的救济或接济。

(二)不同情景财务比率分析

人的一生会面临不同的机遇或关口,如家庭结构上的结婚、离婚、生子,事业上的失业、失能、创业,买车、购房等资本支出。以下举例说明当人生发生某种变化时,会对家庭财务有何影响,如何规避不良影响。

【例3-4】　王先生的基本情况:年工作收入 20 万元,生活支出 10 万元。工作储蓄

10 万元。投资性资产 30 万元,无自用性资产亦无负债,因此年初净值为 30 万元。投资收益率为 8%。假设储蓄在一年中平均进行投资。

理财收入=(投资性资产 30 万元+工作储蓄 10 万元/2)×8%=2.8 万元;

净值增加额=工作储蓄 10 万元+理财收入 2.8 万元=12.8 万元;

净值增长率=(工作储蓄 10 万元+理财收入 2.8 万元)/期初净资产 30 万元=42.7%;

年末净值 =30 万元年初净值+10 万元储蓄+2.8 万元理财收入=42.8 万元。

1. 买车之后

年初花了 15 万元买车之后,投资性资产由 30 万元降为 15 万元,车子应视为自用性资产。另外养车支出为每年 1 万元,反映在生活支出的增加上。工作储蓄由 10 万元下降为 9 万元,理财收入=(30-15+9/2)×8%=1.56 万元。如果年初买车,自用汽车第一年的折旧率最高,若以 30% 计,则年底自用性资产=15×(1-30%)=10.5 万元。净值增加额=9 万元+1.56 万元理财收入-4.5 万元折旧=6.06 万元,净值增长率=20.2%。买车后,与养车相关的油费、牌照费、保险费、维修保养费、停车费等费用都应计入生活支出。不过,在原来的交通开支上,也可以减少一些搭乘公共交通工具的通勤支出,由此可见购买自用性资产,尤其是折旧率较高的,其对净资产增长率的影响是较大的。

2. 结婚成家

结婚成家是人生的一个重大变化。婚后若夫妻双方都有工作收入,收入由原来的 20 万元变成 30 万元,而支出由原来的 10 万元增加到 15 万元。假设婚后夫妻双方共同理财,如配偶原有投资性资产 10 万元,合计家庭共有投资性资产 40 万元。理财收入=[(30+40)/2+(10+15)/2]×8%=3.8 万元,净值变动=工作储蓄 15 万元+理财收入 3.8 万元=18.8 万元,净值增长率=18.8 万元/40 万元=47%。如果婚后维持单薪家庭,收入未增加但支出肯定会增加,则储蓄降低,净值增长率也降低,单薪家庭风险承受能力较差,建议增加相应的寿险保额。

3. 离婚独居

如果原来的基本情况为已婚,那么一旦离婚,家庭收入和支出可能都会减少。假设收入降为 12 万元,支出降为 7 万元,则工作储蓄降为 5 万元。假设离婚时生息资产对半分,降为 15 万元,理财收入亦折半成为 1.4 万元,净值变动=工作储蓄 5 万元+理财收入 1.4 万元=6.4 万元,净值增长率如果以 30 万元计为 21.3%,只有原来的一半。不过,此时如以离婚后的净值 15 万元为基础,净值增长率仍为 42.7%。

现实中离婚的状况较为复杂,要考虑的问题也多。离婚往往导致生活支出产生溢出效应,即双方支出之和超过以家庭为单位的支出。

4. 生养子女

生养子女,家庭消费必然会增加。如果生产、坐月子、买婴儿衣物用品总共花了 10 万元,当年储蓄就变为 0,净值增长来自年初的投资性资产,理财收入=30×8%=2.4 万元,净值增长率=投资收益率=8%。

5. 收入中断

收入中断的情况对个人来说包括失业和伤病失能,对家庭来说还包括家计负担者英年早逝使依赖者失去生活的经济基础。假设期初发生保险事故，工作收入降为 0，生活支出降为 6 万元，负储蓄 6 万元。若投保寿险 48 万元，事故发生可得 48 万元给付金，加上原生息资产 30 万元，共 78 万元为期初可投资性资产。未来一年负储蓄 6 万元，理财收入＝[78＋(－6/2)]×8%＝6 万元，刚好等于生活支出。在这个案例中，因提前匹配了相应的保险，降低了意外对家庭的负面冲击。

 即测即练

第四章

家庭消费支出与筹资规划

购房、买车等消费支出对于普通家庭来说是一笔大额支出，许多家庭因储蓄不足，或资金有更高投资收益用途，难以一次性全款支付而需要筹资。如何安排负债资金，使得资金成本更低，不因将来还本付息而影响家庭生活品质及正常支出，这需要合理安排筹资、科学筹划。

第一节　家庭日常消费与现金规划

家庭支出是为了满足家庭生活的需要，购买符合生活需要的各种消费品和劳务服务，以维系家庭机体的顺利运转。家庭支出额取决于收入的多少，它对家庭财产的拥有量、家务劳动处理的方式、生活消费的水平产生一定影响。随着社会经济发展，居民收入增加，家庭支出也相应增加，这不仅提高了生活消费水平，而且支出额的增加也使支出趋向、消费结构发生了相应的变化。耐用品、高档品的支出成倍增加，在家庭支出构成中占据了较高的比例，构成了家庭财产的主体，某些家用服务类机械电器的购置使用，又为减轻家务劳动、增加闲暇时间提供了便利条件。为了做好家庭财务规划，需要进行现金规划。在现金规划中，需要考虑到家庭的收入、支出和储蓄情况。在制订现金规划时，可以采用一些工具和技术来提高规划的准确性和有效性。例如，可以采用预算规划方法来制订支出计划，可以采用储蓄规划方法来提高储蓄效率，可以采用投资规划方法来优化资产配置等。总之，家庭财务规划是家庭管理的重要组成部分，而现金规划又是财务规划的基础。通过合理的现金规划，可以有效地管理家庭财务，提高家庭生活水平和生活质量。

一、家庭消费支出基本知识

（一）家庭消费支出的定义

家庭消费又称居民个人消费，是指家庭所有生活消费活动中如衣食住用行、文娱教育、医疗保险、旅游等生活性消费。家庭消费是家庭对取得的各种消费品和劳务的直接消耗与使用，以满足正常生活消费需要的经济行为。它直接涉及家中拥有财产物资的减少和生活费用的增加，家庭消费的最大目的在于满足一个家庭的生活需求。

家庭消费支出指家庭用于日常生活的全部现金支出，将开支的总和除以家庭人口数目，以计算每个成员的开支。

（二）家庭消费支出的分类

家庭的消费支出按照用途的不同可以分为八大类，分别是食品烟酒、衣着、生活用品及服务、医疗保健、交通通信、教育文化娱乐、居住、其他用品及服务。

家庭财产积累主要反映为家庭支出构成中积累性支出同消费性支出的比例关系。从家庭的消费支出同财产关系的探查中得出家庭财产的结构，可将其区分为消耗品支出、一般生活品支出和耐用品支出三大类。

（1）消耗品支出，包括家庭用于劳务服务、文化娱乐、卫生体育、旅游交通、房租水电的支出，还包括一些日用小百货品的少量支出，饮食类中蔬菜肉蛋、烟酒糖果类支出，也属于消费性支出，它不构成或较少构成家庭财产。这类非商品性支出在家庭全部支出中占比例较小，日用商品支出也较少。

（2）一般生活品支出，包括家庭内食物、交通费、水电等公用事业，中档衣物购置、日用品购买如脸盆、暖水瓶、文具类支出、炊事用具购置支出、书籍等一些一定时期内比较稳定，资金支出基本不变，但是无法省略的固定开支。这类用品在家庭财产中占据一定比重，在家庭支出中也有相当之比例。

（3）耐用品支出，包括家用机械电器、住宅建造、家具类、高档衣物、床上用品等，价值大、使用期限长，构成家庭财产的主体，若以商品性支出的价值和使用期限分类，单位价值在 500 元以下、使用期限不超过 1 年的都可归为消耗品支出，耐用品支出或可称得上家庭固定资产，它的使用年限应在 3 年以上，价值应在 500 元以上，介于两者之间的应为一般生活品支出。

资料 4-1　2021 年居民收入与支出情况

居民收入情况

2021 年，全国居民人均可支配收入 35 128 元，比上年名义增长 9.1％，扣除价格因素，实际增长 8.1％；比 2019 年增长（以下如无特别说明，均为同比名义增速）14.3％，两年平均增长 6.9％，扣除价格因素，两年平均实际增长 5.1％。

分城乡看，城镇居民人均可支配收入 47 412 元，增长 8.2％，扣除价格因素，实际增长 7.1％；农村居民人均可支配收入 18 931 元，增长 10.5％，扣除价格因素，实际增长 9.7％。

2021 年，全国居民人均可支配收入中位数 29 975 元，增长 8.8％，中位数是平均数的 85.3％。其中，城镇居民人均可支配收入中位数 43 504 元，增长 7.7％，中位数是平均数的 91.8％；农村居民人均可支配收入中位数 16 902 元，增长 11.2％，中位数是平均数的 89.3％。

按收入来源分，2021 年，全国居民人均工资性收入 19 629 元，增长 9.6％，占可支配收入的比重为 55.9％；人均经营净收入 5 893 元，增长 11.0％，占可支配收入的比重为 16.8％；人均财产净收入 3 076 元，增长 10.2％，占可支配收入的比重为 8.8％；人均转移净收入 6 531 元，增长 5.8％，占可支配收入的比重为 18.6％。

与 2019 年相比，全国居民人均可支配收入各项来源两年平均增速分别为：工资性收入增长 6.9%,经营净收入增长 6.0%,财产净收入增长 8.4%,转移净收入增长 7.2%。

居民消费支出情况

2021 年,全国居民人均消费支出 24 100 元,比上年名义增长 13.6%,扣除价格因素影响,实际增长 12.6%;比 2019 年增长 11.8%,两年平均增长 5.7%,扣除价格因素,两年平均实际增长 4.0%。

分城乡看,城镇居民人均消费支出 30 307 元,增长 12.2%,扣除价格因素,实际增长 11.1%;农村居民人均消费支出 15 916 元,增长 16.1%,扣除价格因素,实际增长 15.3%。

2021 年,全国居民人均食品烟酒消费支出 7 178 元,增长 12.2%,占人均消费支出的比重为 29.8%;人均衣着消费支出 1 419 元,增长 14.6%,占人均消费支出的比重为 5.8%;人均居住消费支出 5 641 元,增长 8.2%,占人均消费支出的比重为 23.4%;人均生活用品及服务消费支出 1 423 元,增长 13.0%,占人均消费支出的比重为 5.9%;人均交通通信消费支出 3 156 元,增长 14.3%,占人均消费支出的比重为 13.1%;人均教育文化娱乐消费支出 2 599 元,增长 27.9%,占人均消费支出的比重为 10.8%;人均医疗保健消费支出 2 115 元,增长 14.8%,占人均消费支出的比重为 8.8%;人均其他用品及服务消费支出 569 元,增长 23.2%,占人均消费支出的比重为 2.4%。

与 2019 年相比,全国居民人均消费支出八大类两年平均增速分别为:食品烟酒增长 8.6%,衣着增长 3.0%,居住增长 5.6%,生活用品及服务增长 5.4%,交通通信增长 5.0%,教育文化娱乐增长 1.7%,医疗保健增长 5.4%,其他用品及服务支出增长 4.2%。

附注

1. 指标解释

居民可支配收入是居民可用于最终消费支出和储蓄的总和,即居民可用于自由支配的收入,既包括现金收入,也包括实物收入。按照收入的来源,可支配收入包括工资性收入、经营净收入、财产净收入和转移净收入。

居民消费支出是指居民用于满足家庭日常生活消费需要的全部支出,既包括现金消费支出,也包括实物消费支出。消费支出包括食品烟酒、衣着、居住、生活用品及服务、交通通信、教育文化娱乐、医疗保健以及其他用品及服务八大类。

人均收入中位数是指将所有调查户按人均收入水平从低到高顺序排列,处于最中间位置的调查户的人均收入。

季度收支数据中未包括居民自产自用部分的收入和消费,年度收支数据包括该部分。

2. 调查方法

全国及分城乡居民收支数据来源于国家统计局组织实施的住户收支与生活状况调查,按季度发布。

国家统计局采用分层、多阶段、与人口规模大小成比例的概率抽样方法,在我国 31 个省(区、市)的 1 800 个县(市、区)随机抽选 16 万个居民家庭作为调查户。

国家统计局派驻各地的直属调查队按照统一的制度方法,组织调查户记账采集居民收入、支出、家庭经营和生产投资状况等数据；同时按照统一的调查问卷，收集住户成员及劳动力从业情况、住房与耐用消费品拥有情况、居民基本社会公共服务享有情况等其他调查内容。数据采集完成后，市县级调查队使用统一的方法和数据处理程序，对原始调查资料进行编码、审核、录入，然后将分户基础数据直接传输至国家统计局进行统一汇总计算。

3. 两年平均增速说明

两年平均增速是指以 2019 年相应同期数为基数，采用几何平均的方法计算的增速。

资料来源：2021 年居民收入和消费支出情况［EB/OL］.（2022-01-17）. https://www.stats.gov.cn/sj/zxfb/202302/t20230203_1901342.html.

二、家庭生命周期各阶段的消费支出特点

根据不同生命周期阶段家庭的消费支出特点，家庭生命周期可以分为单身期、新婚初期、满巢期、空巢期和家庭解体期五个阶段。

第一阶段，从就业开始到结婚之前，属于单身期，支出大于收入。这个时期是个人在组建一个家庭之前，几乎没有经济负担，购买能力较强。消费特点主要是由于处于青壮年时期，而且有一定的收入，可以满足自身的消费需求，一般不会考虑储蓄，收入大多用于娱乐、购买奢侈品上，也会用来孝敬父母，但是消费并不会很大。消费支出主要集中在娱乐、餐饮、服饰、旅游和购买高档消费品等领域。

第二阶段，结婚以后，孩子出生之前，属于新婚初期，收入大于或等于支出。处于这一阶段的家庭往往需要购买住房和大量的生活必需品，常常感到购买力不足，但是可能会受到父母的资助，随着消费支出逐渐增加，会为将来考虑而作出相应的理财规划。消费支出特点是消费结构中用于组建家庭的支出开始大大增加，基本处于理性消费状态，会比较实际，但不会排除一些时尚性消费，偶尔冲动消费会买些奢侈品，但是更多的时候是生活方面的消费。与此同时，婚后随着双方父母年龄的增加，以及为了将来孩子出生后的规划，开始有了储蓄意识，对父母的消费也是主要体现在生活必需品方面。消费领域主要集中在住房、家庭耐用品、生活消费品、时尚消费等方面。

第三阶段，第一个孩子出生，属于满巢期，收入大于支出。这个阶段家庭的消费方式会随着孩子的出生而发生结构性变化，消费支出主要用于子女抚养方面，除了满足子女的基本生活消费支出之外，还会考虑子女的教育消费等。在上要养老、下要养小的时期消费支出比较多，消费量比较大，经济负担最重。消费支出特点表现为非常理性，孩子的消费成为消费决策的核心，精打细算，不奢侈，时尚消费逐步消失。主要消费领域是子女衣食等生活用品、家居用品。

第四阶段，子女离开父母，属于空巢期，收入大于支出。这个阶段子女离开父母重组家庭，家庭结构重新回归夫妻二人的状态，虽然子女并没有直接花父母的钱，看似消费支出可能会减少，但是父母也会间接地为子女消费，消费支出不一定会直线性下滑；经济和时间也会相对宽裕，父母可能会储蓄些养老保险来安度晚年，也会进行一些之前未能实现的消费。主要消费领域包括部分享受型生活用品如医疗保健器械、精神生活消费、娱乐和旅游等。

第五阶段,夫妻中有一个人过世,属于家庭解体期,收入小于支出。这个时候基本处于耄耋之年,几乎没有负担,收入减少,消费结构简单,节俭的生活方式。主要消费领域包括基本生活支出、医疗保健支出和护理消费等方面。

三、凯恩斯货币需求理论

(一)凯恩斯货币需求内容

英国经济学家凯恩斯提出了现金规划的目的。他认为货币具有完全的流动性,人们总是偏好将一定量的货币保持在手中以应对日常、临时和投机需求,因此产生了基于心理上的流动性偏好的货币需求。这种流动性偏好由三个动机决定:交易动机(transaction motive)、预防动机(precautionary motive)和投机动机(speculative motive)。相应地,货币需求也分为三类:交易性需求、预防性需求和投机性需求,这些由交易动机产生的货币需求与预防动机和投机动机产生的货币需求共同构成了货币总需求。

货币的需求函数表达式为

$$L = L_1(y) + L_2(r)$$

货币的总需求是由收入和利率两个因素决定的。其中,L 为货币的需求总量;L_1 为交易需求和预防需求函数;L_2 为投机需求函数;y 表示收入;r 表示利率。

在货币需求的三个动机中,由交易动机和预防动机产生的货币需求均与商品和劳务交易有关,故而称为交易性货币需求(L_1);而由投机动机产生的货币需求主要用于金融市场的投机,故称为投机性货币需求(L_2)。对于交易性需求,它与待交易的商品和劳务有关,若用国民收入(y)表示这个量,随着国民收入的增加而增加,则货币的交易性需求是国民收入的函数,表示为 $L_1 = L_1(y)$,而且,收入越多,交易性需求越多,因此,该函数是收入的递增函数;对于投机性需求,它主要与货币市场的利率(r)有关,而且利率越低,投机性货币需求越多,因此,投机性货币需求是利率的递减函数,表示为 $L_2 = L_2(r)$。然而,当利率降至一定低点后,投机性货币需求会变得无限大,即进入所谓的"流动性陷阱"。因此,凯恩斯认为,在短期内,货币总需求等于交易性货币需求和投机性货币需求之和,即 $L = L_1 + L_2$。而在长期内,由于资本收益的累积效应和人们对经济状况的预期变化,投机性货币需求会逐渐增加或减少,导致货币总需求的变化。

(二)凯恩斯货币动机

凯恩斯货币动机分为交易动机、预防动机和投机动机三类。

1. 交易动机

交易动机是为了应付日常的开支需要而愿意持有货币的动机。收入取得和支出发生会存在一定的时间间隔,在此期间虽然可以把收入转换成货币以外的资产形式,但为了支付的方便,仍有必要持有一定量的货币,这种交易性的需求主要取决于收入的大小,并且与收入的大小成正比。凯恩斯也称之为货币的交易需求,这种出于交易动机而在手中保存的货币,其支出的时间、金额和用途一般事先可以确定,故此主要由收入大小决定。

2. 预防动机

预防动机是个人为了应付突然发生的意外支出或偶然支出而愿意持有货币的动机。

凯恩斯认为,生活中经常会出现一些未曾预料、不确定的支出和购物机会,人们无法准确地预测未来一段时间所需要的货币数量,为此,个人也需要保持一定量的货币在手中,这类货币需求可称为货币的预防需求,故此也与收入的大小成正比。

3. 投机动机

投机动机是根据对市场利率变化的预测,由于未来利息率的不确定,为避免资本损失或增加资本收益,为了在未来某一适当时机进行投机,需要持有货币,以便满足从中投机获利的动机。因为货币是最灵活的流动性资产,具有周转灵活性,持有它可以根据市场行情的变化随时进行金融投机,出于这种动机而产生的货币需求,称为货币的投机需求,这也是凯恩斯货币需求理论中最具创新的部分。凯恩斯把其分为用于保存价值或者财富的货币和债券两大类,持有货币资产收益为 0,就是现金;但是持有债券资产,收益存在两种可能性:如果利率下降,债券价格上升;如果利率上升,债券价格就会下降,在预测利率下降的时候,人们就会毫无保留把全部货币转换成债券,溢价的双重收益,与利率的大小成反比。

四、现金规划

(一)现金规划的定义

现金规划是为满足个人或家庭短期需求而进行的管理日常现金及现金等价物和短期投融资的活动,这里的现金等价物是指流动性比较强的活期储蓄、各类银行存款和货币市场基金以及其他银行无固定期限理财产品等金融资产。现金规划目标是现金和现金等价物可以实现流动性的同时保持一定的收益。现金规划的原则是短期需求可用手头现金来满足,预期的现金支出通过各种储蓄和短期投资工具来满足。

(二)紧急备用资金

人生处处有意外,每个人都会有急用钱的时候,所以为了应付一些突发情况,很多人在平时生活当中都会预留一些备用金出来,以应付随时可能发生的意外情况,用来保障家庭发生的计划外支出。紧急备用资金具体预留多少出来是因人而异的,一般建议一个家庭预留月支出额的 3～6 倍,即 3～6 个月的生活开销较为合适。在规划紧急备用资金时,一般通过两种方式来建立:一是流动性较高的活期存款或短期定期存款,二是信用卡之类的短期融资工具作为备用的贷款额度,同时,需要通过流动性比率指标(流动性资产/每月支出)来衡量,此外还要考虑其流动性和机会成本因素。

(1)流动性。一般现金和现金等价物用于满足短期需求,而现金等价物和短期融资工具主要用来满足预期或者将来的需求,这是我们对金融资产流动性的要求。流动性表示资产在保持价值不受损失的前提下的变现能力,相应的流动性指标是流动性比率,它表示流动资产与月支出的比值,反映一个家庭的支出能力的强弱,通常应保持在 3～6 倍。

(2)机会成本。资产流动性与收益性通常成反比,流动性和机会成本构成了现金规划需要考虑的因素。因此,在进行紧急备用金规划时,需要兼顾资产流动性和收益性。对于工作稳定、收入有保障的家庭,资产流动性并非首要考虑的因素,因而可以保持较低的流动性比率,大约 3 倍,可以将更多的流动性资产用于扩大投资,从而获取更高收益;对于那些工作不稳定、收入无保障的家庭,资产流动性显得非常重要,因此需要保持较高的流动性比率,比如留出 6 个月支出左右。

(三)现金规划的一般工具

1. 货币市场基金

货币市场基金是指投资于现金、定期存款、国债、商业票据、债券回购、央行票据、银行无固定期限理财产品等货币市场上短期(一年以内,平均期限 120 天)有价证券的一种投资基金。优点是本金安全,流动性强且收益相对活期储蓄较高,具有投资成本低、分红免税的特点,货币市场基金每份单位始终保持在 1 元,超过 1 元后的收益会按时自动转化为基金份额,拥有多少基金份额,即拥有多少资产。过去办理要去银行网点、券商营业部、基金公司柜台,现在直接在手机上就可以申购赎回,没有认购费、申购费和赎回费,只有年费,投资成本相对较低,单位净值 1 元不变,按每日复利计算,利用收益再投资,增加基金份额分红免税,申购或认购最低资金量为 1 000 元,追加的是 1 000 元的整数倍。

货币市场基金适合于手头有大笔资金准备用于近期开支的情况。假如手中有 10 万元现金,拟于近期首付住房贷款,但是又不想把 10 万元简简单单存个活期减少利息收入,这时就可以暂存并申购货币市场基金,这样既保证了用款时的需要,又可享受平均 3% 左右的利率,是 0.3% 的活期利率的近 10 倍。举例来说,50 万元如果购买货币市场基金,持有 3 个月后,以 3% 的利率计算,利息收益为 3 750 元,比活期存款 375 元的利息收益高出 3 375 元。

2. 短期融资工具

其主要用于处理紧急事件,主要使用信用卡融资等工具。信用卡融资可以免息透支、分期付款,但支取现金需要手续费且不能超额透支;其他银行融资方式包括质押贷款、保单质押融资和典当融资等。保单质押融资需要有现金价值的保险,如具有储蓄和投资分红功能的养老保险和年金保险等,需要缴满两年才能申请贷款。典当融资类似于银行抵押贷款,但对客户信用要求较低,典当物品起点低、手续简便,但利息、手续费相对较高且贷款规模较小。

(四)现金规划策略

现金规划策略是通过分析影响现金规划的因素、流动性比率的要求来分析个人或家庭的现金需求,通过选择现金规划工具,根据收入来源、支出去向,建立紧急备用金来制订现金规划方案。具体来说,首先,编制家庭资产负债表和现金流量表;其次,测算流动资产与日常支出;再次,测算流动性比率;最后,形成现金规划报告。

(五)现金规划案例

【例 4-1】 王先生,38 岁,某上市公司中层职员,税后年收入 120 000 元;王太太,36 岁,某银行职员,税后年收入 72 000 元;夫妇两人有一个儿子,今年 5 岁。双方父母健在,享受退休金及医疗保险,独立生活,经济富裕。

目前，王先生家庭资产和负债情况如下：现金 10 000 元，银行活期存款 20 000 元，银行一年期定期存款 50 000 元，股票市值 20 000 元，国债 20 000 元，各类基金 130 000 元，每年理财收入有 10 000 元（利息加上资本利得）；两套房产，一套自住，价值 1 600 000 元，还有一套出租，价值 600 000 元，租金收入每年 12 000 元，劳务报酬 12 000 元，尚有 680 000 元的贷款未还清；一辆价值 200 000 元的自用轿车。

王先生家庭的年支出情况如下：房屋还贷 81 000 元，日常生活开支 21 000 元，养车费用（含保险）11 000 元，旅游费用 5 400 元，衣服购置费 5 600 元，医疗费用 2 000 元。

请为王先生家庭制订现金规划方案。

解析：

（1）根据案例给出的情况编制资产负债表，如表 4-1 所示。

表 4-1　家庭资产负债表

客户：王先生家庭　　　　　　　　　　　　　　　　日期：20××-12-31

资产	金额/元	负债与净资产	金额/元
金融资产		住房贷款	680 000
现金与现金等价物	10 000	信用卡透支	
活期存款	20 000	负债合计	680 000
定期存款	50 000		
国债	20 000		
股票	20 000		
各类基金	130 000		
保险理财产品			
金融资产小计	250 000	净资产	1 970 000
实物资产			
房屋不动产	2 200 000		
汽车	200 000		
实物资产小计	2 400 000		
资产总计	2 650 000	负债与净资产总计	2 650 000

（2）根据案例给出的情况编制现金流量表，如表 4-2 所示。

表 4-2　家庭现金流量表

客户：王先生家庭　　　　　　　　　　　　　　　　日期：20××-12-31

年收入	金额/元	百分比/%	年支出	金额/元	百分比/%
工资和薪金	192 000	84.96	房屋还贷	81 000	64.29
王先生	120 000		日常支出	21 000	16.67
王太太	72 000		养车费用	11 000	8.73
投资收入	10 000	4.42	休闲和娱乐	5 400	4.28
租金收入	12 000	5.31	衣服购置费	5 600	4.44
劳务报酬	12 000	5.31	医疗费用	2 000	1.59
收入合计	226 000		支出合计	126 000	
年结余	100 000				

（3）测算流动资产与日常支出，然后测算流动性比率。

王先生家庭的流动资产包括现金 10 000 元、活期存款 20 000 元和定期存款 50 000 元，总计 80 000 元；

王先生家庭年总支出 126 000 元，平均月支出为 126 000/12＝10 500 元；

王先生家庭的流动性比率＝80 000/10 500＝7.62。

（4）结合上述数据和王先生家庭的生活情况，制订以下现金规划方案。

现金储备是一般家庭保持正常生活的基础，可以避免因失业或疾病等意外事件发生而导致家庭不能正常生活，现金储备一般维持在月支出费用的 3～6 倍之间，根据家庭的不同情况而定倍数。

就王先生而言，夫妇俩的工作比较稳定，除了有房贷之外，没有其他生活压力，如赡养老人等。故此，建议其降低紧急储备金，将其保留在月支出的 4～5 倍，大概 50 000 元，其中，除了保留现金或活期存款 10 000 元以外，还应将定期存款中的 10 000 元提取，与活期存款 20 000 元一并投资到货币市场基金，作为生活开支储备金。

从其现在家庭的流动性比率来看，王先生可以将其多余的现金及现金等价物投资到其他高收益的理财产品上，以获取更大利益。

除此之外，建议王先生申请一张信用卡，额度在 10 000 元左右，可以成为短期应急资金的来源。这样，王先生家庭万一有意外发生，手头上的 60 000 元储备金，可以帮助其渡过难关。

第二节　家庭储蓄规划

随着金融产品的不断创新发展，可供选择的家庭理财方式也变得多样化。作为居民储蓄大国来说，类似于现金、储蓄存款、国债等传统化安全性较高的投资产品依然占据着主要的地位。其中，由于储蓄的安全性高、流动性强、操作简单等优势，目前仍然是我国大多数家庭的首要选择。家庭储蓄对经济有怎样的影响？应该如何构建家庭储蓄目标、合理规划家庭储蓄？本节将给出家庭储蓄规划合理配置的建议。

一、家庭储蓄现状分析

（一）储蓄利率现状

2022 年 9 月 15 日，六大国有银行宣布，个人存款利率即日起下调，包括活期存款和定期存款在内的多个品种利率有不同幅度的微调。在存款利率变动中，三年期定期存款和大额存单利率下调 15 个基点，一年期和五年期定期存款利率下调 10 个基点，活期存款利率下调 0.5 个基点。下调存款利率，会导致存款利息减少，一定程度上也有利于降低居民储蓄意愿，扩大当期消费和投资水平，或者转投其他金融产品。

中国证监会原主席肖钢提到过居民储蓄的重要性，以及居民储蓄率对宏观经济直接或间接的影响。首先，储蓄率与经济增长高度相关、相互影响，储蓄率是影响经济潜在增速的重要因素；其次，储蓄率与投资率之间具有稳健的正相关性，中国投资率与储蓄率的相关系数高达 0.8。那么,是什么驱动居民储蓄的呢? 随着宏观经济结构的变化,居民消费对经济增长的拉动作用日益凸显,储蓄占比相应下降。2023 年,消费支出对国内生产总值的贡献达到 4.3 个百分点,而资本形成总额仅拉动 1.5 个百分点。在此过程中,居民的消费意愿日益增强,然而人均可支配收入增长速度的减缓与居民债务的不断积累,都为未来消费增长带来不小的挑战。此外,居民部门杠杆率的持续攀升可能加大偿债压力,进而对可支配收入的稳定增长构成威胁,导致储蓄率下滑。特别是中青年家庭,因购房租房、子女教育等多重经济负担,债务沉重,其储蓄率相对较低。

(二)家庭储蓄需求理论

莫迪利安尼根据生命周期假说提出了一套新的储蓄理论,即家庭储蓄的生命周期假说理论。20 世纪 50 年代,他与美国经济学家理查德·布伦伯格(Richard Brumberg)和艾伯特·安多(Albert Ando)共同提出了消费函数理论中的生命周期假说,这一理论进一步发展了凯恩斯的绝对收入的消费理论。

根据 1936 年凯恩斯的心理学定律,当人们收入增加时,他们的储蓄也会随之增加。然而,西蒙·库兹涅茨(Simon Kuznets)在 1942 年指出,凯恩斯的理论与时间序列统计数据存在矛盾。尽管个人收入有所增长,但国民收入中的储蓄份额并没有显现长期递增的规律。

1954 年,莫迪利安尼和布伦伯格在《效用分析与消费函数:横界面数据的一种解释》一文中提出了一种新的家庭储蓄理论——生命周期假说。该理论认为,人们一般会将可用于消费的财富在一生中平均使用,积累足够多的钱,以便在退休后维持相同的消费水平。与凯恩斯的绝对收入理论不同,这一假说通过数学推导得出结论:一个人的储蓄不仅与他的收入有关,还与他的财富、未来预期收入以及年龄有关。该假说基于消费者行为理论,提出人的消费是为了实现一生效用最大化,即人是理性的,会根据一生所能得到的收入和财产来决定各个时期的消费支出。因此,在不同生命阶段,人们的消费支出与收入水平会有不同的关系。从整个社会来看,收入与消费的关系是稳定的。

莫迪利安尼在研究个人消费行为的基础上,对社会总消费函数理论进行了发展,并基于生命周期假说创建了一套新的储蓄理论。他在 1980 年发表的《效用分析与总量消费函数:统一解释的一个尝试》一文中指出,现期平均消费受到现期平均收入、未来预期平均收入和两项平均财产的影响。根据这一理论,我们可以得出关于社会总储蓄的结论:首先,收入水平的增加决定了储蓄的增加;其次,储蓄受到人口增长率和人口年龄结构的影响;再次,储蓄受到总量财富的影响,因此受到作为资本化要素的利息率的影响,但消费支出仍主要取决于未来预期收入和财产,而现期收入的暂时变动对消费的影响要比未来预期收入小得多;最后,乘数效应接近边际赋税率的倒数。

(三)各省区市居民储蓄现状分析

我国一直以来都是储蓄大国,居民储蓄总量排在全球前列。据国家统计局统计公报,截至 2023 年底,我国境内住户存款 137.88 万亿元,比 2022 年末增长了 13.8%。如果按照我国第七次全国人口普查数据人口总数约 14.12 亿来计算的话,每个居民平均存款金额为 97 648.73 元左右。《中国家庭财富调查报告 2021》的数据显示,我国存款达到 16 万元的家庭占比达到 35%,存款超过 20 万元的家庭不到 30%,按照一家三口家庭来计算的话,存款能够达到平均水平的家庭确实是少数。由于每个地区的发展水平差异,收入和物价水平的不同,很难有一个统一标准。表 4-3 展示的是 2021 年中国各省区市居民存款情况(不含港澳台)。根据国家统计局数据,除了北京市、上海市和天津市 3 个直辖市以外,人均存款十强的省份分别为辽宁省、浙江省、江苏省、山西省、河北省、吉林省、黑龙江省,以及广东省、陕西省和内蒙古自治区。

表 4-3　2021 年中国各省区市居民存款情况(不含港澳台)

排　序	地　区	人均居民存款/元	住户存款总额/亿元	常住人口/万人
1	北京市	222 679	48 744	2 189
2	上海市	171 364	42 653	2 489
3	天津市	119 744	16 441	1 373
4	辽宁省	104 800	44 320	4 229
5	浙江省	103 191	67 487	6 540
6	江苏省	87 433	74 362	8 505
7	山西省	82 046	28 552	3 480
8	河北省	80 867	60 230	7 448
9	吉林省	79 723	19 189	2 407
10	黑龙江省	77 223	24 132	3 125
11	广东省	76 939	97 590	12 684
12	陕西省	73 792	29 177	3 954
13	内蒙古自治区	71 626	17 190	2 400
14	山东省	71 396	72 610	10 170
15	重庆市	69 477	22 316	3 212
16	湖北省	66 381	38 700	5 830
17	四川省	65 515	54 849	8 372
18	福建省	63 226	26 473	4 187
19	宁夏回族自治区	59 296	4 269	720
20	江西省	56 504	25 523	4 517
21	安徽省	56 302	34 418	6 113
22	甘肃省	55 623	13 850	2 490
23	新疆维吾尔自治区	55 320	13 277	2 589
24	海南省	54 329	5 542	1 020
25	湖南省	53 657	35 531	6 622
26	河南省	52 380	51 767	9 883
27	青海省	50 074	2 974	594
28	广西壮族自治区	41 693	21 001	5 037
29	云南省	41 235	19 339	4 690
30	贵州省	36 892	14 210	3 852
31	西藏自治区	31 562	1 152	365

二、家庭储蓄的基本常识

提前消费很容易养成挥霍的消费习惯,这很不利于一个家庭的人生财富规划。在现金需求管理中常犯的错误有:冲动购物和使用信用卡导致过度消费;流动资产不足以支付流动性开支;动用储蓄或借贷支付当期费用;没有把不需要的资金存入生息的储蓄账户,或者是运用于达到长期目标的投资计划。要想学会理财,首先要养成良好的储蓄习惯。

(一)储蓄的定义

广义储蓄是指人们经济生活中的一种积蓄钱财以准备需用的经济行为,储蓄就是现在的剩余用于未来的消费。从广义来说,家庭储蓄可分为实物储蓄、金融储蓄和养老金储蓄三部分。狭义储蓄是指货币存储银行,是人们将暂时不用的货币存进银行生息的一种信用行为,是居民个人在银行或者其他金融机构的存款。

(二)储蓄的动机

储蓄的动机可以划分为积累动机、增值动机、谨慎动机和侥幸动机四种。

第一,积累动机。积累动机是为可以预料到的未来个人和家庭的需要做准备,以保障一定生活水平,如买车、买房、子女教育、亲属抚养等。

第二,增值动机。增值动机是为了更好地积累财富,满足未来支出需求。目前要积蓄闲置资金以增加未来的收入,使未来能有更高水平的消费,出于人类本能,尽管年纪大了,享受能力可能逐渐减小,但仍希望未来生活品质能比现在高,所以存钱留作将来享受。因为储蓄是以获取利息为目的,所以在选择储蓄品种时更多注重其收益性,如国债、大额存单等,一般金额比较大,存取时间比较长。

第三,谨慎动机。谨慎动机是指担心现金尤其是金额较大的现金放在家里或者随身携带很不方便,容易遗失,以保证货币的安全性,或者说为了防止发生意外以应急需为目的的储蓄动机。这类储蓄动机一般都要求有较强的流动性,宜选择储蓄时间较短的存款。

第四,侥幸动机。银行这些金融机构有时会推出一些储蓄抽奖之类的促销活动来吸引储户,人们为了获奖会主动地储蓄,以达到自己希望的结果。这种储蓄动机形成的储蓄存款一般存取频率比较低,待促销活动结束后,提现转入消费的可能性比较大。

(三)储蓄的特点

(1)安全性高。储蓄是所有投资品种中最安全的,特别是存款机构是国有银行时,其基本上是以国家的信誉做担保,几乎没有违约风险。而且一般的商业银行也会遵守保险制度,当银行发生经营危机或者破产倒闭后,存款保险机构会保护存款人利益,向其提供50万元的本息财务救助。2014年末,中国人民银行对《存款保险条例》公开征求了意见,2015年5月1日起,存款保险制度在中国正式实施,各家银行向保险机构统一缴纳保险费,一旦银行出现危机,保险机构将对存款人提供最高50万元的赔付额。

存款保险制度是一种金融保障机制,旨在保障存款人的利益,维护银行信用,稳定金融秩序。该制度由符合条件的各类存款性金融机构集中起来,共同建立一个保险机构,各个存款机构作为投保人按照一定比例向其缴纳保险费,建立存款保险准备金。当加入保险的存款机构发生经营危机或面临破产倒闭时,存款保险机构向其提供财务救助或直接向存款人支付部分或全部存款,从而保护存款人的利益,维护金融市场的稳定。

（2）流动性较强,变现性好。所有储蓄基本上都是可以立即变现的,包括定期存款,虽然定期存款提前支取会损失部分利息收入,但不影响其变现能力,所以储蓄被认同为流动资金,特别是活期存款,就与现金完全相同。

（3）操作简易。相对于其他投资工具,储蓄的操作非常容易,不管是开户、存取、销户,还是特殊的业务如挂失等,流程都比较简易,对个人来说,使用身份证即可办理。由于银行机构的网点比较多,存取业务非常方便,特别是利用 ATM（自动取款机）自助终端,更是随时随地都可办理业务。

（4）收益较低。相对于其他投资品种,储蓄的风险最低,收益可能也是最低的,它唯一收入就是利息。

（四）储蓄的目标

储蓄的基本原则是存款自愿、取款自由、存款有息、为储户保密。储蓄的目标为风险保障、子女教育储备、退休养老储备、结婚嫁娶储备、改善生活及保值盈利六个方面。

第一,风险保障。为了应对不时之需,通过卖出股票、邮票、房产、国债来套现,不如银行提款来得方便快捷,储蓄变现性的特点为个人或家庭提供了应急资金。

第二,子女教育储备。每个家庭对子女的成长都应储备教育基金,其安全性要求较高,适合银行储蓄存款。

第三,退休养老储备。快要退休或已退休人士风险抵御能力相应降低,银行储蓄存款比较稳妥,追逐各种高风险投资不合时宜。

第四,结婚嫁娶储备。不少年轻人以进取型居多,热衷于炒楼、炒股,往往弄得办喜事时资金周转不灵,一定的银行储蓄存款必不可少。

第五,改善生活。有储蓄可以帮助你改善生活,如购买高品质的物品、享受更好的服务等。

第六,保值盈利。虽然我国现在银行存款利率下降,综合各项因素,储户依然能在通货膨胀较低时获得实际利息收入。

（五）储蓄的种类

储蓄业务主要有活期储蓄、个人通知存款、整存整取定期储蓄、零存整取定期储蓄、整存零取定期储蓄、定活两便储蓄等。

活期储蓄是指不规定存期,储户可随时凭存折（卡）存取,存取金额不限的一种储蓄方式。活期储蓄的特点是 1 元起存,多存不限,存款金额、时期不限,随时存取,灵活方便。其适应于居民小额的随存随取的生活零用结余存款,有利于家庭和个人养成计划开支、节约储蓄的习惯,既保证资金安全,又能得到利息,但利息较低。

个人通知存款是指客户存款时不必约定存期,支取时需提前通知银行,约定支取存款日期和金额方能支取的一种存款品种。其特点是需一次性存入，支取可分一次或多次。个人通知存款分为一天通知存款和七天通知存款两个品种，最低起存金额为 5 万元，最低支取金额为 5 万元，采用记名存单形式，存单或存款凭证须注明"通知存款"字样。通知存款存入时，银行在存单或存款凭证上不注明存期和利率，银行按支取日挂牌公告的相应利率水平和实际存期计息，利随本清，存款利率高于活期储蓄利率，存期灵活、支取方便，能获得较高收益。适用于大额、存取较频繁的存款和有短期资金需求、期限不足定期存款最低限的客户。

整存整取定期储蓄是指储户存款时约定存期和存款的具体形式，银行或信用社给储户签发定期存单，到期凭单提取本金利息。存期越长，利率越高，适应于居民手中长期不用的结余款项的存储，而且有约定转存和自动转存功能，存期长、稳定性强、金额大、手续简便、利率较高。

零存整取定期储蓄是指个人将属于其所有的人民币存入银行储蓄机构，每月固定存额，集零成整，约定存款期限，到期一次支取本息的一种定期储蓄。一般 5 元起存，存期分一年、三年、五年，存款金额由储户自定，每月存入一次，中途如有漏存，应在次月补齐。该储种利率低于整存整取定期存款（打六折），但高于活期储蓄，可使储户获得稍高的存款利息收入。可集零成整，具有计划性、约束性、积累性的功能，适合收入稳定，攒钱以备结婚、上学等用途的个人和家庭。

整存零取定期储蓄是指个人将属于其所有的人民币一次性存入较大的金额，分期陆续平均支取本金，到期支取利息的一种定期储蓄。有起存金额要求，一般为 1 000 元，存期分为一年、三年和五年，凭存单分期支取本金，支取期分一个月、三个月、半年一次，利息于期满结清支取。

定活两便储蓄指的是客户一次性存入人民币本金，不约定存期，支取时一次性支付全部本金和税后利息。这样每月将闲置资金转为定期存款，当活期存款不够消费时，定期存款又转为活期，但只有每月存定期一次。

三、家庭储蓄规划方法

（一）滚动存储法

滚动存储法，也可叫作十二存单法，就是每月将积余的资金存入一张一年期整存整取定期储蓄，存储的数额可以根据家庭的经济收入来定，存满一年作为一个周期。一年之后第一张存单到期后，可取出储蓄的本金和利息，再凑个整数，进行下一轮的周期储蓄，如此循环往复，手头始终持有 12 张存单，并且每月都会有一定数额的资金收益，储蓄数额滚动增加，家庭积蓄也随之丰裕。滚动存储法可选择一年期的，也可选择三年期或五年期的定期储蓄。这种储蓄方法较为灵活，无须固定，一旦急需钱用，只要支取到期或近期所存的储蓄就可以了，可以减少利息损失。

（二）阶梯存储法

阶梯储蓄法是定期存款的一种方式，相比十二存单法的定期定额存储，阶梯储蓄法是把现在的资金,按照金额大小分成若干等份,然后由低到高依次购买银行不同期限的定期存款方式。例如,现在手头有 10 万元现金,短期并没有投资打算,根据阶梯储蓄法,可以将 10 万元现金分为 3 万元、3 万元和 4 万元三份,依次购买银行一年定期存款、两年定期存款和三年定期存款。一年后可用到期的 3 万元再开设 1 张三年期的存单。以此类推,3 年后所持的存单则全部为三年期的,只是到期的期限不同,依次相差 1 年。如果需要资金,就可以将就近一年到期的定期存款取出,以备不时之需,而其余的定期存款依然可以享受定期的利息预期收益。但是,这种储蓄方法适合中长期投资,灵活性不高,需要大额资金周转时,需要放弃定期存款预期收益;预期收益不高,尽管购买的是中长期定期存款,但是相比其他投资,预期收益还是偏低。

（三）组合存储法

组合存储法是一种存本取息与零存整取相组合的储蓄方法。存本取息账户中的利息每月按时取出,存入另一零存整取账户中,这样既能获得存本储蓄利息,又能获得零存整取的利息,达到"利滚利"的效果。例如,现在手头有 10 万元现金,可在银行开设一个存本取息的账户,假设该账户每月可获得利息预期收益 300 元,那么可在同一银行开设一个零存整取账户,从第一个月开始,将这 300 元利息定时取出,并存入零存整取账户,此后每月重复相同的操作。

存本取息和零存整取均属于银行的普通存款业务,有些银行已经开通了此类"1+1"组合产品,且可开通自动扣款功能,也就意味着投资者无须每月手动操作转存。组合储蓄法比较适合存款利率相对较高的定期存款,也就意味着组合存储有一定的存款期限,如果提前支取,零存整取大多会按照活期利息计算,因此最好使用短期内不用的闲置资金进行组合存储。

第三节　家庭信用与债务规划

当前我国经济增长进入新常态,随着家庭生活水平的不断提升,金融市场的发展和住房等领域货币化改革进程的加快,家庭的借钱杠杆消费意识开始逐渐被中国家庭所认知。消费信贷种类不断增加,覆盖范围逐步扩大,越来越多的居民家庭正在参与到消费信贷中,对于促进和鼓励家庭消费起到非常显著的作用。

一、家庭信用

信用本质上是一种承诺,是指在获得商品、服务或资金时,承诺在未来一段时间内偿还,偿还的方式包括商品、服务或资金。借由履行承诺来建立的信用记录是一种无形资产。

个人或家庭消费信贷是指银行或其他金融机构采取信用、质押、质押担保或保证方式,以商品型货币形式向个人消费者提供以购买耐用消费品和支付各种服务费用的贷款。它以消费者未来的购买力为放款基础,旨在通过信贷方式预支远期消费能力来刺激或满足个人及其消费需求。

（一）信用额度的定义

信用额度又称信用限额,是指银行授予其基本客户一定金额的信用限度,就是在规定的一段时间内,客户最多可以循环使用的金额,是实际借款金额的上限。例如,影响个人信用额度有诸多因素,信用卡中根据客户自身的信用条件,给予普卡、金卡或白金卡,分别设定各类卡的刷卡额度上限,个人信用贷款中根据个人收入水平、职业稳定性、家庭负担等条件,设定信用贷款的额度上限。

（二）信用卡

1. 信用卡额度

信用卡额度指银行根据信用卡申请人的信用记录、财务能力等资料为申请人事先设定的最高信用支付和消费额度,发卡机构将根据持卡人信用状况的变化定期调整信用卡额度。

信用卡是提前消费行为,具有允许提前透支、后还款的特点。客户刷卡消费日期与银行还款日期是不同的,信用卡的整个消费周期,主要包括客户刷卡消费日期、银行对账单日期、银行指定还款日期。

其中,银行对账单日期,是指银行每月统计个人持卡消费明细出账单的日期。各银行具体设定出账单的日期时间不同,如按生日、系统随机或固定日期随机,部分银行可提供半年一次的账单日期修改服务,有效地修改账单日期时间会大大加强用户的用卡方便程度。

免息还款期是指针对消费交易,对按期全额还款的持卡人提供的免息待遇,免息时间为银行记账日至还款日期间。免息还款期由上述的客户刷卡消费日期、银行对账单日期和银行指定还款日期三个因素决定。

例如,王女士申请了一张建设银行信用卡,按银行规定,每月5日为账单日,20日为还款日。1月4日消费1 000元,则这笔款项计入当月账单,那么免息还款期就是1月4—20日这段时间,为16天;1月6日消费1 000元,则这笔款项计入下月账单,那么免息还款期就是1月6日至2月20日这段时间,为45天。

小技巧:

信用卡账单日以后刷卡消费,是享受较长的免息期,可以在下个月的账单日以后、还款日以前来还款。举个例子,账单日是24日,还款日则是次月14日,只要25日还款到账,可以刷新信用卡信息,就可以刷卡交易,比如:11月26日刷卡消费,12月24日出账单,1月14日还款到账即可。如果你是在账单日当天或者账单日之后刷卡,所形成的欠款是在下个月账单日结算的那一期账单中还,而不算在这一期账单,账单日是银行结算客户每个月刷卡还款的详细情况,结算完后会自动发送到你的电子邮箱,只要在规定的还款日之前还款即可。如果你想获得最长的免利息还款期,最好是在账单日当天刷卡,这天刷的钱是算到下一期账单,举例说明:假如账单日是5日,对应的还款日就是23日,11月5日到12月4日之间的消费,会在12月5日的账单上体现,12月23日还款即可,以此类推。信用卡账单当天消费的还款时间还需要看商户的结算时间,一般商户是在持卡人消费的第二天结算,这样信用卡账单日当天消费就会计入下期账单,享受最长免息期;但若商户结算及时、当天结清,信用卡账单日当天消费就会计入本期消费。各银行的计算方法不一样,有些入账快的银行是计入当月,如浦发银行,而有些入账比较慢的银行就计入下一账单日出账,如招行、交行。为保险起见,最好在账单日的次日消费,以免因银行不同而产生逾期。

2. 信用卡的副作用

信用卡是双刃剑,它有副作用,为了理智使用信贷,请仔细评价当前债务水平、未来输入、增加的成本以及过度消费的后果。

某央视主持人曾因为信用卡少还了 69.36 元,产生了 317.43 元利息,而与银行对簿公堂,其刷卡账单金额为 18 869.36 元,绑定还款的银行卡刚好余额只有 18 800 元,自动还款后,还差 69.36 元,之后因忘记此事导致产生了 317.43 元利息。

原因在于,如果没有全额还款,信用卡循环利息不是以未偿还的余额计算利息,而是全额计息,也就是当期全部消费金额不享受免息期,从消费之日起每日计算利息,并且按月计算复利。

3. 信用卡循环利息

信用卡循环利息是指持卡人循环使用信用额度时产生的利息,循环使用信用额度一般是指持卡人只还最低还款额,另外信用卡透支取现也会产生利息,不能享受免息还款期待遇。如果当期还款金额低于账单金额,也就是没有全额还款的话,就会产生循环信用利息,循环利率按每日 0.05% 计算,信用卡循环利息的计算原则是逐日计息,刷卡消费日起算,如果上月消费 1 万元,即使已经还款 9 999 元,欠 1 元也按照欠 1 万元来计算信用卡循环利息。所以,尽量不要产生信用卡逾期还款,否则,若是上月消费额很大,利息计算的基数太大。

信用卡是否产生循环利息要区分以下三种情况。

(1)若在当期账单周期的到期还款日前,还清全部的消费款项,刷卡消费即可享受免息期,不会产生循环利息。

(2)若当期账单未全部按时还清,则视为使用循环信用,当期的所有消费将从记账日(一般是消费后的第二天)开始计收利息,日息万分之五,直至全部还清为止。

(3)若使用预借现金功能的话,则预借现金部分无法享受免息期,将从取现金当天开始计收利息,日息万分之五,按月计算复利,直至还清为止。

4. 信用卡案例

【例 4-2】 小王申请办理了一张银行的信用卡,账单日为每月 3 日,到期还款日为每月 20 日。小王 4 月 3 日的账单上显示只有 3 月 28 日他在商场透支购买了 2 000 元的商品,本期应还金额 2 000 元,最低还款额度为 200 元。

问:(1)如果小王在 4 月 20 日或之前将透支金额 2 000 元全部偿还,其循环利息为多少?

(2)如果小王按照最低还款额在 4 月 20 日还了 200 元,剩余的 1 800 元到 5 月 3 日还没有还款,则小王 5 月 3 日账单上出现的循环利息应是多少?

解析:

（1）如果小王在 4 月 20 日或之前将透支金额 2 000 元全部偿还，其循环利息为 0 元，因为如果持卡人在发卡机构规定的还款日之前偿还所有消费融资，则享受到免息还款期的优惠。

（2）按天数计算利息，2 000×0.05‰×23（3 月 28 日至 4 月 20 日为 23 天）+（2 000－200）×0.05‰×13（4 月 20 日至 5 月 3 日为 13 天）=23+11.7=34.7（元），因此如果小王按照最低还款额在 4 月 20 日还了 200 元，剩余的 1 800 元到 5 月 3 日还没有还款，则小王 5 月 3 日账单上出现的循环利息应是 34.7 元。

因为小王没有全额还款，所以消费金额将没有免息期，从刷卡消费日开始每日计息。消费的 2 000 元分为还款前和还款后两个阶段计算。

二、消费信贷规划

（一）消费信贷的定义

消费信贷可分为三类：生产经营性贷款、投资贷款和生活消费性贷款。生产经营性贷款主要用于解决农户、个体户等具有生产职能的借款人的经营资金需求；投资贷款针对有强烈投资意愿但资金不足的借款人，用于投资项目；生活消费性贷款则服务于一切消费者个人和家庭，主要用于购买自有住宅和耐用消费品，如住房消费信贷、汽车消费信贷、助学贷款等。

（二）消费信贷应考虑的因素

（1）收入稳定性。其对于消费信贷的可行性至关重要。举债本息必须按时支付，如果个人收入不稳定，可能会无法按时支付固定利息，因此对于收入不稳定的人来说，过高的举债投资并不适宜。

（2）个人资产。在向金融机构借款时，个人必须提供实体性资产作为担保。

（3）投资报酬率。在其他条件不变的情况下，投资报酬率越高，财务杠杆的利益越大。

（4）通货膨胀率。通货膨胀率较高时，借款较为有利；物价下跌时，则不适宜进行贷款。

（5）成本收益比较。当决定使用信贷时，需要确保当前购买的预期收益高于信贷的使用成本，包括经济成本和心理成本。

（6）风险承受程度。人们对风险的承受能力各不相同，有些人更愿意冒风险并申请贷款，这与个人的性格和条件有较大关系。

（7）年龄因素。年轻人通常更倾向于冒险，并愿意负债购买房屋、汽车或进行旅游和购物等消费；而中老年人则更倾向于稳重，尽量减少负债。

（三）影响消费者信贷决策的因素

1. 长期预算约束

从长期角度来看，消费者的各期消费总和应与其各期收入总和相等。在每一时期，未来的收入将不仅要用于偿还借款本金,还需支付利息,剩余的部分才能用于当期消费。消费者在作出信贷决策时,需要全面考虑这些因素,并将剩余部分作为基础资金。

2. 未来收入预期

在未来消费金额稳定的情况下,如果消费者预期未来收入高于当前收入,他们通常会选择通过消费信贷来满足当前需求。相反,如果未来收入预期低于当前收入,保守的消费者将避免超支消费。

3. 消费习惯

消费习惯是个人进行消费信贷决策的重要原因。偏好储蓄和谨慎的消费者往往也会偏好储蓄,以确保当前收入始终大于当前消费。而偏好超前消费的消费者,无论当前收入与消费之间的差距有多大,即使是借款,也会选择消费。

4. 利率水平和还款周期

当前利率水平以及消费者对未来利率水平的预期都会影响信贷决策。如果消费者预期未来利率水平变动幅度过大,他们往往不会选择进行信贷消费或尽量将信贷金额最小化,因为此时的信贷可能不划算。而还款周期的长短也会直接影响消费者的决策,大多数消费者会选择周期较短的信贷产品进行购买。

第四节　个人住房与筹资规划

住房信贷是家庭消费支出结构中最重要的消费支出,所占比重非常高。购买住宅周期长、资金数额大、收集信息多、技术性强,事前需要仔细评估和计划,购买住宅是用于居住或用于投资谋利,或两者兼顾,动机不同会带来房屋选择的差别,对于有住房信贷方面问题需求的家庭,应该进行住房消费规划,以及根据自身的财务状况选择合适的还款方式。

一、住房消费

住房消费是居民的居住行为,指居民为取得住房提供的庇护、休息、娱乐和生活空间的服务而进行的消费,这种消费的实现形式可以是租房,也可以是买房。

住房投资是指将住房看成投资工具,通过住房价格上升来应对通货膨胀、获得投资收益,以希望资产保值或增值。

目前我国大多数家庭在购买住房时,消费目的和投资目的并存。

二、住房购买决策

选择租房和购房都存在优缺点,具体比较如表 4-4 和表 4-5 所示。

表 4-4　租房优缺点比较

优　　点	缺　　点
1. 比较能够应对家庭收入的变化	1. 非自愿搬离的风险
2. 资金较自由,可寻找更有利的运用渠道	2. 无法按照自己的期望装修房屋

续表

优　　点	缺　　点
3. 有能力使用更多的居住空间	3. 房租可能增加
4. 有较大的迁徙自由度	4. 无法追求房屋差价利益
5. 不用考虑房价下跌风险	5. 无法通过购房强迫自己储蓄
6. 瑕疵和毁损风险由房东负担	
7. 税收负担较轻	

表 4-5　购房优缺点比较

优　　点	缺　　点
1. 对抗通货膨胀及资本增值	1. 缺乏流动性：要换房或是变现时，可能要被迫降价出售
2. 强迫储蓄累积实质财富	2. 维护成本高：投入装潢可提高居住品质，也代表较高的维护成本
3. 提高居住质量	3. 赔本损失的风险：房屋毁损、房屋市价下跌
4. 信用增强效果	
5. 满足拥有自宅的心理效用	

三、购房或租房决策

（一）购房与租房的比较分析

1. 年成本法

购房者的使用成本是首付款占用造成的机会成本，以及房屋贷款利息；租者的使用成本是房租及押金占用造成的机会成本。计算成本考虑的因素主要在房租是否会每年调整、房价涨升潜力、利率的高低等方面。年成本法主要是居住成本，比较租房和购房的年成本，成本低者作为首选方案。

2. 现值法

现值法是考虑一个固定的居住期间内，将租房及购房的现金流量还原至现值，比较两者的现值，较低者对客户而言，较经济实惠。

（二）案例分析

【例 4-3】 蒋先生看上了一套 100 平方米的住房，该住房可租可售，蒋先生目前面临是购房还是租房的选择。如果租房，房租每月 5 500 元，押金是一个月的房租 5 500 元；如果购房，总价 120 万元，自备首付款 60 万元，可申请 60 万元贷款，房贷利率为 6%，贷款期限 20 年，假设采用等额本息还款方法还款，第一年付出的利息和为 35 564 元，假设押金与首付款机会成本率均为 3%，房屋维护成本为 5 000 元/年，房屋的维护成本及贷款还款均在期末支付，房屋价格变化假设房价每年升值 1%。根据年成本法和现值法比较，是该选择租房还是购房？

1. 购房与租房的年成本法比较

年成本法是基于当前时点的比较，因为随着时间的推移，年成本会发生变化，如市场利率发生变化,可能就会导致机会成本发生变化,年租金也可能变化,如果机会成本率和年租金均固定不变,则租房的年成本就保持不变。但是购房的情况有所不同,假设贷款利率不变,随着每期年金的归还,贷款余额会不断减少,因此购房年成本会逐渐降低。蒋先生租房与购房的成本分析如下:

以 1 年期为例计算:

租房的年成本 $= 5\,500 \times 12 + 5\,500 \times 1 \times 3\% = 66\,165$(元)

购房的年成本 $= 600\,000 \times 3\% + 35\,564 = 53\,564$(元)

另外需要考虑以下两个问题。

第一,房屋维护成本,租房者不用负担,由购房者负担,此部分金额不确定,越旧的房屋,维护成本越高,本例预期当年房屋维护成本为 5 000 元。

第二,房屋价格变化,假设房价每年升值 1%,即第一年升值 12 000 元。

综合以上考虑,购房的第一年成本为 46 564 元($53\,564 + 5\,000 - 12\,000$),比租房的年成本 66 165 元低,所以购房比较合适。

2. 租房现值法与购房现值法比较

1)租房现值法

若蒋先生确定要在该处住满 5 年,以存款利率 3% 为折现率,月房租每年增加 500 元,第五年年底将押金 5 500 元收回。

租房 PV 的计算:若租金每年支付一次,必定在年初

$\mathrm{CF}_0 =$ 押金 + 第一年租金 $= 5\,500 \times 12 + 5\,500 = 71\,500$(元)

$\mathrm{CF}_1 =$ 第二年租金 $= (5\,500 + 500) \times 12 = 72\,000$(元)

$\mathrm{CF}_2 =$ 第三年租金 $= (6\,000 + 500) \times 12 = 78\,000$(元)

$\mathrm{CF}_3 =$ 第四年租金 $= (6\,500 + 500) \times 12 = 84\,000$(元)

$\mathrm{CF}_4 =$ 第五年租金 $= (7\,000 + 500) \times 12 = 90\,000$(元)

$\mathrm{CF}_5 =$ 取回押金 $= 5\,500$(元)

折算现值为

$\mathrm{PV}_0 = 715\,000$(元)

$\mathrm{PV}_1 = 72\,000/(1 + 3\%) = 72\,000 \times 0.970\,9 = 69\,905$(元)

$\mathrm{PV}_2 = 78\,000/(1 + 3\%)^2 = 78\,000 \times 0.942\,6 = 73\,523$(元)

$\mathrm{PV}_3 = 84\,000/(1 + 3\%)^3 = 84\,000 \times 0.915\,1 = 76\,868$(元)

$\mathrm{PV}_4 = 90\,000/(1 + 3\%)^4 = 90\,000 \times 0.888\,5 = 79\,965$(元)

$\mathrm{PV}_5 = 5\,500/(1 + 3\%)^5 = 5\,500 \times 0.862\,6 = 4\,744$(元)

5 年内租房花费的现值 − 退回押金的现值

$= 71\,500 + 69\,905 + 73\,523 + 76\,868 + 79\,965 - 4\,744 = 367\,017$(元)

2)购房现值法

蒋先生在贷款利率 6% 的情况下,20 年房屋贷款每年本金和利息平摊还款金额为 51 583 元,5 年后房贷余额为 509 397 元,假设第五年年底把房屋销售出去获得金额为 1 250 000 元。此外,以存款利率 3% 为折现率,维护成本第一年 5 000 元,以后每年提高

5 000 元。

购房 PV 的计算：首付款必须在第一年期初支付,若购房的房贷本利为每年还一次,必定在期末,假设维修成本也在期末支付。

$CF_0 =$ 首付款 $= 600\,000$（元）

$CF_1 =$ 第一年房贷本利摊还 $+$ 第一年维护成本 $= 51\,583 + 5\,000 = 56\,583$（元）

$CF_2 =$ 第二年房贷本利摊还 $+$ 第二年维护成本 $= 51\,583 + 10\,000 = 61\,583$（元）

$CF_3 =$ 第三年房贷本利摊还 $+$ 第三年维护成本 $= 51\,583 + 15\,000 = 66\,583$（元）

$CF_4 =$ 第四年房贷本利摊还 $+$ 第四年维护成本 $= 51\,583 + 20\,000 = 71\,583$（元）

$CF_5 =$ 第五年年底房屋出售额 $-$ 第五年房贷本利摊还 $-$ 第五年维护成本 $-$ 第五年年底房贷余额 $= 1\,250\,000 - 51\,583 - 25\,000 - 509\,397 = 664\,020$（元）

折算现值为

$$PV_0 = 600\,000（元）$$

$$PV_1 = 56\,583/(1+3\%) = 56\,583 \times 0.970\,9 = 54\,936（元）$$

$$PV_2 = 61\,583/(1+3\%)^2 = 61\,583 \times 0.942\,6 = 58\,048（元）$$

$$PV_3 = 66\,583/(1+3\%)^3 = 66\,583 \times 0.915\,1 = 60\,930（元）$$

$$PV_4 = 71\,583/(1+3\%)^4 = 71\,583 \times 0.888\,5 = 63\,601（元）$$

$$PV_5 = 664\,020/(1+3\%)^5 = 664\,020 \times 0.862\,6 = 572\,784（元）$$

5 年内购房花费的现值 $-$ 房屋卖掉的现值

$= 600\,000 + 54\,936 + 58\,048 + 60\,930 + 63\,601 - 572\,784 = 264\,731$（元）

从比较结果可以看出,367 017 元大于 264 731 元,购房的现值比租房的现值低,因此购房划算。

（三）购房财务规划的基本方法

购房财务规划的基本方法一般以储蓄及还贷能力估算负担得起的房屋总价。

可负担首付款 $=$ 目前净资产在未来购房时的终值 $+$ 以目前到未来购房这段时间内年收入在未来购房时的终值 $\times$ 年收入中可负担首付比例的上限

可负担房贷款 $=$ 以未来购房时年收入为年金的年金现值 $\times$ 年收入中可负担贷款的比率上限

可负担房屋总价 $=$ 可负担首付款 $+$ 可负担房贷款

可负担房屋单价 $=$ 可负担房屋总价/需求平方米数

【例 4-4】　王先生预计今年年收入为 10 万元,以后每年有望增加 3%,每年的储蓄比率为 40%。目前有存款 2 万元,打算 5 年后买房。假设王先生的投资报酬率为 10%,王先生买房时准备贷款 20 年,计划采用等额本息还款方式,假设房贷利率为 6%。

求：(1)王先生可负担首付款为多少？(2)可负担房贷为多少？(3)可负担房屋总价为多少？(4)房屋贷款额占房屋总价的比例为多少？

解析：

(1)可负担首付款如表 4-6 所示。

表 4-6　储蓄终值计算表　　　　　　　　　　　　　　　　　元

时间	年收入	年储蓄	储蓄部分在购房时的终值
0		20 000	$20\,000\times(1+10\%)^5=32\,210$
1	100 000	40 000	$40\,000\times(1+10\%)^4=58\,564$
2	103 000	41 200	$41\,200\times(1+10\%)^3=54\,837$
3	106 090	42 436	$42\,436\times(1+10\%)^2=51\,348$
4	109 273	43 709	$43\,709\times(1+10\%)=48\,080$
5	112 551	45 020	45 020
		终值合计	290 059

因此,王先生可负担首付款约为 29 万元。

(2) 可负担房贷部分:未来购房时(第六年)年收入中可负担贷款的部分为

$$A=112\,551\times(1+3\%)\times0.4=46\,371\ 元,i=6\%,n=20$$
$$PV=46\,371\times(P/A,6\%,20)=531\,871(元)$$

因此,可负担的贷款部分为 53.19 万元。

(3) 可负担的房屋总价＝可负担首付款＋可负担房贷款＝29＋53.19＝82.19(万元)。

(4) 房屋贷款额占房屋总价的比例＝53.19/82.19×100%＝64.72%。

一般来说,房屋贷款占房价比例应小于 70%,因此上述贷款计划较为合理。

四、住房消费信贷的种类

个人住房消费贷款有三类形式,一是个人公积金贷款,二是住房商业性贷款,三是公积金和商业贷款的个人住房组合贷款。目前,家庭住房消费信贷大多使用个人公积金贷款和住房商业性贷款相结合的形式。

(一) 个人公积金贷款

个人住房公积金贷款是由政策性住房公积金发放的委托贷款,专为按时向资金管理中心缴存正常住房公积金的在职职工设计。当职工在本市购买或建造自住住房(包括二手住房)时,他们可以使用拥有的产权住房作为抵押物,并由具备担保能力的法人提供担保,进而向资金管理中心申请此贷款。通常,该贷款会由资金管理中心委托银行发放。

个人住房公积金贷款的贷款对象是正常缴存住房公积金的在职职工。个人住房公积金贷款的期限通常不超过 30 年,如果是二手房,则不超过所购买房产剩余的土地使用年限。

(二) 住房商业性贷款

住房商业性贷款是银行以信贷资金向购房者发放的贷款,也叫住房按揭贷款,是因购买商品房而向银行申请的一种贷款,是银行用其信贷资金所发放的自营性贷款。

(三) 个人住房组合贷款

个人住房组合贷款是指住房公积金中心和银行对同一借款人购买的同一住房发放的

组合贷款,当住房公积金贷款额度不足以支付购房款时,借款人可以同时申请个人公积金贷款和住房商业性个人贷款,以构成组合贷款。组合贷款申请需要同时满足个人住房按揭贷款和个人住房公积金贷款的贷款条件。房地产开发商需要与管理中心和受托银行签订《商品房按揭贷款合作协议》,为借款人提供阶段性保证担保,并按贷款总额的一定比率缴存保证金。待产权证办妥并完成抵押登记后,结束保证担保责任,转为所购住房抵押担保。借款人需要向管理中心提出贷款申请,获得批准后由受托银行与借款人签订借款合同,并办理用款手续。

另外一种个人住房组合贷款方式是个人住房公积金置换组合贷款,先由银行用银行资金对借款人(缴存住房公积金的职工)发放住房商业性贷款,然后再由受托银行代理借款人向管理中心申请公积金贷款。借款人的公积金贷款额度控制在其公积金基本贷款额度内且不超过商业住房贷款金额的 70%,其公积金基本贷款期限比商业住房贷款期限短一年以上。

 即测即练

第 五 章

投资规划

沃伦·巴菲特(Warren Buffett)说："一个人一生能积累多少钱,不是取决于他能够赚多少钱,而是取决于他如何理财,人找钱不如钱找钱,要知道让钱为你工作,而不是你为钱工作。"如何用钱找钱,关键是会投资理财。理财师需要根据客户的风险偏好、理财目标制订投资规划,通过实施投资方案达成人生中不同阶段的理财目标。

第一节　投资规划需求分析

一、为什么要制订投资规划

投资规划是基于个人或家庭投资理财目标和风险承受能力,为其制订科学合理的资

扩展阅读5-1　什么是财富焦虑

产分配方案,并通过构建投资组合来达到投资理财目标的过程。在进行投资规划时,要确定投资目标,充分了解个人或家庭的风险偏好,确定合适的投资回报率,在注重安全性和流动性的前提下,获得合理的回报。

二、投资规划给生活带来的经济性影响

投资规划能够帮助家庭对抗通货膨胀。家庭投资理财的目的是给家庭带来更多的安全感,让家庭财产从其稳定性、保值增值收益性和风险性等方面达到最优化的配置组合。由于通货膨胀的影响,货币的实际购买力不断下降,家庭的结余资金如果仅放在家中会逐渐贬值。只有通过合理稳健的金融投资分散风险,才可以确保资金的保值和增值,跑赢CPI(消费者价格指数),从而有效对抗通货膨胀。因此,如何选择合适的投资方式进行正确理财,对保障家庭资产的收益性至关重要。

在通货膨胀的环境下,为了维持原有的生活水平,同时,尽可能地分散投资风险,实现家庭资产的保值增值,需要将更多资金用于投资规划。从收益角度看,除了配置一些传统的存款储蓄和国债等低风险低收益的资产外,还需要将资金分散到不同的理财产品,如基金、债券和股票等,以获取更高的收益;从分散风险的角度看,"不要把所有鸡蛋放在同一篮子里",通过资产配置投资组合可以有效降低风险。因此,通货膨胀下家庭的投资理财方式是多样化的、分散化的,如持有部分现金,同时组合投资基金、债券和股票等。

投资规划能够帮助家庭积累财富。对于家庭而言,通过投资理财可以有效地创造和积累财富,从而提升家庭的生活质量。要成为金钱的主人并享受幸福的生活,关键在于如

何让钱为你工作。通过投资理财,家庭可以逐步实现经济的平衡和稳健增长,满足各种生活需求。在有限的收入条件下,要实现高品质的生活,必须有计划性和目标性地进行安排,并依靠科学的投资理财方式来达成。合理的家庭投资理财规划能够使家庭的资产、收入和支出以及利润状况变得清晰明了,有助于理顺家庭经济关系并积累财富。这将使家庭逐步走向财务自由的道路。

三、如何制订投资规划目标

(一)不同支出态度与投资规划目标

理财的目标是帮助我们实现财务自由,理财理的不是钱,而是人。理财的过程可以划分为三个阶段:过去、现在和未来。所谓过去的理财主要表现在对现有资产和财务状况的评估和总结,现在的理财涉及现有的收支跟储蓄能力,而未来的理财则表现为对未来可能发生的现金流变化的预测和管理。要做好一份切实可行的投资理财规划方案,需要了解自身过去的资产与负债情况、现有的收支平衡状态以及预测未来可能发生的现金流变化。

在投资理财过程中会产生两种支出。义务性支出和选择性支出。义务性支出也称为强制性支出,是收入中必须优先满足的支出。义务性支出包括三项:日常生活基本开销、已有负债的本利偿还支出、已有保险的续期保费支出。收入中除去义务性支出的部分就是选择性支出,不同价值观的投资者由于对不同理财目标实现后带来的效用有不同的主观评价,因此,对于选择性支出的顺序选择会有所不同。

根据对义务性支出和选择性支出的不同态度,可以将投资理财价值观划分为后享受型、先享受型、购房型和以子女为中心型四种比较典型的类型。由于以上四种投资性格与四类动物的习性比较相似,故此,被分别赋予了比较形象的四种动物类型,后享受型为蚂蚁族,先享受型被称为蟋蟀族,购房型被称为蜗牛族,以子女为中心型为慈乌族。从你的投资性格来看,属于哪种动物?

(1)后享受型的蚂蚁族。这类人习惯将大部分选择性支出都存起来,以期待在退休后享受更高品质的生活水平。这类人的理财特点是储蓄率高,主要考虑退休规划。然而,在年轻时过度限制资金可能会导致在退休时没有精力享受,甚至可能引发遗产问题。为了实现个人收益的最大化,建议这类人投资一些收益较为稳定的基金或股票,或者购买养老保险。例如,他们可以考虑投资平衡型基金投资组合,或者购买保险、养老型或投资型保单。这些投资方式可以在保证收益的同时,降低投资风险,为退休后的生活提供保障。

(2)先享受型的蟋蟀族。这类人把选择性支出大部分用在当前消费上,提升当前生活水平。这类人的理财特点是储蓄率低,主要考虑目前消费,这种心态使他们在工作时期储蓄率偏低,赚多少花多少,一旦退休,其积累的金融资产大多不够老年生活所需,必须大幅度降低生活水平或靠社会救济维生。故此,这类人需要有一定的储蓄投资计划及合理的保险计划,以便能够在晚年做到财务上的独立,如投资一些单一指数型基金、保险、基本需求养老保险等。

（3）购房型的蜗牛族。这类人的主要义务性支出是房贷,而其他选择性支出则大多被储蓄起来用于购房。这类人的理财特点是购房本息支出占收入的 25％ 以上,他们通常会牺牲当前和未来的享受来换取拥有自己的房子。他们的理财目标主要集中在购房计划上,偏向购房的客户在工作期间往往只能维持基本的生活水平,而无法节省资金为退休做准备。因此,他们的退休生活质量可能会受到影响。对于这类人,需要充分考虑自身的收入水平和还贷能力,同时也要关注购房相关的保险事项。他们可以考虑投资一些中短期收益较好的基金、保险、短期储蓄险或房贷寿险等。

（4）以子女为中心型的慈鸟族。这类人倾向于提前增加月储蓄额,以应对未来对资金流的担忧。他们重视子女的未来前途,愿意为子女提供最好的教育和生活条件。因此,他们通常会在当前阶段投入大量的子女教育经费。这类人的理财特点是子女教育支出占一生总收入的 10％ 以上,他们愿意牺牲自己当前和未来的消费,将大部分资产考虑留给子女。他们的理财目标主要集中在教育基金规划上。然而,过度投入子女教育可能会影响到自己退休后的生活品质。在规划投资目标时,他们需要注意留一些资源给自己。对于那些花费较大的子女教育项目,他们需要做好长期的准备。建议他们投资一些中长期收益比较稳定的金融产品,如中短期收益比较好的基金或房贷寿险等。

（二）不同时期的投资规划目标

家庭投资理财的目标是在一定期限内,设定一个个人净资产的增加值,即设定一个特定时期的个人投资目标。为了实现这个目标,需要制订一个合理的资产配置计划,以获得有序的现金流。在制订理财目标时,需要根据个人自身条件和不同的人生经历来考虑。理财目标应该与个人所处的社会地位、经济状况、日常收入、家庭和子女等因素相符合。理财目标应该与长期、中期、短期目标相结合,按时间长短制订短期目标(1 年以内)、中期目标(3~5 年)和长期目标(5 年以上)。

短期投资目标需要评估投资品种的市场风险、通货膨胀、利率风险和流动性等方面,并识别和评价投资信息来源。在选择债券投资品种时,需要评估它们是否符合客户的理财目标和日常生活状况。通过分析各类债券的近期表现,可以最终确定应该采用的投资类型。

中期投资目标更注重投资成长性和收益率,因此投资风险水平会有所上升,出现亏损的概率也会相应增加。在制订中期投资目标时,需要充分考虑投资品种的成长性和收益水平,以及自身的风险承受能力。

长期投资目标主要关注投资的成长性,并考虑采用具有税收效应的投资产品,如养老金、杠杆投资等,以帮助实现客户的长期投资目标。在制订长期投资目标时,需要充分考虑投资的长期收益和资产配置的稳定性,以保障客户的资产持续增值。

总之,在制订不同类型的投资目标时,需要充分考虑自身的风险承受能力、投资偏好和生活状况等因素,并选择适合自己的投资品种和投资策略。同时,也需要定期评估投资组合的表现,及时调整资产配置以适应市场变化和个人的风险承受能力。

(三) 生命周期与投资目标

生命周期理论是由莫迪利安尼、布伦伯格和安多共同提出的,这一理论为消费者的消费行为提供了全新的解释。它强调,个人在相当长的时间内进行消费和储蓄的规划,目标是在整个生命周期内达到最佳消费配置。在家庭理财领域,这一理论进一步演化为家庭生命周期的应用。根据这一理论,家庭生命周期可分为四个阶段:家庭形成期(新婚及育儿阶段)、家庭成长期(子女成长及教育阶段)、家庭成熟期(子女独立及事业巅峰阶段)和家庭衰老期(退休及老年生活阶段)。在每个阶段,家庭应根据实际情况制订相应的理财策略,这包括综合考虑即期收入、预期收入、预期支出、工作时间和退休时间等因素,以确保消费水平在整个生命周期内保持相对稳定,避免消费水平的大幅波动。这样,家庭可以更好地规划和管理财务,实现财务目标,享受稳健而可持续的生活。

家庭形成期从建立家庭生养子女开始,这时家庭特征是从结婚到子女出生,家庭成员随子女出生而增加。收入以双薪家庭为主,支出随着成员增加而上升;然而储蓄随着成员增加而下降,家庭支出负担大;家庭居住可以和父母暂时同住或自行购买房屋,或者租房。可积累的资产有限,对投资风险的承受能力较强,通常会背负高额房贷。

到了家庭成长期,子女长大就学,这时家庭特征是从子女出生到完成学业为止,家庭成员数固定。收入还是以双薪家庭为主,支出随着成员固定而趋于稳定,但子女上大学后学杂费用负担重;在储蓄方面,收入增加而支出稳定,在子女上大学前储蓄逐步增加;居住环境而言,与家庭形成初期相似,可以和父母同住或自行购买房屋,或租房。但是,可积累的资产逐年增加,就要开始控制投资风险,若已购房,为交付房贷本息、降低负债余额的阶段。

家庭成熟期是子女独立和事业发展到巅峰时期,这时家庭特征是从子女完成学业到夫妻均退休为止,家庭成员数随子女独立而减少。收入以双薪家庭为主,事业发展和收入达到巅峰,支出随着成员数减少而减少;在储蓄上,收入达到巅峰,支出可望降低,为准备退休金的黄金时期;居住环境大多与老年父母同住或夫妻两人居住。可积累的资产达到巅峰,会逐步降低投资风险,准备退休。负债方面,在退休前还清所有负债为最佳。

家庭衰老期是退休到终老而使家庭消灭,这时家庭特征是从夫妻均退休到夫妻一方过世为止,家庭成员只有夫妻两人。以理财收入及转移性收入为主,或变现资产维持生计;支出发生变化,医疗费用提高,其他费用降低;在储蓄上,大部分情况下支出大于收入,为耗用退休准备金阶段;在居住环境上,夫妻居住或与子女同住。逐年变现资产来应付退休后生活费开销,投资目标应以固定收益为主,而且应该无新增负债。

(四) 不同年龄阶段个人的投资目标

即将面临毕业的大学生:短期目标为租房,获得银行信用额度,满足日常支出;长期目标为偿还教育贷款,开始投资计划,购买房产。

单身青年:短期目标为储蓄,投资教育和建立备用基金,购买汽车;长期目标为进行投资组合,建立退休基金。

已婚有子女(尚幼):短期目标为更新交通工具,满足子女教育开支,增加收入和购买保险；长期目标为子女教育基金投资，购买更大房产和分散投资。

已婚有子女（已成年）：短期目标为购买新家具，提高投资收益稳定性，退休生活保障投资；长期目标为出售原有房产，制定遗嘱，调整养老金计划，退休后旅游计划。

（五）各类经济状况家庭投资理财特点

工薪家庭：以工资为主要收入来源，薪酬相对较低，家庭基本开支占比较大。建议采取保守策略，以规避风险和获取稳定收益为主要理财目标，选择具有较好变现能力的金融产品。

收入不稳定家庭：以租金为主要收入来源，家庭成员没有固定薪酬，基本支出占比较大。建议采取稳健策略，在风险控制下，通过优化资产组合，实现较好的投资收益。

高收入家庭：家庭成员具有较高的薪酬收入，且拥有稳定的租金收入，基本开支占比较小。建议采取积极进取策略，适度增加金融风险投资的比重。

高投资家庭：以租金和风险投资收益为主要收入来源，基本支出占比较小，家庭财力雄厚。建议在留出足够生存保障基金的前提下，采用冒险策略，以股票、期货等回报较高的金融品种为主进行家庭资产组合投资，创造更大的财富。

第二节   投资规划关键步骤

制订投资理财计划是一个有条不紊的程序化过程。第一，需要设定投资目标，作为整个计划的起点，根据个人或家庭的具体需求设立适用的目标。这个目标的设定必须合理，否则将直接影响后续计划的各个环节。第二，需要对财务状况进行分析，评估个人的风险偏好，明确可以投资的金额，并确定投资资金的稳定来源。这一步骤需要对个人的收入、支出、资产和负债进行全面的评估，以便了解自己的财务状况和投资能力。第三，需要明确理财目标。根据个人的年龄、收入、家庭结构等因素，选择适合自己不同阶段的投资组合。例如，年轻人可能更愿意承受较高的风险来追求较高的收益，而老年人则可能更注重资金的稳定性和安全性。第四，需要制定资产配置战略。通过整体性、战略性的分配方案，优化各类资产间的权重配置。这需要对宏观环境和微观环境进行深入分析，评估不同投资工具的风险性、收益性以及流动性，进行大类资产的配置以及具体投资品种的选择。第五，需要持续跟踪账户信息，反思整个投资规划的过程，不断修正和完善投资计划，再执行并总结经验教训。这一步骤是整个投资计划的重要部分，需要及时掌握账户信息，对市场变化作出反应，并根据实际情况调整投资策略。总的来说，制订投资理财计划是一个持续的过程，需要不断评估、调整和完善。只有这样，才能在不断变化的市场环境中保持稳健的投资业绩。投资理财规划基本步骤如下。

一、审视个人的资产财务状况

明确自己的财务状况，知道有多少余留资金可以用来投资。通过整理自己的所有资产与负债，统计自己的存量资产和所有收入与支出，估计未来收入以及支出，掌握潜在的创收机会,制作资产负债表和损益表,摸清家底、建立档案、形成账表。只有完成此项工作,投资理财活动才能做到知己知彼、有的放矢,否则就是漫无目的、不知所终。

在把握个人资产负债率时,根据自己的收入水平,确定个人的收入负债比有多大,当收入与负债比超过一定范围时,应该引起注意,适当减少一些个人债务,以免造成一定的债务压力;根据债务的偿还期限、偿还能力,尽量将自己的债务按照长期、中期、短期相结合分散配置,避免将还债日期集中在一起,而无能力偿还;根据债务的用途、收益,高风险投入的债务以少为好,有稳定收益的可以多借些,没有收益、消费性借债以长期为好。

二、了解个人对投资风险偏好

要确认个人的投资风险偏好。投资理财目标追求收益必然伴随着风险,这些风险会阻碍理财目标的实现,个人风险偏好存在较大差异,承受风险时都有一定限度,超过限度,风险就变成一种重负,会对情绪和心理造成伤害,严重影响投资决策程序。面对风险,有人喜欢冒险,非常激进;有人则很保守,厌恶风险。在投资理财时为了实现目标须考虑自己能够或者愿意承担多大风险,测试个人的风险偏好。故此,在投资规划方案的编制中需要综合考虑对家庭应尽的责任,弄清楚个人的风险偏好,不能偏离自己所承受的范围。

风险偏好是指为了实现目标,个人在承担不确定的风险时所持的态度。这就涉及个人风险偏好的分类,以及对于风险偏好程度的高与低,一般来说可以分为非常进取型、温和进取型、中庸稳健型、温和保守型、非常保守型。

还有不少商业银行的理财类产品需要通过投资个人客户理财风险评测后,根据个人投资风险偏好设置不同的理财产品等级。例如,中国工商银行理财产品风险共设 PR1~PR5,即保守型、稳健型、平衡型、成长型和进取型五个风险等级。

第一等级,低风险,即 PR1,为保守型。这类风险级别非常低,要求产品保证本金,预期收益受风险因素影响很小,且具有较高流动性。按照中国工商银行客户风险承受能力评估为保守型、稳健型、平衡型、成长型、进取型的有投资经验和无投资经验的客户。

第二等级,较低风险,即 PR2,为稳健型。这类风险级别较低,产品不保障本金,但本金和预期收益受风险因素影响较小;或承诺本金保障但产品收益具有较大不确定性的结构性存款理财产品。按照工商银行客户风险承受能力评估为适合稳健型、平衡型、成长型、进取型的有投资经验和无投资经验的客户。

第三等级,中等风险,即 PR3,为平衡型。这类风险级别适中,产品不保障本金,风险因素可能对本金和预期收益产生一定影响。按照中国工商银行客户风险承受能力评估为适合平衡型、成长型、进取型的有投资经验的客户。

第四等级,较高风险,即 PR4,为成长型。这类风险级别较高,产品不保障本金,风险因素可能对本金产生较大影响,产品结构存在一定复杂性。按照中国工商银行客户风险承受能力评估为适合成长型、进取型的有投资经验的客户。

第五等级,高风险,即 PR5,为进取型。这类风险级别高,产品不保障本金,风险因素可能对本金造成重大损失,产品结构较为复杂,可使用杠杆运作。按照中国工商银行客户风险承受能力评估为适合进取型的有投资经验的客户。

资料 5-1　投资风险测评调查问卷

1. 您的家庭稳定的可支配年收入(折合人民币)

    A. 不高于 10 万元

    B. 10 万～50 万元(不包含)

    C. 50 万～100 万元(不包含)

    D. 100 万元以上

2. 您期望的投资回报率是

    A. 5％以下　　　　B. 5％～10％　　　　C. 10％～20％　　　　D. 20％以上

3. 您的主要收入来源是

    A. 工资、劳务报酬

    B. 利息、股息、转让等金融性资产收入

    C. 出租、出售房地产等非金融性资产收入

    D. 无固定收入

4. 您用于投资的资产数额(包括金融资产和不动产)为

    A. 不超过 50 万元人民币

    B. 50 万～300 万元(不包含)人民币

    C. 300 万～1 000 万元(不包含)人民币

    D. 1 000 万元(及以上)人民币

5. 在您每年的家庭可支配收入中,可用于金融投资(储蓄存款除外)的比例为

    A. 小于 10％　　　　B. 10％～25％　　　　C. 25％～50％　　　　D. 大于 50％

6. 您是否有尚未清偿的数额较大的债务情况?

    A. 没有

    B. 有,住房抵押贷款等长期定额债务

    C. 有,信用卡欠款、消费信贷等短期信用债务

    D. 有,亲戚朋友借款

7. 您的投资知识可描述为

    A. 有限:基本没有金融产品方面的知识

    B. 一般:对金融产品及其相关风险具有基本的知识和理解

    C. 丰富:对金融产品及其相关风险具有丰富的知识和理解

    D. 非常丰富:对金融产品及其相关风险知识非常理解(如取得经济金融、投资、会计相关的专业证书、证券从业资格、有金融经济或财会等与金融产品投资相关专业学习或者学历背景,现在或此前曾从事金融、经济或财会等与金融产品投资相关的工作超过 1 年)

8. 您的投资经验可描述为

    A. 有限:除银行储蓄外,基本没有其他投资经验

    B. 一般:除银行活期账户和定期存款外,购买过基金、债券、保险等理财产品,但还需要进一步的指导

    C. 丰富:参与过股票、基金等产品的交易,并倾向于自己作出投资决策

    D. 非常丰富:参与过权证、期货、期权等产品的交易或者创业板等高风险产品的交易

9. 您有多少年投资银行理财、基金、股票、信托、私募证券或金融衍生产品等风险投资品的经验？

　　A. 没有经验　　　　　B. 少于 2 年　　　　　C. 2 年至 5 年　　　　D. 5 年以上

10. 您计划的投资期限是多久？

　　A. 短期——1 年以下（可开通或购买最短投资期限在 1 年期以内的产品）

　　B. 中期——1 年至 3 年（可开通或购买最短投资期限 3 年期以内的产品）

　　C. 中长期——3 年至 5 年（可开通或购买最短投资期限 5 年期以内的产品）

　　D. 期限不限（可开通或购买最短投资期限为任意期限的产品）

11. 您打算重点投资于哪些种类的投资品种？

　　A. 市场资讯产品：固定收益凭证、债券、货币市场基金、债券基金等固定收益类金融产品

　　B. 投资咨询产品：股票、权益类资产管理产品等权益类金融产品；混合类（投资品种含固收类、权益类、商品及金融衍生品类）金融产品；股票质押式回购，约定购回式证券交易，股权激励融资等融资类产品；A 选项所有品种

　　C. 商品及金融衍生品类资产管理产品等衍生品类金融产品；期货，期权，融资融券，转融通等信用交易类、杠杆交易类产品；B 选项所有品种

　　D. 结构化金融产品、场外衍生品等复杂或高风险类金融产品；其他金融产品；C 选项所有品种

12. 以下哪项描述最符合您的投资态度？

　　A. 厌恶风险，不希望本金损失，希望获得稳定回报

　　B. 保守投资，愿意承担一定幅度的收益波动

　　C. 寻求资金的较高收益和成长性，愿意为此承担有限本金损失

　　D. 希望赚取高回报，愿意为此承担较大本金损失

13. 假设有两种不同的投资：投资 A 预期获得 5% 的收益，可能承担的损失非常小；投资 B 预期获得 20% 的收益，但可能承担相对较大亏损。您将如何分配您的投资？

　　A. 全部投资于收益较小且风险较小的 A

　　B. 同时投资于 A 和 B，但大部分资金投资于收益较小且风险较小的 A

　　C. 同时投资于 A 和 B，但大部分资金投资于收益较大且风险较大的 B

　　D. 全部投资于收益较大且风险较大的 B

14. 当您进行投资时，您的首要目标以及您的投资态度是

　　A. 资产保值，不愿意承担任何投资风险，不希望本金损失

　　B. 资产稳健增长，愿意承担一定幅度的收益波动，愿意承担有限本金损失

　　C. 资产迅速增长，寻求资金的较高收益和成长性，愿意承担较大的本金损失

　　D. 资产大幅增长，希望赚取高回报，愿意承担本金全部损失

15. 您打算将自己的投资回报主要用于

　　A. 改善生活

　　B. 个人生产经营或证券投资以外的投资行为

　　C. 本人的养老

D. 偿还债务

根据表 5-1 每道题选择不同答案的得分可以综合计算个人风险测评的最终结果。

表 5-1　风险承受能力计算表

题目号	A	B	C	D
1	1	2	3	4
2	1	2	3	4
3	1	2	3	4
4	1	2	3	4
5	1	2	3	4
6	4	3	2	1
7	1	2	3	4
8	1	2	3	4
9	1	2	3	4
10	1	2	3	4
11	1	2	3	4
12	1	2	3	4
13	1	2	3	4
14	1	2	3	4
15	4	3	2	1

根据表 5-1 可以将个人风险偏好划分为表 5-2 中的五种类型。

表 5-2　风险偏好分类表

风险偏好	得　分	内　　容
非常进取型	大于 54 分	愿意承担高风险以追求高收益的投资者,可以重点配置权益类资产
温和进取型	大于 43 分 小于等于 54	愿意承担部分高风险、追求较高收益的投资者,可以在权益类投资渠道上配置较多资产,配置部分非权益类资产
中庸型	大于 32 分 小于等于 43 分	愿意承担一定风险以获取高于平均收益的投资者,在投资时可以选择在权益类和非权益类资产上做较平均的分配
温和保守型	大于 21 分 小于等于 32 分	为了安全获取眼前的收益,宁愿放弃可能高于平均收益的投资者,可以重点配置一些非权益类的产品
非常保守型	小于等于 21 分	几乎不愿意承受任何风险,在选择资产配置时可以投资最稳妥的产品,如国债、大额存单、货币市场基金等以获取利息和稳定分红

三、设定个人的投资理财目标

个人理财计划是在制订好个人理财目标后,根据目标制订相应的实施计划和步骤。理财计划是为了实现理财目标而细化的各个步骤,这些步骤是为了达到目标而采取的具体行动。

理财投资规划的首要任务是明确个人投资规划的目标。在制订理财目标时,可以依据 SMART 原则考虑五个基本要素：①目标结果必须是具体的，即明确具体的时间、金额和对目标的详细描述等，以便清晰地理解要达到的行为标准。②投资理财目标必须是可以衡量的，这意味着目标可以用货币精确计算。③合理目标可望可即，这意味着目标应该在经过努力后可以达到的范围内。④投资理财规划目标的整个过程必须保持一致，具有相关性。⑤有实现目标的最后时间，即具有明确的截止期限。在制订理财计划时，需要考虑到时间、金额、目标描述等要素，以确保计划的有效性和可实现性。

四、选择合适的投资工具构建资产组合

选择符合投资目标的投资工具和方法，并构建投资组合，是投资规划过程中的关键决策环节。这一步骤需要根据个人或家庭的生活和经济状况进行客观和个性化的评估。通常遵循以下步骤：①保持原有的可行性理财思路。在制订新的投资计划之前，应先考虑自己已经熟悉的理财思路，保持其可行性。②扩展财务状况。如果现有的财务状况允许，可以选择每月存储更多的款项，以增加投资本金。③改变财务状况。如果现有的财务状况不允许，可以考虑使用某种金融市场工具来取代平时的储蓄。④选择新的理财思路。如果现有的理财思路无法满足需求，可以考虑选择新的理财思路，如用每月的定期储蓄支付信用卡债务。此外，为了实现理财目标，需要根据个人的财务状况、所处的理财阶段以及风险承受能力，选择具体的投资品种，并对资源进行合理配置。首先，需要作出大类配置，调整投资组合，合理安排借贷比例。其次，按照计划实现理财目标。目前，市场上主要金融投资工具风险收益情况如表 5-3 所示。

表 5-3　主要金融投资工具风险收益情况

投资工具	储蓄	货币市场基金	债券	债券基金	股票基金	股票	金融衍生品	结构化金融产品
风险性	低	低	低	中	中	高	高	高
收益性	低	低	中	中	中	高	高	高

五、制订并实施投资理财规划

根据每个人的投资目标和操作能力制订具体可行的投资理财规划。投资决策创造力对决策有效性至关重要，思考所有可能环节，制订投资计划时间表。

六、跟踪和修正理财计划信息，总结并提升能力

要时刻关注自己当前的财务状况及相关信息，包括现金活期类账户的收支及余额、实物资产的价值增减情况、投资账户交易与收益、负债情况等。为此，可以实施日常收支记账、跟踪投资交易进程、预算控制和风险管理等措施。随着市场的变化，每个人的财务状况和未来收支水平也在不断变化，因此应该定期回顾投资绩效，调整理财策略，确保达到既定的目标。投资规划是一个持续的过程，不会因为某个决策的实施而结束，因此需要每年定期评估投资决定。当个人社会和经济因素发生变化，或经济生活事件影响需求时，可以适当地调整投资工具。在投资过程中，要时刻保持冷静，避免盲目跟风或冲动交易。另外，要总结并提升自己的能力。对投资理财活动效果进行评价，总结理财经验，更新理财

知识,调整理财策略,不断提升自身的投资理财能力。只有不断学习和实践,才能更好地实现自己的财务目标。

第三节 投资规划工具

随着通货膨胀的加剧,人们越来越认识到金融投资的重要性,但是投资的工具也有很多,储蓄、债券、股票、基金以及理财产品等众多的理财工具,对于普通个人或家庭来说,该怎么选择?怎样选择运用合适自己的理财工具达到投资收益的最大化?对于理财产品的选择问题,不同的人有不同的投资风险承受能力,每个人都要根据自己的类型和需要来选择合适的投资和理财产品。

一、投资理财工具的类型

(一)根据投资理财工具的性质分类

根据投资理财工具的性质,可以将理财工具分为三大类:流动性投资工具、安全性投资工具和收益性投资工具。

流动性投资工具的特点是可以随时变现,不会损失本金。这类投资风险小,收益不高,属于低风险的投资。这类投资流动性高,一般不会损失本金,适合相对保守的投资者,不会去追求高额的回报。包括活期存款、定期存款、短期国债等流动性金融产品。

安全性投资工具的投资收益适中,风险性较低,但流动性稍差。包括中长期储蓄、中长期国债或者债券型基金等产品。

收益性投资工具是风险性较大的一类金融产品,但高收益高风险,可能存在失去本金的风险。包括股票、银行非保本理财产品或股票基金等。

(二)根据风险程度的大小分类

根据风险程度的大小,可以将投资理财工具分为三类,被称作"理财金字塔"。底层是风险程度最小的理财产品,通常属于较稳健类的投资;中层是风险程度中等的理财产品;顶层是风险程度极大的进取类投资理财产品。

第一类是位于金字塔底层的风险极低的理财产品,如国债、储蓄、定期存款、国债逆回购、货币市场基金等。这些理财产品具有较低的风险和较强的安全性,但收益率相对较低。例如,银行存款具有高安全性、高流动性和低风险的特点,但收益率相对较低,通常无法跑赢 CPI。然而,与其他理财工具相比,银行存款的最大优势在于其灵活性最高,可以在休息日随时支取、刷卡、柜台或 ATM 取现的方式完成即时支付。其他如基金、银行理财等都有交易时间限制、到账慢等特点。然而,随着国家推进利率市场化改革以及未来银行业的深化发展,不同银行的存款的安全性将出现分化,相对应的利率水平也将出现差别,因此需要根据不同银行等级进行银行信用风险分析。

第二类是位于金字塔中层的中等风险理财产品。这些理财产品有可能损失本金的风险,其中一类是低风险、中等收益的理财产品,主要包括可转债、债券基金、股票指数基金等。股票指数基金投资的是一揽子股票,债券基金投资的是债券,相对于债券的风险,股票指数基金的市场风险会更大些。另一类是低风险、高收益的理财产品,主要包括股票、信托基金等。此外,还有银行类理财产品,主要包括非保本的银行理财产品等。银行理财产品主要分为预期收益型理财产品和净值型理财产品两类。预期收益类的银行理财产品属于保本型产品,收益率一般高于存款和国债,但流动性较差,必须持有到期。一般适合于投资期限一年以内的情况,起点金额 5 万元、10 万元、30 万元都有。除了固定期限、固定收益的理财产品,现在也有不少的银行理财属于期限灵活可变、收益率浮动的净值类理财产品,具体的安全性和收益性不确定,属于非保本类的理财产品。

2018 年 4 月 27 日,中国人民银行、银保监会、证监会、外汇局四部委联合发布的《人民银行 银保监会 证监会 外汇局关于规范金融机构资产管理业务的指导意见》(以下简称"资管新规")出台,要求银行理财产品净值化转型。"资管新规"于 2022 年 1 月 1 日正式落地,商业银行保本型理财产品基本清零,净值型理财产品占比明显提高。转型后银行产品除了存款,理财产品都不再保证本金,投资者必须接受自负盈亏,可能赚钱也可能产生损失。因此,投资者在选择这类理财产品时需要谨慎评估自己的风险承受能力和投资目标。

第三类是位于金字塔顶层的高风险理财产品。其主要包括私募基金、期货等金融衍生品,还包括结构化金融类产品等。这些产品风险很大,适用于成熟投资者。私募基金是面向少数人募集成立的基金,可以投资各种理财工具。私募基金是非标准化的理财工具,风险很大。期货是在期货交易所交易的标准化的合约,没有信用风险。期货本身不产生现金流,依靠未来标的资产波动的价差获利,存在很大的不确定性。此外,期货一般都有高杠杆,风险很大。结构化金融类产品是固定收益产品和期权、期货等金融衍生类产品结合后的产物。这类产品兼具固定收益类产品保底的最低收益率,并且会根据未来市场趋势的预期无限放大收益。

二、主要投资理财工具

(一)债券

债券是政府、企业、银行等债务人为了筹集资金而发行的一种有价证券。债券的发行人会向投资者承诺在指定日期还本付息。债券是一种金融契约,是政府、金融机构、工商企业等直接向社会借债筹借资金时,向投资者发行,同时承诺按一定利率支付利息并按约定条件偿还本金的债权债务凭证,具有法律效力,债券购买者或投资者与发行者之间是一种债权债务关系。债券发行人即债务人,投资者(债券购买者)即债权人。由于债券的利息通常是事先确定的,所以债券是固定利息证券的一种,在金融市场发达的国家和地区,债券可以上市流通。

2021 年,各类主体通过沪、深交易所发行债券(包括公司债、可转债、可交换债、政策性金融债、地方政府债和企业资产支持证券)筹资 86 553 亿元,比上年增加 1 776 亿元,全国中小企业股份转让系统挂牌公司 6 932 家,全年挂牌公司累计股票筹资 260 亿元,全年发行公司信用类债券 14.7 万亿元,比上年增加 0.5 万亿元。债券按发行主体划分为国债、金融债券、公司债券、信用债券和可转换债券。

1. 国债

国债是由国家发行的债券,是中央政府为筹集财政资金而发行的一种政府债券,是中央政府向投资者出具的、承诺在一定时期支付利息和到期偿还本金的债权债务凭证。国债具有信誉好、利率优、安全性高的特性,储蓄国债包括电子式国债和凭证式国债,储蓄国债收益率高于银行存款,安全性最高。国债流动性一般,可提前支取但是收益率需要打折扣。

2. 金融债券

金融债券是由银行和非银行金融机构发行的债券,在我国金融债券主要由国家开发银行、进出口银行等政策性银行发行。金融机构一般有雄厚的资金实力,信用度较高,因此金融债券往往有良好的信誉。

3. 公司债券

公司债券管理机构为中国证券监督管理委员会,发债主体为按照《中华人民共和国公司法》(以下简称《公司法》)设立的公司法人,其发行主体为上市公司,其信用保障是发债公司的资产质量、经营状况、盈利水平和持续盈利能力等,存在一定的信用风险。公司债券在证券登记结算公司统一登记托管,可申请在证券交易所上市交易。

4. 信用债券

信用债券是一种不以任何公司财产作为担保,完全凭信用发行的债券。政府债券属于此类债券,这种债券由于其发行人的绝对信用而具有坚实的可靠性。此外,一些公司也可发行这种债券,即信用公司债。与抵押债券相比,信用债券的持有人承担的风险较大,因而往往要求较高的利率。为了保护投资人的利益,发行这种债券的公司往往受到种种限制,只有那些信誉卓著的大公司才有资格发行。在债券契约中,通常会加入保护性条款,如不能将资产抵押给其他债权人、不能兼并其他企业、未经债权人同意不能出售资产、不能发行其他长期债券等。

5. 可转换债券

可转换债券是一种在特定时期内可以按某一固定比例转换成普通股的债券,具有债务和权益双重属性的一种混合性筹资方式。由于可转换债券赋予债券持有人未来成为公司股东的权利,因此其利率通常低于不可转换债券。若将来转换成功,在转换前发行企业达到了低成本筹资的目的,转换后又可节省股票的发行成本。根据《公司法》的规定,发行可转换债券需要得到国务院证券监督管理机构的批准,发行公司需要同时具备发行公司债券和发行股票的条件。

在深、沪证券交易所上市的可转换债券是指能够转换成股票的企业债券,具有股票和债券的双重属性,有本金保证的股票。投资者以债权人的身份,可以获得固定的本金与利息收益,如果实现转换,则会获得出售普通股或股息的收入。当股价上涨时,投资者可将债券转为股票,享受股价上涨带来的盈利;当股价下跌时,则可不实施转换而享受每年的固定利息收入,待期满时偿还本金。它还有一个重要特征就是有转股价格,在约定的期限后,投资者可以随时将所持的可转券按股价转换成股票。可转换债券的利率是年均利息对票面金额的比率,一般要比普通企业债券的利率低,通常以票面价发行。转换价格是转换发行的股票每一股所要求的公司债券票面金额。

（二）公募基金

公募基金是指以公开方式向社会公众投资者募集资金并以证券为主要投资对象的证券投资基金。根据《中华人民共和国证券投资基金法》第 3 条的规定,通过公开募集方式设立的基金的基金份额持有人按其所持基金份额享受收益和承担风险,并且《公开募集证券投资基金运作管理办法》第 30 条规定了基金的类别:"(一)百分之八十以上的基金资产投资于股票的,为股票基金;(二)百分之八十以上的基金资产投资于债券的,为债券基金;(三)仅投资于货币市场工具的,为货币市场基金;(四)百分之八十以上的基金资产投资于其他基金份额的,为基金中基金;(五)投资于股票、债券、货币市场工具或其他基金份额,并且股票投资、债券投资、基金投资的比例不符合第(一)项、第(二)项、第(四)项规定的,为混合基金;(六)中国证监会规定的其他基金类别。"

1. 债券基金

债券基金是一种以债券为投资对象的证券投资基金,它通过集中众多投资者的资金,对债券进行组合投资,寻求较为稳定的收益。随着债券市场的发展,债券基金也发展成为证券投资基金的重要种类,其规模仅次于股票基金,其特点是低风险、低收益。由于债券收益稳定,风险也较小,相对于股票基金,债券基金风险低但回报率也不高;费用较低,由于债券投资管理不如股票投资管理复杂,因此债券基金的管理费也相对较低;收益稳定,投资于债券定期都有利息回报,到期承诺还本付息,因此债券基金的收益较为稳定。故此,债券基金通过集中投资者的资金对不同的债券进行组合投资,能有效降低单个投资者直接投资于某种债券可能面临的风险,投资者如果投资于非流通债券,只有到期才能兑现,而通过债券基金间接投资于债券,则可以获取很高的流动性,随时可将持有的债券基金转让或赎回。

2. 股票基金

股票基金是一种投资于股票市场的证券投资基金,因为 80％以上的资金投资于股票,与其他基金相比,其收益相对较高,与此同时风险性较大,由于市场状况波动较大,于是股票价格变化较大,股票基金的波动幅度也较大。一般股票基金是主动型基金,是基金经理根据股票基金投资理念以寻求取得超越市场的业绩表现为目标的一种基金。

与主动型基金相对应的是被动型基金,通常选取特定指数成分股作为投资对象,不寻求超越市场表现,而是试图复制指数表现,因此也被称为指数型基金。股票指数型基金以特定股票指数(如沪深 300 指数)为标的指数,并以该指数的成分股为投资对象,通过购买该指数的全部或部分成分股构建投资组合,以追踪标的指数表现的基金产品。不同的指数基金具有不同的收益与风险预期,因此需要选择不同的标的指数来满足投资需求,既可以选取反映全市场的指数作为跟踪目标,以获取市场的平均收益,也可以选择某一特定类型的指数作为跟踪目标。股票指数型基金属于被动型基金,主要联动标的指数市场波动,其最突出的优势是低费用。基金费用主要包括管理费用、交易成本和销售费用三个方面:管理费用是指基金经理人进行投资管理所产生的成本;交易成本是指在买卖证券时发生的经纪人佣金等交易费用。由于指数基金采取持有策略,不用经常换股,这些费用远远低于积极管理的主动型基金。

3. 混合基金

混合基金是指同时投资于股票、债券和货币市场等工具，没有明确投资方向的基金。风险收益水平介于债券基金和股票基金之间，其风险低于股票基金，预期收益则高于债券基金。混合基金的资产投资比例限制一般都比较灵活，根据资产投资比例以及投资策略大致可分为偏股票基金、偏债券基金、平衡基金和配置基金等。偏股票基金，其股票配置比例相对较高，配置比例达到 50%～70%；偏债券基金的资产配置与偏股型基金正好相反；平衡基金的股票、债券比例比较平均，配置比例在 40%～60%；配置基金的股票和债券分配比例按市场状况进行调整。由于混合基金更注重资产配置平衡，投资操作的空间会更大一些，这样的话对基金管理人资产配置能力的要求会更高，个人或家庭在选择混合基金时会更多考虑基金经理的投资能力。

（三）银行理财类产品

根据客户获取收益方式的不同，可将理财产品分为保证收益理财产品和非保证收益理财产品。

1. 保证收益理财产品

保证收益理财产品是指商业银行按照约定条件向客户承诺支付固定收益，银行承担由此产生的投资风险或者银行按照约定条件向客户承诺支付最低收益并承担相关风险，其他投资收益由银行和客户按照合同约定分配，并共同承担相关投资风险的理财产品。

保证收益的理财产品包括固定收益理财产品和有最低收益的浮动收益理财产品。固定收益理财产品的收益到期为固定的，如 6%。有最低收益的浮动收益理财产品到期后有最低收益，如 2%，其余部分视管理的最终收益和具体的约定条款而定。

2. 非保证收益理财产品

非保证收益理财产品是指商业银行根据约定条件和实际投资收益情况向客户支付收益，既不保证客户本金安全、也不保证收益的理财产品。根据本金和收益的承诺不同，非保证收益的理财产品可以分为保本浮动收益理财产品和非保本浮动收益理财产品。

（1）保本浮动收益理财产品是指商业银行按照约定条件向客户保证本金支付，本金以外的投资风险由客户承担，并依据实际投资收益情况确定客户实际收益的理财产品。

（2）非保本浮动收益理财产品是指商业银行根据约定条件和实际投资收益情况向客户支付收益，并不保证客户本金安全的理财产品。非保证收益的理财产品的发行机构不承诺理财产品一定会取得正收益，有可能收益为零，甚至有可能收益为负。银行在推出的每一款不同的理财产品中，都会对自己产品的特性给予介绍，各家银行的理财产品大多是对本金给予保证的，即使是打新股之类的产品，尽管其本金具有一定风险，但根据以往市场的表现，出现这种情况的概率还是较低的。

例如，中国工商银行推出了一款名为"灵通快线"的个人无固定期限人民币理财产品。该产品的风险等级为 PR1，属于低风险投资产品，尽管不承诺本金保障，但本金损失的可能性较小，本金和收益受到宏观政策、市场相关法律法规变化以及投资市场波动等风险因素的影响较小。然而，在投资市场不利的情况下，可能会无法取得收益，并面临损失本金的风险。该产品的投资对象主要包括保守型、稳健型、平衡型、成长型和进取型的投资者，无论他们有无投资经验。投资的对象包括但不限于各类债券、存款、货币市场基金、债券基金，以及质押式和买断式回购等货币市场交易工具。此外，债权类资产（如债权类信托计划等）以及其他资产或资产组合（如证券公司集合资产管理计划或定向资产管理计划、基金管理公司特定客户资产管理计划、保险资产管理公司投资计划等）也在投资范围内。同时，为了满足流动性需求，该产品还可以进行存单质押、债券正回购等融资业务。

（四）结构化金融产品

结构化金融产品是一种特殊的固定收益产品，它通过将固定收益产品与金融衍生产品（如期货、期权等）进行组合，形成了一个由债券和各类衍生金融产品构成的组合。这种产品的目的是增强金融产品的收益，或将投资者对未来市场趋势的预期进行产品化。

由于结构化金融产品是由固定收益产品和金融衍生产品相结合的产物，因此它既具有固定收益产品保底的特性，又能够追逐衍生类产品的高风险、高收益特点。其中，内含的衍生产品部分主要着眼于改变该衍生金融产品的风险收益特征。因此，内含期权部位可以是多头部位，也可以是空头部位，从而更大限度地改变该结构化金融产品的风险收益特征。例如，期权合约的收益是非线性的，通过将固定收益产品与期权合约进行组合，可以改变其固有的线性收益结构，实现收益与成本的非线性改变。

目前，商业银行是国内结构化金融产品的主要发行主体。尽管近几年券商和基金子公司也相继推出了一些结构化金融产品，但由于产品信息披露较少，无法进行系统有效的统计分析。而由于监管部门对银行理财产品的监管力度逐渐加大，银行发行结构化产品的信息相对更加透明，具有更高的参考价值。

结构化金融产品的构造涉及三个关键要素：标的资产、本金保障和投资期限。首先，标的资产是核心要素，因为衍生品合约价值依赖于标的资产，而这部分收益将决定整个产品能否达到预期的最高收益。这就需要我们对标的资产的未来走势有较为明确的判断。其次，金融产品构建的前提是配套的风险对冲机制，然而不同标的资产往往对应了不同的对冲工具，这就会涉及风险对冲的成本。

从本金保障角度来看，金融产品以保本浮动收益类为主。由于国内个人投资者的风险偏好普遍较低，对本金保护的要求较高。此外，考虑到信托类产品的一般封闭期限通常在 1 年以上，较短的发行期限可以避免与信托类产品的直接竞争。

从投资期限来看，1～3 个月期限的结构化金融产品仍然占据主力地位。其主要原因是国内个人投资者对挂钩标的资产价格的预判能力有限，虽然更长的期限往往能够带来更高的收益率，但由于通货膨胀等因素的存在，他们更青睐于流动性较好的短期产品。

三、不同家庭生命周期适合的投资理财工具

家庭生命周期可分为四个阶段，每个阶段不同的收入、支出及状态来匹配不同的投资理财工具。

第一阶段是家庭形成期，从结婚到生子，年龄在 25 岁至 35 岁之间。在这个阶段，人们的事业处于成长期，他们追求收入的增长，家庭收入逐渐增加。然而，支出也相应增加，

因为年轻人喜欢浪漫，会有不少花销，同时要考虑正常支出和礼尚往来的支出。另外，一部分人为了学业考虑会选择深造，这也是一笔不小的支出。此外，多数人还需要考虑房贷月供，并为下一阶段孩子的出生做准备。在这个阶段，"月光族"和"卡奴"是比较常见的现象。

这个阶段理财比较适合的方式是货币基金和定投。因为这个阶段结余有限，所以需要采取这两种兼顾了安全、收益、流动性和门槛低的投资方式；另外，这个阶段风险承受能力强，可以适当拿出部分资金去投资股票类资产，但是如果对这一块不了解，一定要咨询专业人士，而且可以选择投资基金的方式来降低风险。

第二阶段是家庭成长期，从生子到子女独立，年龄在 30 岁至 55 岁之间。在这个阶段，人们的事业已经进入成熟期，个体收入大幅增加，家庭财富得到累积，同时也有可能获得遗产继承。然而，支出也相应增加，如父母赡养费用、正常的家庭支出、礼尚往来、子女教育费用等。此外，还需要考虑自己的健康支出以及更换房产和车辆等。在这个阶段，人们通常承担着较大的责任和压力，收入大于支出，并且略有盈余。因此，可以考虑投资债券、基金、银行理财产品以及偏股票类资产，也可以定期投资基金。对于有实力的投资者，可以考虑投资信托、阳光私募等产品。

第三阶段是家庭成熟期，从子女独立到退休，年龄在 45 岁至 65 岁之间。这个阶段正是事业鼎盛期，个体收入达到最高水平，家庭财富有了很大的积累。支出方面主要包括父母赡养费用、家庭正常支出以及礼尚往来等。此外，还需要考虑为子女准备购房费用。在这个阶段通常能够承担较重的家庭责任，生活压力相对减轻，理财需求也更为强烈。因此，建议采取稳健的理财方式，可以考虑投资信托、债券、银行理财等稳健型产品，同时也可以少量配置股票类资产。此外，还可以为养老做一些储备，如定投类理财产品。

第四阶段是家庭衰老期，从退休到一方身故，年龄在 60 岁至 90 岁之间。在这个阶段，正常的收入来源包括退休金、赡养费和房租费用，以及一部分理财收入。支出方面主要包括家庭正常支出、健康支出以及休闲支出，如旅游等。由于年龄较大，收入可能不足以覆盖支出，需要子女的帮助。因此，这个阶段适合采取非常稳健的投资方式，如分级基金固定收益份额、债券、国债、银行理财和存款等。

第四节　资产配置规划

一、投资组合理论

米格尔·德·塞万提斯（Miguel de Cervantes）在《堂吉诃德》中提出了"不要把所有鸡蛋放在一个篮子里"的理念，这为分散风险的投资策略提供了启示，也是资产配置概念的雏形。资产配置是指根据投资者的个人情况和投资目标，将投资分配到不同类型的资产中，如股票、债券、房地产和现金等，以实现理想回报并降低风险。1959 年，哈里·马科维茨（Harry Markowitz）发表了《资产组合选择》一书，标志着现代投资组合选择理论的诞生。马科维茨的理论解决了如何衡量组合投资的风险和收益以及如何平衡这两项指标进行资产分配的问题。他的理论是现代资产配置理论的基础，后来的许多理论模型都是在马科维茨的理论基础上发展起来的，如资本资产定价模型战略性地分散投资到收益模式不同的资产中,可以部分或全部抵消在某些资产上的亏损,从而减少整个投资组合的波动性,使资产组合的收益更加稳定。

二、为什么要进行资产配置

"资管新规"要求合理设置过渡期,给予金融机构资产管理业务有序整改和转型时间,按照产品类型制定统一的监管标准,实行公平的市场准入和监管。随着"资管新规"的实施,保本型理财产品将清零,在产品发行时没有明确的预期收益率,后续根据产品的实际运作情况,享受浮动收益的这类净值型理财产品占比会显著提升,银行产品除了存款,理财产品都将是非保本产品,个人投资者将自负盈亏。在这种市场环境下,合理配置资产组合显得尤其重要。通过资产配置、再平衡,依靠市场起伏,利用所持有资产之间周期性的反向窄幅波动,可以控制风险,争取长期收益,是一种长效的投资方式。

投资组合能够分散风险,通过资产配置减少未来资产收益的不确定性,从而达到降低风险的效果,当前购买的资产即使表现出再好的收益,在未来也有可能出现无法预知的结果。例如,股票的收益波动或者房产,都存在亏损的危险。再如全部资产投资到定期存款中,不到 3% 的利率很难抵过通货膨胀,那么,资产配置的意义就能体现出来,通过多样化的投资享受不同的风险收益,在风险与收益之间,追求能令自己可接受的平衡。值得注意的是,资产配置没有最好的类别和比例,适合每一个人的投资组合都是不一样的。所以我们可以看到,有人是用固定的比例,也有人是不断地根据当下情况调整不同资产比例。

以下为投资组合收益模型,个人的资产收益 R 是由 N 个资产根据不同的权重组合而成的,其中权重 w 是资产配置的关键。

$$R = \sum_{i=1}^{N} w_i \times r_i$$

三、不同时期的资产配置

资产配置是一种投资组合技术,其目的是建立多样化的资产类别,以达到平衡风险的目的,资产配置在很大程度上可以降低单一资产的风险,是投资组合管理的重要环节。每个资产类别有不同程度的收益和风险等级,从而在一段时间内各种资产表现会不同,不同生命阶段对应不同的配置,根据不同阶段,相应的理财配置也需要进行调整。

(一)单身期

单身期一般指从参加工作到结婚前,这个阶段主要为未来家庭积累资金寻找一份高薪工作打好基础,也可拿出部分储蓄进行高风险投资,目的是学习投资理财经验。另外,由于此时负担较轻,年轻人的保费又相对较低,可为自己买点人寿保险,减少因意外导致收入减少或负担加重。比较适合的资产配置是:60%用于投资风险大、长期回报高的股票、基金等金融品种;20%选择定期储蓄;10%购买保险;10%存为活期储蓄,以备不时之需。

(二)家庭形成期

家庭形成期指结婚到孩子出生时期,这个阶段属于家庭消费的高峰期,重点应放在合理安排家庭建议的费用支出上,稍有积累后,可以选择一些比较激进的理财工具,如偏股型基金及股票等,以期获得更高的回报。比较适合的资产配置是:50%投资于股票或者成长型基金;35%投资于债券和保险;15%存为活期储蓄。

(三)家庭成长期

家庭成长期指孩子出生到上大学前时期,这个阶段家庭的最大开支是子女教育费用和保健医疗费等。但随着子女的自理能力增强,父母可以根据经验在投资方面适当进行创业,如进行风险投资等,购买保险应偏重于教育基金、父母自身保障等。比较适合的资产配置是:30%投资于房产,以获得长期稳定的回报;40%投资股票、外汇或期货;20%投资银行定期存款或债券及保险;10%存为活期储蓄,以备家庭急用。

(四)子女大学教育期

孩子上大学后,这个阶段子女的教育费用和生活费用是家庭里最大的开销。对于积累了一定财富的家庭来说,继续发挥理财经验、发展投资事业、创造更多财富,而那些理财不顺利,仍未富裕起来的家庭,通常负担比较繁重,应把子女教育费用和生活费用作为理财重点,确保子女顺利完成学业。比较适合的资产配置是:40%用于股票或者成长型基金的投资,但是要注意严格控制风险;40%用于银行存款或国债,以应对子女的教育费用;10%用于保险;10%作为家庭备用。

(五)家庭成熟期

家庭成熟期指子女工作到自己退休前时间段,这一阶段理财应侧重于扩大投资,但在选择投资工具时,不宜过多选择风险投资的方式。此外,还要存储一笔养老金,并且这笔钱是雷打不动的,保险是比较稳健和安全的投资工具之一,虽然回报偏低,但作为强制性储蓄,有利于累积养老金和资产保全,是比较好的选择。比较适合的资产配置是:50%用于股票或同类基金;40%用于定期存款、债券及保险;10%用于活期储蓄。但随着退休年龄逐渐接近,用于风险投资的比例应逐渐减少,在保险需求上,应逐渐偏重于养老、健康、重大疾病险。

(六)衰老期

退休以后,应以安度晚年为目的,投资和花费通常都比较保守,身体和精神健康最重要,在这时期最好不要进行新的投资,尤其不能再进行风险投资。比较适合的资产配置是:10%用于股票或者股票型基金;50%投资于定期储蓄或债券;40%进行活期储蓄。

四、资产配置策略

资产配置的方式比较多样化,在考虑到个人或家庭的收支平衡以及财务状况下,根据投资风险偏好选择适合自己的资产配置尤为重要,以下四种资产配置策略主要涉及投资风险偏好的差异。

（一）532 型资产配置策略

532 型资产配置策略是一种常见的资产分配方式，适用于大多数家庭，其特点是追求稳健型，收益相对较好。该策略将资产分为 50%、30% 和 20% 三部分进行配置。其中，50% 的资产用于固定收益类产品的投资，将活期存款、定期存款、保险、国债等固定收益类产品细分进行再配置。一般来说，活期存款作为家庭的应急资金，至少需要留足 6 个月的支出。保险的开支以家庭年收入的 10%～20% 为宜，剩余的定期存款和国债则根据具体情况进行安排。30% 的资产主要投资于各种投资基金和各类债券。剩余的 20% 投资于风险性相对较高的股票市场。这种投资组合的配比方式在追求安全性的同时，也满足了收益性。然而，对于追求较高收益的个人或家庭来说，这种策略的收益可能无法满足他们的需求。

（二）433 型资产配置策略

433 型资产配置策略是一种进取型的理财方式，类似于足球比赛中的阵型。它适用于 30 岁以下的年轻人或投资经验丰富的人群，以及风险偏好较高的人士。这种策略增加了高风险部分的投入，让投资者亲自参与投资，可以充分满足他们追求高收益和成就感的心理。

（三）442 型资产配置策略

442 型资产配置策略是一种攻守平衡型的理财方式，适用于 35 岁左右的人群。这种策略将资产分为 40%、40% 和 20% 三部分进行配置，其中中层的 40% 的具体安排需要适当调整。在债券型基金和平衡型基金方面应多投入一点，股票型基金的投资比例不应超过 15%。这种策略的难点在于根据经济形势进行调整，如在经济不确定时可以变为 532 型资产配置策略，在经济形势较好时可以变为 433 型等资产配置策略。

（四）4321 型资产配置策略

4321 型资产配置策略主要适用于高收入家庭，将家庭总资产划分为四个部分进行配置。其中，40% 的资产投入投资账户中，主要考虑金融类投资，可以用于股票、基金、房产等的投资；30% 的资产投入生活账户中，主要用于日常家庭生活开支；20% 的资产投入储蓄账户中，主要用于银行存款，作为应急资金以备不时之需；10% 的资产投入保险账户中，主要用于商业类保险。这种资产配置策略可以满足家庭生活的日常需要，同时通过投资类产品实现保值增值，还能够为家庭提供基本的保险保障。在投资账户中，可以采取多元化的投资策略，分散投资风险；在生活账户中，可以根据家庭生活需要合理安排支出；在储蓄账户中，可以根据实际情况调整存款结构；在保险账户中，可以根据家庭成员的年龄、职业、健康状况等因素选择合适的保险产品。4321 型资产配置策略是一种综合性、多元化的资产配置方式，既考虑了家庭生活的实际需要，又考虑了投资增值和保险保障等方面。但是，在实际操作中需要根据自身情况灵活调整配置比例和投资策略。

4321 型资产配置策略可以结合房贷的 31 法则和投资的 80 法则，以实现更合理的资产配置。

对于房贷的 31 法则,它是指每月房贷、车贷等还款数不超过家庭总月收入的三分之一。例如,如果家庭月收入为 10 000 元,那么月供数额的上限最好为 3 333 元。如果超过这个标准,家庭资产比例结构会发生变化,面对突发状况(如疾病、失业、有孩子等)的应变能力可能会下降,生活质量也可能会受到影响。按照 31 法则来设置能承受的房贷价格,有助于家庭保持稳定的财务状况。

而投资的 80 法则是指根据年龄来决定投资于股票和股票型基金的比例。具体来说,这个比例等于 80 减去投资者的年龄。例如,如果投资者今年 30 岁,那么根据这个法则,他投资于股票和股票型基金的比例不能超过 50%。假设个人资产为 100 万元,那么最多只能拿出 50 万元投资于股票或股票型基金。超过这个比例就等于超过了自身的风险承受能力,不利于财务健康。

扩展阅读 5-2　2021中国家庭财富指数调研报告

通过这样的配置方式,家庭可以在保持财务状况稳定的同时,实现资产的保值增值和财务自由的追求。同时也可以根据自身的实际情况和风险承受能力进行灵活调整,以实现更加个性化的资产配置方案。

 即测即练

第 六 章

风险管理与保险规划

个人或家庭经常面临疾病、身故、财产损失等不同风险困扰,购买保险是防范风险行之有效的措施。保险虽然不能改变人的生活,但却能防止人的生活被改变。保险是一种对未来生活乃至生命提供保障的安全性投资,如何以最低的保费获得最大的保障,如何兼顾投资和财产传承等不同理财目标,需要理财师为个人或家庭提供专业保险规划服务。

第一节　风险管理

一、风险概述

（一）风险的本质

关于风险,有许多种不同的定义,从经济学的角度给出风险的定义,即风险是事件结果发生的不确定性,通常表现为实际结果与预期结果的偏差。这个定义强调风险所具有的三个特性:客观性、损失性和不确定性。

1. 客观性

风险是客观存在的,是人类社会的普遍现象。人们的住房可能因火灾、水灾、被盗、地震而发生毁损;开车可能因发生撞人或被撞事故而遭受身体伤害、财产损失,还可能因被起诉而承担法律责任;一个企业或投资项目存在无法收回本金的可能性。因此,风险产生的原因和表现是多种多样的。

2. 损失性

风险事件伴随着损失的可能发生,尽管有些偶然事件的发生也会产生令人喜出望外的结果,但人们在研究和应对风险的过程中更为关心的是经济上的损失,即负面的结果,我们只有控制损失发生的可能性,才有可能实现盈利。在投资活动中,风险往往是指收益或损失的不确定性,强调正面和负面两种情况。但在保险学领域,风险往往是与损失相联系的,因为风险是保底的,是为了保证我们生活的正常进行,不因生命、生活、财产等风险的发生而紊乱、破产,陷入窘境。

3. 不确定性

在与损失相关的客观状态中,如果能够准确预测损失将会发生以及损失的程度,就可以采取准确无误的方法来应对它们,这就不存在什么风险,因为结果是确定的;如果肯定损失不会发生,那么也不存在风险,因为其结果也是确定的。只有当损失是无法预料的时候,或者说,在损失具有不确定性的时候,才有风险存在。

(二)风险构成要素

1. 风险因素

风险因素是指增加损失发生的频率或严重程度的任何事件。构成风险因素的条件越多,发生损失的可能性就越大,损失就会越严重。影响损失产生的可能性和程度的风险因素有两类:有形风险因素和无形风险因素。

(1)有形风险因素。有形风险因素是指导致损失发生的物质方面的因素。如财产所在的地域、建筑结构和用途等。假如有两幢房屋,一幢是木质结构,一幢是水泥结构,假定其他条件都相同,木质结构的房子显然比水泥结构的房子发生火灾的可能性要大。再假设这两幢房子都是水泥结构,但一幢房子的附近就有消防队和充足的水源,另一幢房子远离消防队和水源,后者发生严重火灾损失的可能性也显然要比前者为大。

物品的用途或使用状态也会产生有形风险因素。一幢建筑如果是用来做生产烟花爆竹的工厂,就会比做杂货店发生火灾损失的可能性大得多。同样,用于商业目的的汽车显然要比家庭用车有更多的受损机会。

(2)无形风险因素。文化、习俗和生活态度等一类非物质形态的因素也会影响损失发生的可能性和受损的程度。这是一种无形风险因素,它包括道德风险因素和行为风险因素两种。

道德风险因素是指人们以不诚实、不良企图、欺诈等行为故意促使风险事故发生,或扩大已发生的风险事故所造成的损失的因素。在保险的场合,道德风险主要表现在投保人利用保险获取不正当利益,如虚报保险财产价值、对没有保险利益的标的进行投保、制造虚假保险赔案等。

行为风险因素是指由于人们行为上的粗心大意和漠不关心,引发风险事故发生的机会和扩大损失程度的因素。像躺在床上吸烟的习惯,增加了火灾发生的可能性;外出忘记锁门,增加了偷窃发生的可能性;驾驶车辆不系安全带,增加了发生车祸以至于伤亡的可能性等。人们在购买了保险以后,更易于产生上述行为风险。

对于许多人来说,影响他们健康和寿命的行为风险因素常常是在不知不觉中产生的。这些风险因素包括:过度吸烟、服药;接触放射性物质和其他有害物质;不良的饮食、睡眠和运动习惯以及其他危及生命和身体的情况。

2. 风险事故

风险事故又称风险事件,是指造成人身伤害、财产损失或环境影响的偶发事件,风险之所以会导致损失,是因为风险事故的媒介作用,即风险事故的发生使得潜在的危险转化为现实的损失,如火灾、暴风、爆炸、雷电、船舶碰撞、地震、盗窃、汽车碰撞、人的死亡和残疾等都是风险事故。有些风险事故与人的过失、过错或不当干预有关,属于人为事故,有些风险事故则属于自然灾害或天灾,比如,野炊活动导致的森林大火属于人为事故,闪电引起的森林大火则属于天灾。保险业称这种与个体能力及行为无关的天灾事故为“不可抗力”。

3．损失

风险管理中的损失是指非故意的、非计划的、非预期的经济价值的损失。这种损失包括直接损失和间接损失，前者是指风险事故给财产、生命或生产经营过程带来的直接破坏及相应产生的必然的、可估量的经济损失。后者是指由于直接损失所引起的非必然的、影响和破坏难以估量的损失。比如，2001 年发生于美国的"9·11"恐怖袭击事件中，直接损失主要是世贸中心被毁、楼内财产损失、人员伤亡等；间接损失既包括世贸中心的企业因经营与交易数据丢失而产生的市场损失，也包括对美国经济乃至全球经济的负面影响，如航空业旅客减少、旅游收入锐减等多方面的经济损失。

（三）风险分类

1．按风险损害对象划分

按风险损害对象，风险可分为人身风险、财产风险、责任风险和信用风险。

（1）人身风险。人身风险是指可能导致人身伤害或影响健康的风险，如生育、年老、疾病、残废（失能）、死亡、失业、精神失常等风险。这些风险都会造成经济收入的减少或支出的增加，影响本人或其所赡养、抚养的亲属经济生活的安定。

（2）财产风险。财产风险是指导致一切有形财产损毁、灭失或贬值的风险。例如，建筑物有遭受火灾、地震、爆炸等损失的风险；船舶在航行中，有遭到沉没、碰撞、搁浅等损失的风险；露天堆放或运输中的货物有遭到雨水浸泡、损毁或贬值的风险等。至于因市场价格跌落致使某种财产贬值，则不属于财产风险，而是经济风险。

（3）责任风险。责任风险是指个人或团体行为上的疏忽或过失，造成他人财产损失或人身伤害，依照法律、合同或道义应负经济赔偿责任的风险。如驾驶机动车不慎撞人，造成对方伤残或死亡；医疗事故造成病人的病情加重、伤残或死亡；生产销售有缺陷的产品给消费者带来的损害；雇主对雇员在从事职业范围内的活动中身体受到伤害等应负的经济赔偿责任，均属于责任风险。

（4）信用风险。信用风险是指在经济交往中，权利人与义务人之间，由于一方违约或违法行为给对方造成经济损失的风险。如租赁汽车不按约定缴纳租金、房屋分期付款购买者拖欠房款等，都是信用风险。

2．按风险的性质划分

按风险的性质，风险可分为纯粹风险和投机风险两类。

（1）纯粹风险。纯粹风险是指那些只能带来损失而不会产生收益的风险，是人们所规避和预防的，需要制订专门的风险管理措施。例如，火灾、地震、海啸、人身伤害、侵权责任等，都属于纯粹风险。

（2）投机风险。投机风险是指可能带来收益也可能带来损失，或既含有机会也含有损失的风险，包含人们主动追求的行为，但在追求收益的同时必须考虑减少不确定损失的对策。例如，企业经营活动、投资行为、博彩等，都属于投机风险。

3．按风险产生的原因划分

按风险产生的原因，风险可分为自然风险、社会风险、经济风险和政治风险。

（1）自然风险。自然风险是指自然界的异常变化或意外事故发生所致损失的可能性,如洪水、地震、干旱、冰雹、雪灾等自然界的风险。一般来说,自然风险与人类的主观行为无关。

（2）社会风险。社会风险是指由于个人或团体的行为,包括过失行为、不当行为以及故意行为对社会生产及人们生活造成损失的可能性,如盗窃、抢劫、玩忽职守及故意破坏等行为对他人的财产或人身造成损失或损害的可能性。

（3）经济风险。经济风险是指在生产和销售等经营活动中由于受各种市场供求关系、经济贸易条件等因素变化的影响,或经营者决策失误,对前景预期出现偏差等,导致经济上遭受损失的风险,如生产的增减、价格的涨落、经营的盈亏等方面的风险。

（4）政治风险。政治风险又称国家风险,是指在对外投资贸易过程中,因政治原因或订约双方所不能控制的原因,使债权人可能遭受损失的风险。如因输入国家发生战争、革命、内乱而中止货物进口；或因输入国家实施进口或外汇管制,对输入货物加以限制或禁止输入；或因本国变更外贸法令,使货物无法送达输入国,造成合同无法履行而形成的损失等。

二、风险管理

（一）风险管理的定义

风险管理是个人、家庭、企业或其他组织在处理他们所面临的风险时,所采用的一种科学方法。风险管理起源于美国。1929 年以前,虽然有一些公司在购买保险方面已经取得了非常大的进展,积累了丰富的经验,但人们并不重视企业对纯粹风险的管理问题,直到 1929 年大危机以后,人们才开始认识到风险管理的重要性。从那以后,风险管理迅速成为企业现代化经营管理中的一个重要组成部分。

进入 20 世纪 60 年代以后,科学技术的进步不仅带来了生产的飞速发展和生活质量的提高,也带来了许多新的风险因素,由此使得风险高度集中、潜在风险增加。而有些风险又属于保险条款中的除外责任,导致被保险人不能从保险人那里得到全面的保障。在这种情况下,企业不得不加强对风险管理的研究,以期在保险的基础上进一步寻求其他经济保障的办法。这就是,从单纯转嫁风险的保险管理转向以经营管理为中心的全面风险管理。

（二）风险管理方法

1. 风险回避

风险回避是指人们设法排除风险并将损失发生的可能性降到零。这种对付风险的方法具有以下特点。

（1）回避风险有时是可能的,但是未必可行。在很多情况下,回避风险虽然有其可能性,但不一定具有可行性。例如,远离水源是可以避免被淹死的可能性的,但这需要排除任何形式的水上运输,也要禁止划船、滑水、游泳和其他水上运动,甚至可能还要禁止用浴缸洗澡。当然,人们不一定非要采取如此极端的措施。

（2）回避某一类风险,可能面临另一类风险。需要注意的是,回避某一类风险有时可能会面临另一类风险。例如,在上面这个例子中,人们害怕被水淹死而放弃使用水上交通工具,改用其他交通工具,但仍然存在飞机坠毁、汽车翻车、火车出轨等风险。因此,某些回避风险的做法并不能真正消除风险。

(3)回避风险可能造成利益受损。风险的回避是一种消极的风险处理手段,因为这往往需要放弃有利条件和可能获得的利益。例如,开发某种新产品肯定会面临风险,但在回避风险的同时,也意味着放弃了新产品开发成功所可能带来的巨额利润。

2.损失控制

损失控制主要包括防损和减损两种方式。防损即通过对风险的分析,采取预防措施,以防止风险的产生。防损的目的在于努力减少发生损失的可能性。减损是为了尽量减轻损失的程度。兴修水利,建造防护林带,加强气象、地震预报和消防设施建设拆除违章建筑物,改进危险的操作方法等,都是防损和减损的一些做法。使用防损和减损措施是为了降低损失的概率和减轻损失的程度。

3.损失融资

损失融资是一种针对潜在损失的融资方式,其目的是在发生损失时,能够有足够的资金来覆盖这些损失。损失融资主要包括风险自留和风险转移两种方式。

(1)风险自留。风险自留是一种自我承担潜在损失的方法。在风险自留中,组织或个人保留潜在损失的所有权,并使用内部的资金来应对这些损失。这可能包括设立应急储备金或储备基金,以便在发生损失时能够迅速作出反应。

(2)风险转移。风险转移是一种将潜在损失转移给其他方的方法。通常通过购买保险或采取其他形式的财务保护措施来实现。在风险转移中,组织或个人将潜在损失的风险转移给保险公司或第三方,以换取支付这些潜在损失的费用。

损失融资还包括其他一些策略,如损失控制和损失回避。损失控制是指采取措施降低潜在损失的风险和影响。这可能包括采取预防措施、制订应急计划或采取其他减少损失的策略。损失回避则是一种避免潜在损失的方法,如通过改变行为或决策来避免可能导致损失的情况。

总之,损失融资是一种针对潜在损失的融资方式,包括风险自留、风险转移以及其他策略,旨在确保组织或个人在发生损失时有足够的资金来应对。

(三)风险管理程序

风险管理是一个连续的过程,它主要包括以下几个程序。

1.确立风险管理目标

风险管理目标是选择最经济、有效的风险管理方法得到最大的安全保障。它可以分为损失前风险管理目标和损失后风险管理目标。损失前管理目标是指选择最经济、有效的方法减少或避免损失的发生,将损失发生的可能性和严重性降至最低程度;损失后风险管理目标是指一旦损失发生,尽可能减少直接损失和间接损失,使其尽快恢复到损失前的状况。一般来说,个人风险管理目标包括降低风险管理成本、降低各种损失、减少个人或家庭成员忧虑情绪、保持正常的家庭开支和稳定的收入等内容。

2. 风险识别

很显然,人们在想方设法对付风险之前,首先必须意识到它的存在并对之有清醒的认识。风险识别是对个人或家庭正面临的和潜在的风险加以判断、归类和对风险性质进行鉴定的过程。即对尚未发生的、潜在的和客观存在的各种风险系统、连续地进行识别和归类,并分析产生风险事故的原因。根据生命周期理论,结合个人或家庭所处的周期阶段分析可能出现的风险,如家庭财产、身体安全、疾病、失业等。

3. 风险估测

风险估测是在风险识别的基础上,通过对所收集的大量资料进行分析,利用概率统计理论,估计和预测风险发生的概率与损失程度。风险估测不仅使风险管理建立在科学的基础上,而且使风险分析定量化,为风险管理者进行风险决策、选择风险管理技术提供了科学依据。

4. 风险评价

风险评价是指在风险识别和风险估测的基础上,对风险发生的概率、损失程度,结合其他因素进行全面考虑,评估发生风险的可能性及其危害程度,并与公认的安全指标相比较,以评估风险程度,并决定是否需要采取相应的措施。处理风险,需要一定费,费用与风险损失之间的比例关系直接影响风险管理的效益。通过对风险的定性、定量分析和比较处理风险所支出的费用,确定风险是否需要处理和处理的程度,以判定为处理风险所发生的费用是否值得。

5. 实施、评估与调整风险管理计划

在以上四个方面的基础上,风险管理者需要实施风险管理计划。例如,对于那些自留的风险,采取防损减损的方法或建立准备金来对付;对于那些需要转移的风险,采取我们在前面讨论过的转移风险的不同方式。如果决定购买保险来转移风险,那么,就需要制订购买保险的计划,比较和选择保险人、代理人,进行购买,等等。

检查和评估是风险管理过程的最后一步,但也是非常重要的一步。这是因为:第一,风险管理不是发生在真空中的。而在这个世界上,情况总是在不断地发生变化:新的风险因素会不断地出现,旧的风险因素则会由于存在的环境发生了变化而消失;在去年使用的、对付风险的有效方法,在今年也许就不是那么有效了。第二,任何人都是有可能犯错误的。通过检查和评估,就可以使风险管理者及时发现错误、纠正错误,减少成本;控制计划的执行,调整工作方法;总结经验,改进风险管理。

三、风险管理与保险之间的关系

风险管理与保险之间无论是在理论渊源上还是在实践中,都有着密切的关系。

首先,从两者的客观对象来看,风险是保险存在的前提,也是风险管理存在的前提,没有风险,就无须保险,也不需要进行风险管理。

其次,从两者的方法论来看,保险和风险管理都是以概率论等数学、统计学原理作为其分析基础和方法的。事实上,企业的风险管理就是从保险开始,进而逐步发展而形成的。

最后,在风险管理中,保险仍然是最有效的措施之一。保险的基本作用是分散集中性的风险。企业为了应对各种风险,若单靠本身力量,就需要大量的后备基金。在大多数场合,这样做既不经济,也不能承受巨额损失。而如果通过保险,把不能由自己承担的集中性风险转嫁给保险人,就能够以小额的固定支出换取对巨额损失的经济保障。因此,保险是风险管理所采用的处理风险最有效的措施之一。

尽管这两者之间有着密切的联系,但还是有一些区别的。最主要的区别表现在,从所管理的风险的范围来看,虽然风险管理与保险的对象都是风险,但风险管理是管理所有的风险,包括某些投机风险,而保险则主要是对付纯粹风险中的可保风险。因此,无论从性质上还是从形态上来看,风险管理都远比保险复杂、广泛得多。

第二节　人寿保险规划

保险知识是保险规划的基础,理财师和客户都需要具有基本的保险知识。其中,应重点了解保险的基本原则和保险合同相关知识。在此基础上,理财师和客户在保险规划上的沟通和交流会更加顺畅。

扩展阅读 6-1　保险基本原则

一、人寿保险类别

寿险产品可以从普通型人寿保险和新型人寿保险两个角度进行划分。普通型人寿保险按照寿险产品的保障内容划分,可以分为定期寿险、终身寿险和两全保险。新型人寿保险按照寿险产品的设计形态划分,包括分红保险、万能保险和投资连结保险等。

(一)普通型人寿保险

1. 定期寿险

扩展阅读 6-2　保险合同

定期寿险指以死亡为给付保险金条件,且保险期限为固定年限的人寿保险。具体地讲,定期寿险在合同中规定一定时期内为保险有效期,期限可以是年限,如 5 年、10 年、20 年,也可以是约定的年龄,如 65 岁,或保险合同约定的其他保险期限。若被保险人在约定期限内死亡,保险人即给付受益人约定的保险金;若被保险人在保险期限届满时仍然生存,契约即行终止,保险人无给付义务,亦不退还已收的保费。对于被保险人而言,定期寿险最大的优点是可以用极为低廉的保费获得一定期限内较大的保险保障。其不足之处在于若被保险人在保险期限届满仍然生存,则不能得到保险金的给付,而且已缴纳的保费不再退还。

定期寿险按照保额是否可变可以分为保额恒定定期寿险、保额递增定期寿险和保额递减定期寿险。保额恒定定期寿险的保险金额在整个保险期间内保持不变,保费也通常保持不变。保额递增定期寿险的保额按约定金额或比例递增,如按生活费用指数递增的COLA(cost of living adjustment)保单。保额递减定期寿险的保额按约定金额或比例递减,如抵押贷款保证定期寿险保单提供抵押贷款偿还保证,保险金额与抵押贷款未偿还余额保持一致,随着时间的推移,贷款未偿还余额逐渐减少,保险金额也相应降低。

2. 终身寿险

终身寿险指以死亡为给付保险金条件,且保险期限为终身的人寿保险。终身寿险是一种不定期的死亡保险,即保险合同中并不规定期限,自合同有效之日起,至被保险人死亡。也就是无论被保险人何时死亡,保险人都有给付保险金的义务。终身寿险的最大优点是可以得到永久性保障,而且有退费的权利,若投保人中途退保,可以得到一定数额的现金价值(或称为退保金)。终身寿险按照缴费方式可分为以下几种。

(1)普通终身寿险,即保费终身分期缴付。

(2)限期缴费终身寿险,即保费在规定期限内分期缴付,期满后不再缴付保费,但仍享有保险保障。缴纳期限可以是年限,也可以规定缴费到某一特定年龄。

(3)趸缴终身寿险,即在投保时一次全部缴清保费,也可以认为它是限期缴费保险的一种特殊形态。

在其他条件相同的情况下,三种缴费类型的终身寿险保单,其现金价值累积不同,如图 6-1 所示。

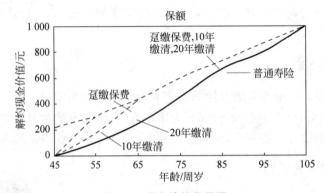

图 6-1　现金价值积累图

我们知道,终身寿险都会累计现金价值,并在被保险人生存至生命表年龄上限等于保额,不同的缴费期限决定了现金价值的增长速度。普通终身寿险的现金价值增长最慢,趸缴终身寿险的现金价值增长最快,限期缴费终身寿险的现金价值处于两者之间。

图 6-1 是 45 岁投保、保额 1 000 元的终身寿险在不同缴费期限下的现金价值增长模式示意图。从图中可知,从任何保单年度来看,缴费期限越短的终身寿险,其现金价值越高,趸缴终身寿险在签发之时就具有较高的现金价值,限期缴费终身寿险的现金价值高于普通终身寿险。当年龄等于生命表年龄上限(假设为 105 岁)时,各种终身寿险的现金价值均等于保额 1 000 元。

3. 两全保险

两全保险是指被保人在保险合同有效期限内死亡或合同期满时仍生存,保险人按照合同均承担给付保险金责任的保险。两全保险是储蓄型极强的一种保险,其中储蓄型保费逐年积累形成责任准备金,既可用于中途退保时支付退保金,也可用于生存给付。由于两全保险既保障死亡又保障生存,因此,两全保险不仅使受益人得到保障,同时也使被保险人本身享受其利益。

（二）新型人寿保险

新型人寿保险，又称非传统型寿险、投资性保险、投资理财类保险等，是相对于传统人寿保险而言的一种分类。传统人寿保险由于利率固定、保险金额固定、保费固定等，不能满足被保险人的需要，也不利于保险公司的经营。与传统寿险产品的不同之处在于，新型人寿保险通常具有投资功能，或保费、保额可变。新型人寿保险产品主要有分红保险、万能保险、投资连结保险等。

1. 分红保险

1）分红保险的概念

分红保险是指保险公司将其实际经营成果优于定价假设的盈余，按一定比例向保单持有人进行分配的人寿保险产品。这里的保单持有人是指按照合同约定，享有保险合同利益及红利请求权的人。分红保险、非分红保险以及分红保险产品与其附加的非分红保险产品必须分设账户，独立核算。

2）保单红利

分红产品从本质上说是一种保户享有保单盈余分配权的产品，即将寿险公司的盈余，如死差益、利差益、费差益等按一定比例分配给保户。分配给保户的保单盈余，也就是我们所说的保单红利。

分红保险的红利，实质上是保险公司盈余的分配。盈余就是保单资产份额高于未来负债的那部分价值。每年由公司的精算等相关部门计算盈余中可作为红利分配的数额，并由公司董事会基于商业判断予以决定，此决定分配的数额称为可分配盈余。盈余（或红利）的产生是由很多因素决定的，但最为主要的因素是死差益、利差益和费差益。

死差益是对于以死亡作为保险责任的寿险，是由于实际死亡率小于预定死亡率而产生的利益。利差益是指保险公司实际投资收益率高于预定利率时产生的利益。费差益是指公司的实际营业费用少于预计营业费用时所产生的利益。

《个人分红保险精算规定》中要求：红利的分配应当满足公平性原则和可持续性原则。保险公司每一会计年度向保单持有人实际分配盈余的比例不低于当年可分配盈余的70%。红利分配有两种方式。

第一，现金红利分配。现金红利分配指直接以现金的形式将盈余分配给保单持有人。保险公司可以提供多种红利领取方式，如现金抵缴保险、累积生息以及购买缴清保额等。采用累积生息的红利领取方式的，保险公司应当确定红利计息期间，并不得少于6个月。在红利计息期间，保险公司改变红利累积利率的，对于该保单仍适用改变前的红利累积利率。

第二，增额红利分配。增额红利分配是指在整个保险期限内，每年以增加保额的方式分配红利。这意味着，随着保险期限的延长，保额会逐年增加。这种分配方式的特点是，一旦增加的保额被公布，就不能取消。在合同终止时，保险公司将以现金方式给付终了红利。这种方式强调了保额的逐年增加，以及终了红利的现金支付。

2. 万能保险

1）万能保险的含义

万能保险是一种缴费灵活、保额可调整，且非约束性的寿险。保单持有人在缴纳一定量的首期保费后,也可以按自己的意愿选择任何时候缴纳任何数量的保费,只要保单的现金价值足以支付保单的相关费用,有时甚至可以不再缴费。而且,保单持有人可以在具备可保性的前提下,提高保额,也可以根据自己的需要降低保额。

万能保险设有独立的投资账户,个人投资账户的价值有固定的保证利率,但当个人账户的实际资产投资收益率高于保证利率时,寿险公司与客户分享高于保证利率部分的收益。

2) 万能账户及结算利率

保险公司应当为万能保险设立万能账户,对于账户的结算利率,我国监管部门在《万能保险精算规定》中给出了明确的规定。

(1) 万能保险应当提供最低保证利率,最低保证利率不得为负。保险期间各年度最低保证利率数值应一致,不得改变。

(2) 保险公司应为万能保险设立一个或多个单独账户。

(3) 万能单独账户的资产应当单独管理,应当能够提供资产价值、对应保单账户价值、结算利率和资产负债表等信息,满足保险公司对该万能单独账户进行管理和保单利益结算的要求。

(4) 保险公司应当根据万能单独账户资产的实际投资状况确定结算利率。结算利率不得低于最低保证利率。

(5) 保险公司可以为万能单独账户设立特别储备,用于未来结算。特别储备不得为负,并且只能来自实际投资收益与结算利息之差的积累。

(6) 保险公司应当定期检视万能单独账户的资产价值,以确保其不低于对应保单账户价值。

(7) 季度末出现万能单独账户的资产价值小于对应保单账户价值的,保险公司应采取相应措施。

(8) 在同一万能单独账户管理的保单,应采用同一结算利率。

(9) 对于不同的万能保险产品、不同的团体万能保险客户、不同时段售出的万能保险业务,可以采用不同的结算利率或不同的最低保证利率;不同的结算利率的万能保单应在不同的万能单独账户中管理。

3) 万能保险的费用收取

万能保险可以并且仅可以收取以下几种费用。

(1) 初始费用,即保费进入万能账户之前扣除的费用。

(2) 死亡风险保费,即保单死亡风险保额的保障成本。死亡风险保费应通过扣减保单账户价值的方式收取,其计算方法为死亡风险保额乘以死亡风险保险费率。保险公司可以通过扣减保单账户价值的方式收取其他保险责任的风险保费。

(3) 保单管理费,即为维护保险合同向投保人或被保险人收取的管理费用。保单管理费应当是一个不受保单账户价值变动影响的固定金额,在保单首年度与续年度可以不同。保险公司不得以保单账户价值一定比例的形式收取保单管理费。对于团体万能保险,保险公司可以在对投保人收取保单管理费的基础上,对每一被保险人收取固定金额形式的保单管理费。

（4）手续费，保险公司可在提供部分领取等服务时收取，用于支付相关的管理费用。

（5）退保费用，即保单退保或部分领取时保险公司收取的费用，用以弥补尚未摊销的保单获取成本。

3. 投资连结保险

1）投资连结保险的定义

在高通胀时期，寿险保险金购买力明显下降，原先充分的寿险保障变为保障不足，投保人希望购买能够对抗通货膨胀的寿险产品，于是保险公司推出了变额寿险。它首先出现在荷兰、英国等西欧国家，20 世纪 70 年代被引入美国寿险市场。变额寿险的死亡保险金和现金价值会随着特定基金账户的投资业绩上下波动，在我国称为投资连结型寿险。

中国监管规定中定义的投资连结保险是指包含保险保障功能并至少在一个投资账户拥有一定资产价值的人身保险产品。投资连结保险的投资账户必须是资产单独管理的资金账户。投资账户应划分为等额单位，单位价格由单位数量及投资账户中资产或资产组合的市场价值决定。投保人有权利选择其投资账户，投资账户产生的全部投资净损益归投保人所有，投资风险完全由投保人承担。投资账户资产实行单独管理、独立核算。

2）投资连结保险产品概述

投资连结保险产品的保单现金价值与单独投资账户（或称"基金"）资产相匹配，现金价值直接与独立账户资产投资业绩相连，一般没有最低保证。大体而言，独立账户的资产免受保险公司其余负债的影响，资本利得或损失一旦发生，无论其是否实现，都会直接反映到保单的现金价值上。投资账户的资产配置范围包括流动性资产、固定收益类资产、上市权益类资产、基础设施投资计划、不动产相关金融产品、其他金融资产。不同的投资账户，可以投资在不同的投资工具上，如股市、债券和货币市场等。投资账户可以是外部现有的，也可以是公司自己设立的。

除了各种专类基金供投保人选择外，由寿险公司确立原则进行组合投资的平衡式或管理式基金也非常流行，寿险公司确立原则进行组合投资的平衡式或管理式基金，通常称为投资连结保险产品。这种产品通常会设立多个投资账户，每个账户投资在不同的资产类别上，如股票、债券、现金等。投保人可以根据自己的风险承受能力和投资目标，选择不同的投资账户进行投资。在这种投资方式下，寿险公司会根据市场情况和投资策略，对各个投资账户进行平衡和管理。如果某个投资账户的市场表现不佳，寿险公司可能会调整该账户的投资策略，或者将资金转移到其他表现较好的账户上。这种管理方式可以帮助投保人降低投资风险，提高投资收益的稳定性。

此外，投资连结保险产品通常还会提供一定的保障功能。投保人可以选择购买附加的保障条款，如身故保障、意外伤害保障等。如果被保险人在保险期间发生身故或其他意外情况，寿险公司会根据合同条款进行赔偿。

二、保险配置原则

（1）针对家庭成员，先大人、后小孩。

（2）先经济支柱，后其他家庭成员。家庭保障，必须优先完善经济支柱的保险，因为他们是保证家庭正常运作的人。

（3）针对保险种类，要先保障类保险、再理财类保险。只有在家庭成员的生命安全得到保障时，财富规划才有意义。

（4）针对不同险种，要先意外，再重疾和医疗，最后寿险。

（5）先规划、后配置。配置保险一定要先规划、后配置。

（6）先保障、后增值。保险从保障类别来说，可分为两种：一种是保障的（比如重疾险、医疗险、意外险、寿险等），一种是增值的（比如养老年金险、教育年金等）。配置保险要先保障、再增值。

（7）先保全、再保高。"保全"有两种含义：一是人员全，即家庭成员要配置全，一般是先大人（大人中优先配置家庭的经济支柱）、后小孩。二是险种要全，要搭配好组合（先配置防范大风险的，再配置防范小风险的险种）。"保高"是指配置保障额度要与身价相匹配。

（8）先合同、后公司。目前我国有200多家保险公司，都是在统一的法律体系下进行强监管，都是很安全的。公司要不要看？要，但不是最主要的，我们主要是看它在当地有无分支机构，会不会影响服务能力。最重要的是看合同条款，明白其中的含义和关键信息。所以，配置保险记得先看合同、后看公司。

（9）刚需现金流需提早准备。在一个家庭中，刚需现金流主要有两种：养老金和小孩教育金。补充退休后的养老金，可以用养老年金险准备，可为退休后持续补充稳定的现金流。孩子教育金：长期用钱（如初高中及之后的费用）用增额寿险或教育年金险准备，短期用钱用"银行定期＋活期"准备。

（10）动态配置。一方面，随着家庭收入、成员结构、所处人生阶段的变化，保险配置需要动态调整。另一方面，保险配置要随着监管政策变化或产品升级动态调整。

以上就是保险配置的原则，可以结合个人或家庭实际情况遵循这些原则进行配置。

三、人寿保险规划

（一）寿险保额确定

如果一切按照规划进行，客户的家人未来一生支出的现值等于过去累积资产净值与客户未来一生净收入现值之和，则客户可以安度一生。但是，如果事故发生，如客户死亡、失能、失业，那么客户的个人收入将降低或中断，个人的资源供给能力将降低，净收入也随之降低甚至下降为0，这就应该通过保险来弥补缺口。

计算寿险保额需求的常见方法有倍数法则、生命价值法和遗属需要法等。

1. 倍数法则

倍数法则是一种简单估算死亡保险金额的方法，是以简单的倍数关系估计寿险保障的经验法则。例如，根据十一法则，家庭需要的人寿保险的死亡风险保额，大约应该为家庭税后年收入的10倍，这里没有考虑任何支出。

这仅仅是一种估算的方法，不是非常科学。首先，它没有考虑不同家庭的支出情况，更没有考虑不同家庭具体的投资和负债情况，不能适应所有人或家庭。其次，它没有考虑被保险人的家庭角色和家庭责任。而且，这种方法所计算出来的保险金额不准确。但是，这种方法的合理之处就是简便,考虑了一般经验,能够用于一般的估算和速算。

2. 生命价值法

按照生命价值法,应有保额应该等于未来收入的折现值减去未来支出的折现值。这种算法类似产险的保额,是以投保物本身的价值为上限的。从理财的角度而言,可以用未来收入与未来支出的现值之差来估计人生的价值,并根据人生的价值估计应有保额。在被保险人死亡时,由于有保险赔付,所以可以消除被保险人死亡给家庭造成的不利影响。在国外,当飞机失事时,有的保险公司是按照罹难者的收入层次进行赔付,大公司负责人的理赔额往往高于小职员的理赔额,所使用的方法就是生命价值法或净收入弥补法。在其他条件均相同的情况下,年轻客户的应有保额要比年长客户高,高收入客户的应有保额比低收入客户高。

一般地,应有保额会受以下几个因素影响。

(1)年龄。年龄越大,工作年限就越短,未来工作收入的现值就越小,因此,应有保额也越低。

(2)个人支出占个人收入的比例。个人支出占个人收入的比例越大,净收入就越少,一旦个人不存在,对家庭的负面影响也就越小,因此,所需的保额也越低。

(3)个人收入的成长率。个人收入的成长率越高,折现率越低,生命价值越大,因此,应有保额也就越高。

(4)投资收益率。投资收益率越高,折现率越高,生命价值越低,因此,应有保额也就越低。

3. 遗属需要法

按照遗属需要法,应有保额=遗属生活费用缺口+紧急预备金+子女高等教育金现值+房贷及其他负债+丧葬最终支出现值−家庭生息资产变现值。按照这种算法,在被保险人死亡时,遗属终其一生的生活需要扣除被保险人生前的累积净值,就是应该投保的额度。

三种保额计算方法的特点如下。

(1)倍数法则属于经验法则,仅仅将税后年收入作为死亡风险保额的核定因素,未能将被保险人的个人收入、职业特征、身体素质、资产状况、家庭成员等纳入考虑范围,不够精确,不适合所有的人或家庭。

(2)生命价值法是从被保险人出险以后家庭可能遭受的经济损失出发,将出险所造成的未来所有经济损失的折现值作为保额,用来规避因被保险人出险导致的家庭收入损失风险。这种保额的计算法更适用于目前生息资产少或者未来收入非常可观的情况,如刚步入社会的职场新人以及具有高财富创造能力的高净值人群,当被保险人未来的财富创造能力进一步上升时,生命价值法计算的保额将水涨船高。

(3)遗属需要法是从被保险人出险以后家庭收入减少,原有的家庭财务目标出现缺口出发,将这些不同时期的财务目标可能产生的缺口数额折现到当期作为保额,用来规避因被保险人出险导致家庭原有财务目标无法实现的风险。这种保额计算法适用于普通家庭的常见财务目标规划,如一般家庭的遗属供养开支、子女教育开支、房贷本息开支等如果在被保险人出险以后出现支付缺口,保额将用于弥补缺口,保证家庭生活质量不变,当家庭财务目标增加导致开支缺口扩大时,按遗属需要法计算的保额也应该随之上升。

(二)寿险保费确定

根据十一法则,每个家庭每年应按照税后收入的10%确定保费支出。家庭收入扣除70%的生活费用、20%的储蓄之后,剩下的10%应当用于购买保险,以构造家庭的财务安全网。构造家庭财务安全网的目的,是使家庭负担者在应付当前家庭消费和储蓄投资之后,没有后顾之忧。

随着年龄增加、利率下跌,保费也将增加,显然,十一法则仅仅是一个经验法则,只是简单地测算保费支出预算,并不科学,也不能适用所有的家庭。

那么,如何运用经验法则对终身寿险与定期寿险进行合理搭配呢?我们可以通过例6-1来说明这个问题。

【例6-1】 终身寿险与定期寿险的搭配

王博士今年30岁,男性,已婚,有一个2岁小孩。单薪,年收入6万元,年支出4.5万元。20年定期寿险,每万元保额的保费为37元。20年终身寿险,每万元保额的保费为176元。如果以年收入的10倍为保额需求、年收入的10%为保费预算,作为一个理财师,你将建议王博士在终身寿险与定期寿险之间如何搭配呢?

解析:根据假设条件,应有保额=年收入6万元×10=60万元,保费预算=6万元×10%=6 000元。

设终身寿险投保额为W,定期寿险投保额为60万元$-W$。根据两种保险各自的费率,可以得到:(60万元$-W$)×0.003 7$+W$×0.017 6=6 000元。因此,终身寿险投保额W=27.2万元,定期寿险投保额为60万元$-$27.2万元=32.8万元。

因此,给王博士的建议是,终身寿险投保27.2万元,定期寿险投保32.8万元。

当家庭负担者发生意外致残,导致工作能力丧失,或生重病,导致未来开支急剧增加时,家庭未来的生活开支将得不到应有的保障。因此,需要为家庭负担者购买意外险和医疗险。当意外发生时,寿险一般不予赔偿,意外险理赔金通常为保额的50%。因此,意外险的保额应为寿险的2倍,才能防范这种保险事故的发生给家庭带来的负面影响。

通常,保险规划的程序是这样的:先依照客户的保障需求做好人寿保险规划,再考虑客户的预算能力来规划险种。如果预算充足,可以增加终身寿险的保险金额,降低定期寿险的保险金额。如果预算不足,则降低终身寿险的保险金额,增加定期寿险的保险金额。如果通过降低终身寿险的保险金额,预算仍然不够,那么可以缩短定期寿险的保险年度,尽量不要减少客户所需的保险额度。如果客户目前的保费预算非常低,可以用保障范围受限制的意外险来代替寿险。

(三)寿险规划案例分析

1. 案例背景

张先生今年40岁,职业经理人,目前税后年收入35万元。张太太35岁,家庭主妇,两人育有一女刚满6岁。家庭年支出12万元,其中张先生和张太太年支出各5万元,孩子年支出2万元。目前家庭有银行存款10万元,持有国债11万元,自用住房成本价200

万元,市场价300万元,新购自用车辆价值20万元。

张先生打算20年后退休。目前家庭主要负担为：剩余房贷30万元,子女教育金预计需要现值49万元。

2. 保额的确定

1）倍数法则

张先生税后年收入35万元,张太太无收入,则家庭寿险保额约为350万元。

2）生命价值法

张先生年税后收入35万元,支出5万元,未来工作20年,考虑货币时间价值,假设投资收益率为4%,收入与支出的增长率为3%,则按照生命价值法张先生应有保额：

未来收入现值为

$$PV_1(n=20,I=4\%,PMT=35,FV=0,g=3\%,期末年金)=615.00(万元)。$$

未来支出现值为

$$PV_2(n=20,I=4\%,PMT=-5,FV=0,g=3\%,期初年金)=91.37(万元)。$$

应有保额$=615.00-91.37=523.63$(万元)。

3）遗属需要法

假设考虑未来10年遗属的生活费用,丧葬费用为2万元,投资收益率为4%,收入与支出的增长率均为3%。

若张先生不幸去世,遗属张太太与女儿生活费用现值为$PV(n=10,I=4,PMT=-7,FV=0,g=3,期初年金)=67.05$万元,同时,张太太无收入,则遗属生活费用缺口为67.05万元。

若张太太不幸去世,张先生与女儿生活费用现值为67.05万元(同张太太与女儿生活费用计算),同时,张先生收入现值为$PV(n=10,I=4,PMT=35,FV=0,g=3,期末年金)=322.34$万元,则遗属生活费用盈余：$322.34-67.05=255.29$(万元)。按照遗属需要法,还需要考虑紧急预备金、子女教育金、剩余房贷、丧葬费用、现有生息资产等,详见表6-1。

表 6-1　保险需求计算表　　　　　　　　　　　　　　万元

被保险人	遗属生活费用	紧急预备金	子女教育金	剩余房贷	丧葬费用	现有生息资产	应增加保险保额
张先生	67(缺口)	12/2=6	49	30	2	21	133
张太太	255(盈余)	12/2=6	49	30	2	21	0

张先生应有保额$=67+6+49+30+2-21=133$(万元)。

张太太应有保额$=6+49+30+2-255-21=-189$(万元)<0,从长期来看,无寿险保障需求。

4）保费的确定与产品的选择

根据十一法则,张先生家庭每年的税后收入为35万元,每年的寿险保费支出在3.5万元左右。家庭经济条件来源方面,张先生为经济来源者,优先为张先生购买保险。以表6-2的费率表为例,张先生保险产品的配置如表6-3、表6-4所示。

表 6-2　每万元保额年保费（年龄 40 岁，期缴 20 年）　　　　　　　　　元

险　　种	男	女
20 年定期	50	30
20 年定期联合	60	60
20 年两全	450	420
终身人寿	400	360

表 6-3　定期寿险与终身寿险

被保险人张先生	某 20 年期定期寿险	某 20 年期终身寿险
保额	80 万元	50 万元
保费	4 000 元/年	20 000 元/年

表 6-4　综合意外伤害保险

某综合意外伤害保险	保额	保费
意外伤害身故、残疾烧伤保险金	260 万元	2 500 元/年
意外医疗保险金	2 万元	
意外伤害住院津贴	100 元/天	

第三节　年金保险规划

一、年金保险概述

（一）年金保险的定义

年金是一系列定期有规则的款项支付，分为确定型年金和不确定型年金。确定型年金不含保险因素，如按月缴付的房租、定期发放的工资、抵押贷款的分期付款、零存整取等。而年金保险为不确定型年金，是指以被保险人生存为给付保险金条件，并按约定的时间间隔给付生存保险金的人身保险。年金领取人和被保险人可以是同一人，也可以是不同人，但通常情形是同一人。年金保险的给付期限可以是定期的，也可以是终身的。市场上年金保险通常包括两类：一类是养老年金保险，另一类是教育年金保险。

养老保险通常采用年金保险的方式，按中国保监会发布的《人身保险公司保险条款和保险费率管理办法》规定，养老年金保险应当符合以下两个条件。

第一，保险合同约定给付被保险人生存保险金的年龄不得小于国家规定的退休年龄。

第二，相邻两次给付的时间间隔不得超过 1 年。

养老年金保险一般为终身年金保险，本章中的年金保险主要指养老年金保险。教育年金保险多以定期年金保险为主。

（二）年金保险的分类

1. 按保费购买主体划分

按保费购买主体，年金保险可分为个人年金保险和团体年金保险。

（1）个人年金保险。个人年金保险是指面向个人、以个人为承保对象的年金，一张保单只为一个人或几个人提供保险保障。

（2）团体年金保险。团体年金保险是指以团体方式投保的年金保险，由团体与保险人签订保险合同，被保险人只领取保险凭证，保费由团体和被保险人共同缴纳或主要由团体缴纳。

2．按保费缴纳方式划分

按保费缴纳方式，年金保险可分为趸缴保费年金保险和期缴保费年金保险两种。

（1）趸缴保费年金保险。趸缴保费年金保险是指保费在购买时一次缴清的年金保险，即年金保费由投保人一次全部缴清后，于约定时间开始，按期由年金受领人领取年金。这类年金保险不管期限多长，只在购买时缴纳一次保费，就可以享受保险有效期内的保险保障。

（2）期缴保费年金保险。期缴保费年金保险是指在一定时期内在给付日开始之前，分期缴纳保费的年金保险，即保费由投保人按年、半年、季、月或其他期间分期缴纳，然后于约定年金给付开始日期起按期由年金受领人领取年金。期缴保费年金可以分为水平保费期缴年金和浮动保费期缴年金。水平保费期缴年金每期缴纳保费金额相同；浮动保费期缴年金不规定缴费次数以及每次缴费金额，保单持有人可以根据自身经济条件灵活安排缴费。只要账户有余额，即使不缴费，合同也不会失效。

3．按年金给付起始时间划分

保险公司规定的年金给付起始时间称为满期给付日或年金满期日。按满期给付日，年金保险可分为即期年金保险和延期年金保险两类。

（1）即期年金保险。即期年金保险是指年金没有基金累积期间，从年金购买之日起，满一个年金期间后就开始给付的年金保险，即合同成立后，保险人即按期给付年金。对于年金期间为一年的即期年金保险，购买后满一年的日期就是满期给付日，保险公司自满期给付日起按年给付。由于即期年金保险在购买后满一个年金期间保险公司就开始给付，故保费通常采用趸缴形式，相应的保单称为趸缴即期年金保险。

（2）延期年金保险。延期年金保险是指从购买之日起，超过一个年金期间才开始给付的年金保险，即合同成立后，经过一定时期或达到一定年龄后才开始给付的年金保险。虽然延期年金保险规定了给付的起始日期，但投保人可以按约定申请改变这一日期。人们通常在工作期间购买延期年金保险，以满足退休后的生活费用需要。在延期年金保险中，必须区分累积期间和给付期间这两个重要概念，前者是从投保人开始缴费到保险公司开始给付的期间，后者是保险公司向投保人提供给付的时期。由于延期年金保险有一个累积期间，投保人可以选择趸缴保费或期缴保费。如分期缴纳保费，各期保费可以不等，缴费期可以与累积期间一样长，也可以比累积期间短，但一般不会比累积期间长。

4．按年金终止时间划分

按年金终止时间，年金保险可分为终身年金保险和定期年金保险两种。

（1）终身年金保险。终身年金保险是一种至少在年金领取人生存期间定期给付的年金保险，有的终身年金保险还保证提供更多的给付。常见的终身给付包括纯粹终身年金保险、期间保底终身年金保险和金额保底终身年金保险三种。

纯粹终身年金保险又称普通终身年金保险,是一种仅在年金领取人生存期间定期给付的年金保险。如果被保险人死亡,则保险公司停止年金给付,保险责任终止。这种产品从事前的、精算的角度讲是公平的。但由于年金领取人的死亡时间是不确定的,结果并不一定公平。假设某人购买了一个 10 年延期年金,每月给付 1 200 元,趸缴保费为 5 万元,10 年后开始按月领取年金,但在领取第二个月的给付之前因意外事故死亡,保险公司按年金合同停止给付,从而使投保人所缴保费远超过实际得到的给付总额。很多人不愿意承担这种风险,倾向于选择保证更多的终身年金保险,如具有保底特点的期间保底终身年金保险和金额保底终身年金保险。

期间保底终身年金保险是一种在年金领取人生存期间定期给付,并保证给付期间不少于约定期间的年金保险。如果年金领取人在约定期间内死亡,保险公司也照常给付,直到约定期满。约定期间的长短可由投保人选择,通常为 5 年、10 年或 20 年。在其他条件相同的情况下,投保人所选择的固定期间越长,保费越高。如果年金领取人在约定期满后死亡,保险公司即停止给付。例如,一份从 60 岁开始每年年初支付的 10 年保底终身年金保险,保险公司承诺至少给付 10 年的年金,不论被保险人生存与否。如果被保险人在 65 岁死亡(即被保险人已经领取了 6 年的年金),则保险公司将向保单受益人继续支付后 4 年的年金,直至支付满 10 年为止。如果被保险人活过 69 岁(即被保险人已经领取了 10 年的年金),则保险公司依据被保险人生存与否决定是否继续给付。只要被保险人继续生存,保险公司就继续给付,没有期限限制;如果被保险人死亡,则保险公司停止给付。

金额保底终身年金保险是一种保证在年金领取人生存期间定期给付,并保证年金给付总额至少等于该年金保险购买价格的年金保险,又称偿还年金保险。如果年金领取人在死亡时给付总额小于购买价格,则差额部分由保单指定的其他受益人领取。保底金额具体如何约定,要根据年金合同而定,如趸缴保费保单,通常约定为趸缴保费,而期缴保费保单,通常约定为所缴保费(不含利息)。一般来说,金额越高,保费越高。例如,一份趸缴保费 10 万元、从 60 岁开始支付的金额保底终身年金保险(约定给付的年金总和至少等于购买价格即 10 万元),如果被保险人死亡时,保险公司只支付了 6 万元,则保险公司将向保单受益人继续支付余下的 4 万元;如果保险公司支付的年金总和已经达到或超过 10 万元,则保险公司依据被保险人生存与否决定是否继续给付。只要被保险人继续生存,保险公司就要继续给付,没有期限限制;如果被保险人死亡,则保险公司停止给付。

(2)定期年金保险。定期年金保险是一种在约定期限内或年金领取人死亡之前(以先发生者为准)定期给付的年金保险。一旦约定期满或年金领取人死亡,则给付停止。例如,10 年定期年金保险的最大给付期间是 10 年,如果年金领取人在第 5 年死亡,则给付立即停止;若年金领取人在 10 年给付期满仍生存,则保险人在第 10 年给付完毕后,合同终止。

此外,还有一类特殊的定期年金保险,称为定期确定年金保险,是指在约定期间定期给付、约定期满后停止给付的年金保险,与年金领取人的生存与否无关。定期确定年金保险由于并不包含任何不确定性,因此严格说来不属于保险产品。

定期确定年金保险可以满足个人在某一时期的收入需求,或者为领取其他收入之前的特定时期提供收入。例如,某企业部门经理,现年 50 岁,打算在 60 岁提前退休,但在

65 岁前无法领取企业提供的退休金,他希望购买一份年金保单,为退休后、领取企业退休金前的 5 年时间提供定期给付。此时,他可以购买一个 10 年后开始给付、给付期间为 5 年的定期确定年金保险。

定期年金保险与定期确定年金保险的主要区别在于最大给付时间,前者是约定给付期限与剩余寿命中的较小者,而后者是约定给付期限,与剩余寿命无关。保险人对后者所做的承诺多于前者,因此,在相同的定期给付金额下,前者的年金保费低于后者。

5. 按年金领取人数划分

按年金领取时仍然生存的被保险人的人数,年金保险可分为以下几类。

(1) 个人年金保险:以一个被保险人生存作为年金给付条件的年金保险。

(2) 联合年金保险:以两个或两个以上的被保险人均生存作为年金给付条件的年金保险。

(3) 最后生存者年金保险:以两个或两个以上的被保险人中至少尚有一个生存作为年金给付条件,且给付金额不发生变化的年金保险。

(4) 联合及生存者年金保险:以两个或两个以上的被保险人中至少尚有一个生存作为年金给付条件,但给付金额随着被保险人数的减少而进行调整的年金保险。

二、年金保险规划概述

(一)年金保险规划需考虑的因素

年金保险规划是指在年富力强、经济收入最好的时候,拿出一部分资金购买年金保险,提前储备养老资金,提前规划固定的、持续的年金收入,确保退休后持续不断的现金流,有效防范退休后面临的新风险,为未来的高品质养老生活做安排。

以下是年金保险规划的几个重点。

(1) 确定购买年金保险的目的是在退休后能够有持续的现金流,确保生活质量不下降。

(2) 选择合适的保险公司和合适的年金保险产品。不同的保险公司有不同的产品和服务,需要根据自身需求和预算选择合适的保险公司与产品。

(3) 确定购买年金保险的金额。年金保险的金额需要根据个人经济状况和未来养老需求进行评估,以确保在退休后能够获得足够的养老金。

(4) 了解年金保险的缴费方式和领取方式。不同的缴费方式和领取方式会影响到保险产品的收益与保障程度,需要根据自身经济状况和未来养老需求进行选择。

(二)年金保险规划案例分析

1. 案例背景

李某为某企业中层管理人员,月收入 1 万元,现年 40 岁,预计 65 岁退休。预估其退休金为 3 500 元/月。假设月工资保持不变,预期寿命为 80 岁,退休后的投资收益率为 5%。若在其退休时可一次性获得其他投资、储蓄及企业福利共 30 万元,且全部用于养老。如果没有其他收入,则李某是否还需要为退休后生活进行投资?

2. 确定保障水平

确定保障水平实际就是确定合适的退休收入替代率,即确定年金领取人退休后养老金需求与退休前收入水平之比,这是衡量劳动者退休前后生活保障水平差异的基本指标之一。退休收入替代率是用来反映退休人员基本生活保障水平的重要指标。国际经验表明,如果退休收入替代率大于70%,则退休后可维持退休前的生活水平;如果达到60%~70%,即可维持退休前基本生活水平;如果低于50%,则生活水平较退休前大幅下降。此处以80%为例,即退休后养老金需求要达到其当前收入水平的80%,即8 000元/月。

3. 确定资金缺口

保障水平越高,则所需资金缺口越大。李某在退休时获得的30万元如果全部用于养老,则相当于年给付额为27 526元($n=15, I=5\%$, PV=300 000, FV=0,期初年金,得出PMT=-27 526元),即月给付额为27 526/12=2 294(元)。

按收入替代率80%来计算,则当前收入与需求之间的缺口为

$$10\,000 \times 0.8 - 3\,500 - 2\,294 = 2\,206(元)$$

可见,李某当前仍需要为其未来的退休生活进行投资,以弥补2 206元/月的资金缺口。退休后所需资金在65岁时的现值,总和为288 509元($n=15, I=5\%$, PMT=2 206×12, FV=0,期初年金,得出PV=-288 509元)。

4. 年金保险保费支出计算

如果李某打算通过购买年金保险的方式实现在65岁时积累288 509元的目标,则他的缴费水平取决于年金计划的税收优惠条件。(为计算方便,不考虑死亡率影响,以15年期的确定年金为例,假设年投资收益率为6%,所得税税率为20%,不考虑其他费用。)

分别考虑以下各种税收优惠条件下的保费支出。

(1) 无税优计划。根据前述无税优年金计算公式,设该计划下保费支出为X,则

$$X(1-\tau)[1+r(1-\tau)]^n = 288\,509$$
$$X(1-0.2)[1+0.06(1-0.2)]^{25} = 288\,509$$

解得$X=111\,695.92$(元),即在无税优计划下,购买年金保险的保费支出为111 695.92元。

(2) 仅投资收益可递延的非税优个人退休计划。根据前述投资收益可递延的非税优计划计算公式,设该计划下保费支出为X,则

$$X(1-\tau)\{(1+r)^n - \tau[(1+r)^n - 1]\} = 288\,509$$
$$X(1-0.2)\{(1+0.06)^{25} - 0.2[(1+0.06)^{25} - 1]\} = 288\,509$$

解得$X=99\,253.22$(元),即在仅投资收益可递延的非税优计划下,购买年金保险的保费支出为99 253.22元。

(3) 年金保费与投资收益均可递延纳税的税优计划。根据前述年金保费与投资收益均可递延纳税的税优计划计算公式,设该计划下保费支出为X,则

$$X(1+r)^n(1-\tau) = 288\,509$$
$$X(1+0.06)^{25}(1-0.2) = 288\,509$$

解得$X=84\,027.75$(元),即在年金保费与投资收益均可递延纳税的税优计划下,购买年金保险的保费支出为84 027.75元。

即测即练

第七章

子女教育投资规划

中国新生儿出生率从 2017 年 12.64‰ 下降到 2022 年 6.77‰，在一对夫妻可以生 3 个孩子的政策背景下，出生率却逐渐下降。其中，子女教育成本过高是导致新生儿出生率下降的重要原因之一。因此，对于新婚夫妇而言，合理规划子女教育金，做到有计划、早准备，以应对未来子女教育的各种支出，防范因资金问题影响子女享受更高更好的教育，或可应对家庭生活开支带来的影响。

第一节　子女教育投资规划概述

家庭对子女教育的投资可以看作对家庭人力资本的投资，其投资规划是每个家庭需要提前制定的决策。投资规划决策需根据不同家庭的个体情况来制定，通过分析各个阶段对教育成本的需求，选择合适的投资理财方案和产品。

子女的教育规划是伴随子女成长展开的教育投资，包括子女接受的学前教育、义务教育、高等教育的一般性支出，还包括课外兴趣培训班、辅导班等额外费用。

"望子成龙，望女成凤"，父母都希望自己的孩子能够在学业上出类拔萃、在事业上出人头地。然而说起来容易，做起来难。从胎教到幼儿园、小学、初中、高中、大学甚至留学，还有补充的校外学习，孩子的每一步成长都需要资金的投入。因此，孩子教育金的问题是年轻父母（准父母）们要面对的首要问题。

教育投资规划包括个人教育投资规划和子女教育投资规划两种。个人教育投资是指对客户本身的教育投资；子女教育投资是指客户为子女将来的教育费用进行的计划和投资。子女教育投资又可以分为基础教育投资和高等教育投资。无论何种教育投资规划，使用的策划方法都是相似的。

一、为何要制订教育投资规划

教育投资是提高人们的文化水平和兴趣爱好的一种方式，通过人力资本投资，受教育者获得更多社会所需的技能，在激烈的社会竞争中脱颖而出，促进职业生涯的顺利发展。

（一）教育程度对职业发展的影响

教育程度的高低在某种程度上会对职业发展造成不同的影响，原因来自社会对于不同教育程度人才的需求、受教育程度会直接影响收入水平等因素。

接受高等教育有助于自身素质提高，从而改变人的思维及精神面貌，使人有更广博的知识、更强的适应能力。上大学只是将他们的才能和生产率显示出来,容易被别人识别,只要具有高才能,在以后的工作中同样可以做得很出色。劳动者学历的高低显示了其能力的高低,因此学历高的劳动者通常会比学历低的劳动者获得高的收入。人力资本理论认为,教育投资是人力资本的核心,它是使隐藏在人体内部的能力得以增长的一种生产性投资。通过教育可以提高人的知识和技能,提高生产的能力,从而增加个人收入。劳动力市场分割理论认为,劳动力市场分为主要劳动力市场和次要劳动力市场,在主要劳动力市场,劳动力受教育水平是比较高的,受教育程度与工资水平的正比例关系基本上是成立的。但在次要劳动力市场,学历与工资水平不一定正相关。高学历人员进入主要劳动力市场的机会大,而主要劳动力市场中学历越高,工资水平越高。

(1) 社会对受教育程度高的人才需求不断增加。社会的进步,科技的发展,知识的更新迭代,面对信息量与日俱增的时代,社会对于优质高等教育人才的需求与日俱增。数字时代的来临,智能化生活的转变,社会对科技人才有了更大的需求。生活水平的提高,文化艺术的鉴赏和体验成为我们生活的一部分。由于职业分工得更加细致,专业知识要求提高,高等院校、科研院所需要更多科研型人才,通常获得博士甚至更高学历才能胜任。

(2) 社会对人才的需求更加专业化、高学历化。平均薪酬只是个参考线,平均薪酬水平也在悄然发生着变化,低收入区间段本科毕业生占比较高。四川大学公布的《2020届毕业生就业质量报告》显示:2020届毕业生总体就业率为92.07%,本科毕业生就业率为88.44%,硕士毕业生就业率为96.33%,博士毕业生就业率为96.10%。此外,报告还显示四川大学2020届毕业生税前月均收入为8 312.32元。不同学历的毕业生收入水平也有所不同,博士毕业生月均收入最高,为12 876.49元,硕士毕业生月均收入为8 259.76元,本科毕业生月均收入为7 661.23元。另外,报告还提到四川大学本科深造率首次突破50%,达到5年来的新高。

2022年6月13日,麦可思《2022年中国大学生就业报告》正式发布。该报告基于麦可思公司2022年度的大学毕业生跟踪数据而撰写,反映的是社会第三方专业机构对大学生就业信息的跟踪评价结果。报告显示,应届本科生读研比例持续上升,2021届本科毕业生国内外读研比例为19.2%。其中,国内读研比例为17.2%,较2019届增长了13%;2021届"双一流"院校毕业生国内读研比例为35.4%,地方本科院校毕业生读研比例为13.6%,较2019届上升明显,数据显示,2019届"双一流"院校毕业生国内读研比例为30.0%,地方本科院校毕业生读研比例为12.2%。

随着各类高校招生规模的扩大,我国高等教育在"科教兴国"的战略下迅速发展,近年来拥有高等教育学历的劳动力迅猛增加。根据2021年中国统计年鉴,截止到2021年,我国研究生以上学历人数为10 765 577人,相比2020年8 314 103人,同比增长29.49%。可见更多人愿意获得更高学历,以增加个人在社会上的竞争力。

(二)教育成本不断上升

如图7-1所示,一方面,通货膨胀增加了家庭的各项生活消费开支;另一方面,教育费用增长率高于通货膨胀率,并呈逐年上升趋势。在通货膨胀期间,物价上涨,家庭日常生活所需的各项开支,如食品、住房、交通等都会增加。这会给家庭经济带来一定的压力。另外,教育费用的增长率高于通货膨胀率,这意味着教育费用的增长速度超过了物价上涨的速度。这主要是因为教育资源相对紧缺,需求增长较快,同时教育质量也在不断提高,导致教育费用逐年上升。在这种情况下,家庭需要更加注重财务规划,合理安排家庭支出,确保在满足日常生活所需的同时,能够承担起子女教育的费用。这可能包括制订预算、储蓄、投资和保险等方面的规划。

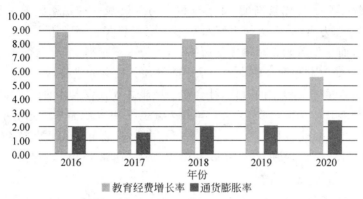

图 7-1 2016—2020 年教育经费增长率与通货膨胀率

资料来源:国家统计局。

(三)中国家庭对子女的教育理念

受到传统文化和社会环境的影响,中国家庭对子女的教育理念表现为:重视学习成绩、强调品德教育、鼓励自我提升、追求全面发展、尊重孩子个性、强调家庭价值观等方面。

2021 年,汇丰银行发布了一份 *The Value of Education:High and Higher Global Report* 全球培训报告。报告采访了来自 15 个国家和地区的 8 481 名家长,对他们的行为进行了调查分析。调查显示:75%的父母对孩子的未来充满信心;82%的父母愿意为孩子的成功作出自我牺牲;父母花在孩子中学和高等训练上的平均费用为 4 221 美元;91%的家长考虑让孩子攻读更高学位;74%的培训储备费用来自日常收入;41%的家长会考虑送子女留学,其中,34%的家长不明白留学的具体费用。中国香港的父母在子女培训上的费用最高,达 132 161 美元;其次是阿联酋,达 99 378 美元;中国内地家长排在第 6 位,达 42 892 美元。78%的家长认为高学历是好工作的敲门砖,国际化培训越来越被家长们接受,中国约有 54%的家长期望孩子留学。

二、教育支出的特点

相对其他支出,教育支出具有无时间弹性、无费用弹性的特点;教育投资时间相对较长、金额较大;教育费用受到不确定因素影响,具有逐年增加趋势的特征。

《2017 教育的价值报告》显示,中国家长对孩子的教育支出远超过全球平均水平,超过半数家长专门为子女储蓄教育经费,近九成家长给孩子请过家教。可以看出中国家长对子女教育寄予厚望,并且投入较高资金支持子女教育。目前,教育与医疗、住房、养老消费构成我国家庭的核心消费,在家庭总消费中占据较高比重。

教育支出分为学校教育支出和校外教育支出,学校教育支出主要为学杂费、课本文具费、食宿费、择校费等;校外教育支出主要为文娱活动费、电脑乐器、体育用品、书籍及租购学区房等费用。国外学者研究发现,在现代社会,教育是实现代际传递和社会再生产的主要渠道之一,与我国的社会阶层转化一样,个人可以通过教育破除阶层障碍,提升其社会经济地位。国内学者研究发现,家庭收入和家长对子女教育的期望程度是影响教育支出的最重要因素。也有研究发现,相比中等收入家庭,低收入家庭和高收入家庭对教育支出消费更加狂热。

(一)子女教育金没有时间弹性和费用弹性

子女教育金是最没有时间弹性和费用弹性的目标,只有早做规划,才不会有因财力不足阻碍子女上进心的遗憾。孩子的入学年龄相对固定,没有时间弹性,子女到了一定年龄(18岁左右)就要念大学,因此属于家庭中偏刚性支出;没有费用弹性,高等教育的学费相对固定,念大学费用支出一年就要1.5万元以上,这些费用对每一个学生都是相同的。因此,子女教育金存在时间不能等、费用数量不能少的特点,根据家庭的收入,早点规划未来子女教育支出更为合理。

(二)教育投资时间长、金额较大

教育支出属于长期性支出,家庭为子女提供的学习机会越多,教育支出费用也越大。根据每个家庭情况不同,还有兴趣爱好的指向选择长期投入。从小学到大学,受教育的时间很长,随着受教育水平的提高,教育费用的支出也同比增加。子女教育费用虽然每年支出的金额不是最多,但子女从小到大将近20年持续的支付,总金额可能比购房支出还多。因此,有计划的储蓄、投资是满足长期教育资金需求的渠道。

(三)教育费用逐年增加

《2019国内家庭子女教育投入调查》报告显示,家庭子女教育年支出主要集中在12 000～24 000元和24 000～36 000元两个范围内,占比分别为22.4%和21.7%。38.8%的受访家庭用于子女校外教育和培养的投入占家庭年收入的2～3成。调查对象主要包括学龄前、小学及初高中生群体,共有7 090位来自全国二十余省市的家长参与问卷调查和访谈。有意愿让子女出国的父母逐渐增加,出国费用则是家庭重要且巨大的支出,如果不提前作出规划,很可能在短时间无法准备充足的留学资金。

(四)不确定因素很多

子女的资质很难准确预测,在求学期间所花费的费用差距甚大。首先,子女的资质和学习能力无法预测,如果具备研究能力,则可以选择硕士和博士继续深造;其次,为培养子女德智体美劳全面发展,艺术、体育和美术的素质培养必不可少,父母会减少自己的休息和娱乐时间送子女参加相关课程培训,费用较高。前者花费相对固定,后者花费无法具体预测,因此要留足相关财务费用。

第二节 子女教育金需求

一个有规划的家庭,不仅要在子女生育方面有所规划,也要在子女教育的规划上提前考虑。家庭生育计划方面,2021年5月31日,中共中央政治局召开会议实施一对夫妻可以生育3个子女政策及配套支持措施。2021年8月20日,全国人大常委会会议表决通过了关于修改人口与计划生育法的决定,修改后的人口计生法规定,国家提倡适龄婚育、优生优育,一对夫妻可以生育3个子女。

图7-2显示了子女教育金规划流程。从孩子出生,孩子的各项费用是多少,包括保姆费、早教费、玩具等费用支出。这些费用的支撑是来自单薪家庭还是双薪家庭,考虑到孩子上幼儿园前需要监护人看管,如果没有老人帮忙,那么一般女方会辞去工作专职带孩子或者在家找一份兼职工作。幼儿园的选择,又分为私立幼儿园和公立幼儿园,一般私立幼儿园费用是公立幼儿园的2～3倍。家长们望子成龙、望女成凤的思想迫使其从幼儿园开始就把孩子送到各式各样的培训中心,如游泳、舞蹈、钢琴、体能、机器人、美术、主持人等。上了小学后,除了学杂费,大部分花费来自才艺培训班,这时孩子已经固定了2～3门课程,通常每次课的单价不会低于100元,这样每月的培训费支出不会少于1000元,高的要2000～3000元。高中毕业会面临上大学或大专的选择,大学毕业后又会考取研究生甚至博士生,家庭条件允许的甚至会考虑出国深造。若想在每个阶段都能够满足孩子教育金的投入,需要家庭提前规划,越早规划,压力越小,规划越详细。

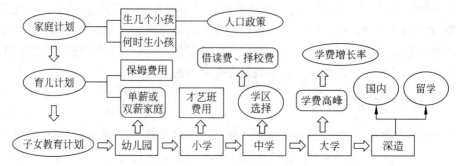

图7-2 子女教育金规划流程

一、影响因素分析

子女教育金需求影响因素主要包括以下几个方面。

(1) 子女数量和年龄。家庭中子女的数量和年龄是决定子女教育金需求的重要因素。一般来说,子女数量越多,教育金需求就越大。同时,子女年龄越大,所需的教育金也越高,因为可能需要更多的时间和金钱来支持他们的学业与兴趣爱好。

(2) 家庭经济状况。家庭经济状况是决定子女教育金需求的另一个重要因素。家庭收入高,通常能够承担更高的教育费用。同时,家庭资产状况也会影响教育金的筹措能力。

(3) 教育期望。家长对子女的教育期望也会影响子女教育金需求。如果家长希望子女接受高质量的教育,包括私立学校、课外培训、留学等,就需要投入更多的教育金。

（4）地区差异。不同地区的物价水平、教育资源、学费水平等都会有所不同,因此子女教育金需求也会存在地区差异。

（5）个人兴趣和特长。子女的个人兴趣和特长也会影响教育金需求。例如,如果子女对音乐、美术等艺术类课程感兴趣,或者对体育、科学等实践性课程有特长,那么可能需要额外的培训费用和器材费用。

二、投资规划工具

通常情况下,在理财师的专业引导下,家长首先了解子女的教育需求,并估算出教育费用后,然后在理财师的帮助下制订出一套为客户量身定做的合理投资方案。因此,选择适合客户的投资工具是教育规划的一项重要内容。

教育投资工具一般分为短期教育投资规划工具和长期教育投资规划工具。

（一）短期教育投资规划工具

1. 国家助学贷款

国家助学贷款是党中央、国务院在社会主义市场经济条件下,利用金融手段完善我国普通高校资助政策体系,加大对普通高校贫困家庭学生资助力度所采取的一项重大措施。借款学生通过学校向银行申请贷款,用于弥补在校学习期间学费、住宿费和生活费的不足,毕业后分期偿还。2022 年 5 月 11 日,财政承担阶段性免除经济困难高校毕业生国家助学贷款利息。同日,在召开的国务院常务会议指出,为帮扶经济困难家庭毕业生减负和就业,决定免除 2022 年及以前年度毕业生 2022 年应偿还的国家助学贷款利息,免息资金由财政承担;本金可延期 1 年偿还。此项政策惠及 400 多万名高校毕业生。

国家助学贷款实行一次申请、一次授信、分期发放的方式,即学生可以与银行一次签订多个学年的贷款合同,但银行要分年发放。一个学年内的学费、住宿费贷款,银行应一次性发放。国家助学贷款利率执行中国人民银行同期公布的同档次基准利率。贷款学生在校学习期间的国家助学贷款利息全部由财政补贴,毕业后的利息由贷款学生本人全额支付。贷款最长期限为 20 年,还本宽限期 3 年,宽限期内只需还利息,不需还本金。

2. 商业性助学贷款

商业性助学贷款是贷款银行对正在接受非义务教育学习的学生或直系家属或法定监护人发放的商业性贷款,贷款只能用于学生的学杂费、生活费以及其他与学习有关的费用支出。一般商业性助学贷款的贷款期限在 6 个月到 5 年,最长不超过 8 年;同时需提供贷款银行认可的财产抵押、质押或第三人保证方式作为贷款担保条件;贷款利率按照中国人民银行规定的同期同档次贷款利率执行(交通银行的一般商业助学贷款利率可在中国人民银行规定的基准利率基础上优惠 10%)。借款人是指就读国内中学、普通高校及攻读硕士、博士等学位或已获批准在境外就读中学、大学及攻读硕士、博士等学位的在校受教育人或其法定被监护人。

商业性助学贷款的额度原则上不得超过受教育人在校就读期间所需学杂费和生活费用总额的 80%。贷款期限在 1 年以内(含 1 年)的,可按月或到期一次性偿还本息;贷款期限在 1 年以上的须按月偿还贷款本息,每月还款额应在每学年根据年度发放贷款数确定一次。借款人应于贷款合同规定的每月还款日前,主动在其存款账户上存足每月应还的贷款本息,由银行直接扣收其每月还贷本息。经贷款人同意,允许借款人部分或全部提前还款。

3. 留学贷款

留学贷款是指银行向留学人员或其直系亲属或其配偶发放的,用于支付其在境外读书所需学杂费和生活费的外汇消费贷款。留学贷款的额度不超过留学学校录取通知书或其他有效入学证明上载明的报名费、一年内的学费、生活费及其他必需费用的等值人民币总和,最高 50 万元人民币,期限一般为 1～6 年。

留学贷款可以选择无担保抵押贷款,用于个人消费的无担保个人贷款。提供申请资料简单,只需身份证、收入证明、工作证明、贷款用途证明即可申请办理。

（二）长期教育投资规划工具

长期教育投资规划工具目的是为家庭制定长期教育投资决策,防止家庭被突如其来的大额教育支付费用造成经济负担和风险。客户对子女越早做教育投资规划,未来面临的风险就会越小,每一教育阶段也会越稳越扎实。理财师根据客户的教育需求,提供长期的教育投资规划工具,包括教育储蓄、银行储蓄、教育保险、基金产品、教育金信托和其他投资理财产品等。

1. 教育储蓄

教育储蓄是指个人按国家有关规定在指定银行开户、存入规定数额资金、用于教育目的的专项储蓄,是一种专门为学生支付非义务教育所需教育金的专项储蓄。教育储蓄采用实名制,开户时,储户要持本人(学生)户口簿或身份证,到银行以储户本人(学生)的姓名开立存款账户。到期支取时,储户需凭存折及有关证明一次支取本息。

教育储蓄是指个人为其子女接受非义务教育[指九年义务教育之外的全日制高中(中专)、大专和大学本科、硕士和博士研究生]积蓄资金,每月固定存额,到期支取本息的一种定期储蓄。最低起存金额为 50 元,本金合计最高限额为 2 万元。存期分为一年、三年、六年。

教育储蓄分为到期支取、提前支取和逾期支取三种方式。

(1)到期支取:客户凭存折、身份证、户口簿(户籍证明)和学校提供的正在接受非义务教育的学生身份证明,一次支取本金和利息。

(2)提前支取:教育储蓄提前支取时必须全额支取。提前支取时,客户能提供"证明"的,按实际存期和开户日同期同档次整存整取定期储蓄存款利率计付利息,并免征储蓄存款利息所得税;客户未能提供"证明"的,按实际存期和支取日活期储蓄存款利率计付利息。

(3)逾期支取:教育储蓄超过原定存期部分(逾期部分),按支取日活期储蓄存款利率计付利息。

一年期、三年期教育储蓄按开户日同期同档次整存整取定期储蓄利率计息,六年期按开户日五年期整存整取定期储蓄存款利率利息(储户提供接受非义务教育的录取通知书原件或学校开具的相应证明原件,一份证明只能享受一次优惠利率,按一般零整业务办理)。

2. 银行储蓄

银行储蓄是目前最简单、常见的教育金准备方式,在保证流动性和安全性的同时,它更容易使用。但因为通货膨胀的存在,银行储蓄很难抵抗通胀带来的价值减损,更不能达到增值的目的。为了教育资金的专项专用,最好独立开户,为子女教育的资金统筹规划。

3. 教育保险

教育保险又称教育金保险、子女教育保险、孩子教育保险,是以为孩子准备教育基金为目的的保险。教育保险是储蓄性的险种,既具有强制储蓄的作用,又有一定的保障功能。其主要有单纯教育金,无保障,存一定期限后附加少儿意外险,以及支持微信端随时存入等,但取出年限均为子女成年。

保险对象为0~17周岁(出生满7天且已健康出院的婴儿),有些保险公司的教育金保险所针对的对象为出生满7天~14周岁的少儿。根据保障期限的不同,教育保险分为终身型和非终身型。前者属于"专款专用"型的教育金产品。在保险金的返还上是针对少儿教育阶段,通常选择孩子在进入高中、大学开始每年返还,到孩子大学毕业或创业阶段再一次性返还一笔费用,保证孩子在每一个重要的教育阶段资金支持。终身型子女教育金保险通常考虑一个人一生的变化,孩子小时候可以做教育金,年老时可以转换为养老金,保证家庭的财富传承。

教育金保险具有"保费豁免""强制储蓄""保险""理财分红"等功能。

(1) 保费豁免指一旦投保的家长遭受不幸,身故或者全残,保险公司将豁免所有未交保费,子女还可以继续得到保障和资助。

(2) 强制储蓄是父母可根据自己的预期和孩子未来受教育水平的高低来为孩子选择险种和金额,一旦为孩子建立教育保险计划,必须每年存入约定金额,保证这个储蓄计划的完成。

(3) 一旦投保人发生疾病或意外身故及高残等风险,不能为孩子完成教育金计划,保单应享有权益不变,为孩子以后提供教育费用。

(4) 能够在一定程度上抵御通货膨胀和利率的波动。它一般分多次给付,回报期较长。

教育险,顾名思义是为孩子未来教育储蓄的资金。家长根据未来孩子的规划,如果打算让孩子在大学期间留学,可以直接选择美元储蓄险,这类教育保险金一般在中国香港售卖比较畅销,如美国的友邦保险公司等都提供美元教育储蓄保险。

中国香港教育储蓄险的优势:香港公司的美元储蓄分红的产品,可以用作孩子的教育金和自己的养老金。储蓄,顾名思义,就是储蓄型保险的保障能力比较弱,可以当成理财。每年交一笔钱,到一定年限后,可以灵活选择退保,回报率相对较高。

例如,某香港保险公司的某一储蓄险产品,假如35岁投保,每年交保费2万美元,5年期,共计10万美元。若20年后(即55岁)退保,预计回报为已交保费的2.4倍;若65岁退保,预计回报为已交保费的4.6倍;若75岁退保,预计回报为已交保费的8.8倍;若85岁退保,预计回报为已交保费的17.3倍。也就是说,年限越长,预计回报越高。

其优势在于,首先利率不一定高,但货币的时间价值加上复利,持续稳定,确定性强,后期的价值会越来越大;其次,一般香港储蓄险是美元保单,能对冲人民币贬值的风险;最后,香港储蓄险兼具灵活性,可以在需要的时候把本金和利息都拿出来,也可选择每年只取利息,让本金继续滚存生息。对于储蓄险来说,最大的风险是汇率变动风险。例如,2022年美元对人民币的汇率从3月份的6.3涨到了9月份的6.9。

中国香港教育储蓄险适合人群:首先,对自己理财能力不太自信,或者觉得自己存不下来钱,需要强制储蓄;其次,在进行高风险投资的同时,配置低风险产品来进行分散风险;最后,孩子以后要到美国或者中国香港求学的,需要给孩子存教育基金。

作为家长,如果我们提前筹划,在计划要孩子时给孩子每年存储1万美元教育金,存5年,孩子18岁就可以拥有10万以上美元作为留学教育储备。

4. 基金产品

基金投资是教育投资规划中比较常用的工具,它具有可选择品种多、优质的管理团队、投资灵活等特点。

首先,市面上的基金一般分为货币型、股票型、债券型、平衡型等品种,可满足不同客户的需求,客户可根据投资时间的长短和风险偏好自由选择几种基金作为投资组合。如果孩子5年内要上大学或动用教育资金,建议客户选择中低风险基金,如债券型和货币型基金;如果孩子短期内不需要资金,那么可选择5年以上投资周期的股票型和平衡型的基金。

其次,基金是由专业的基金经理或团队管理,客户只负责根据自己的喜好去选择适合自己的基金,不必关注买卖时间。因为基金是分散投资,投资风险得到分散,且由拥有经验丰富的人员管理,因此基金的长期收益一般会高于普通投资者或市场平均水平。

再次,基金具有投资灵活的特点,没有时间、金额的限制。少则几千元,多则上万元,每次追加数额也没有具体限制,灵活性是其他投资没有的特点。

最后,对于收入稳定但不高的家庭来说,可以选择定期定额投资。定额投资属于长期积累、稳健增值的一种投资方式。定期定额投资可以灵活调整购买基金的数量,在价格低时增加购买量,从而可以平摊建仓成本,降低投资风险。

基金产品类型较多,具有良好的流动性和灵活性。基金定投具有门槛低、自动扣款、分散风险的特点,比较适合教育金理财。从2007年至今,如果每月进行基金定投,不少产品的年化收益率在8%左右。由于多数投资标的为偏股型基金和混合型基金,其高收益往往也伴随着高风险。不过,基金定投之所以相对稳健,是因为其平摊了投资成本,即无论净值较高或净值较低都要买入,有利于为孩子进行长远的教育投资。一般来说,年龄偏小的孩子如10岁以下,还不急需缴纳大额学费,这时家长可以定期定额买入基金,长期持有,具有获取较高收益的机会。待孩子进入大学之后,就可兑现获取收益。因此,基金定投具有长期储蓄的特点,长期持有,复利效果明显。

5. 教育金信托

信托是一种特殊的财产管理制度和法律行为,同时又是一种金融制度,信托与银行、保险、证券一起构成了现代金融体系。信托业务是一种以信用为基础的法律行为,一般涉及三方面当事人,即投入信用的委托人、受信于人的受托人,以及受益于人的受益人。

通过设立一只子女教育金信托,由受托人来管理这份财产,投资者可与受托人谈妥预期收益率与投资范围,并指定子女为受益人。

教育金信托是家长作为委托人,根据理财规划的目标,将资产所有权委托给受托人(信托机构),受托人按照信托协议的约定为受益人(子女或配偶)管理和分配资产。教育金信托的选择群体多数来自高资产、高收入人群,有大额整笔资金的家庭、离异家庭。

信托基金具有规避风险的功能。《中华人民共和国信托法》(以下简称《信托法》)第16条规定:信托财产与属于受托人所有的财产(以下简称固有财产)相区别,不得归入受托人的固有财产或者成为固有财产的一部分。受托人死亡或者依法解散、被依法撤销、被宣告破产而终止,信托财产不属于其遗产或者清算财产。

《信托法》第18条规定:受托人管理运用、处分信托财产所产生的债权,不得与其固有财产产生的债务相抵销。受托人管理运用、处分不同委托人的信托财产所产生的债权债务,不得相互抵销。

《信托法》第15条规定:信托财产与委托人未设立信托的其他财产相区别。设立信托后,委托人死亡或者依法解散、被依法撤销、被宣告破产时,委托人是唯一受益人的,信托终止,信托财产作为其遗产或者清算财产;委托人不是唯一受益人的,信托存续,信托财产不作为其遗产或者清算财产;但作为共同受益人的委托人死亡或者依法解散、被依法撤销、被宣告破产时,其信托受益权作为其遗产或者清算财产。

对高净值人士来说,教育金信托能够安全稳妥地为子女教育留足预算。信托门槛较高,一般为100万元起,但收益较高、稳定性好。如万向信托推出的国内首款子女教育信托,信托设立之日起一年至受益人满18周岁前,资助金额为上一年度信托收益率的50%;受益人18周岁至满22周岁,资助金额为上一年度信托收益的60%;受益人22周岁至满25周岁,资助金额为上一年度信托收益的70%。子女教育信托门槛虽高,却有独特的制度优势,如财产的独立性。如果夫妻离婚了,可以确保子女作为受益人的养育与教育费用。

教育投资产品的选择,首先要考虑到投资的安全性,在此基础上多样化投资,分散投资风险,保证投资收益。不同家庭的财务情况不同,要量力而行,在保证家庭生活质量的基础上增加教育投资份额,保证子女的优质教育。

三、子女教育投资规划的相关建议

家庭在教育投资方面,建议做好统筹规划、树立正确的教育投资理念、不要盲目投资、选择合适的教育投资工具,尽量做到以下几点。

(一)树立正确的教育投资观念

家庭不应固守在传统的社会层面,而应适当考虑孩子的兴趣爱好,以激发学习动力,并根据孩子的实际状况,选择学校及教育机构,既不从众盲从,也不受社会风气的影响。除此之外,还要加深对政府以及学校的各项教育政策、办学水平、师资力量等方面的了解,避免出现盲目性投资、无针对性投资。

（二）规划好投资的三部曲

如同任何投资计划一样,教育投资规划也要做好三部曲:第一,设定投资目标,计算子女教育基金缺口,设定投资期间,设定期望报酬率。第二,规划投资组合,了解自己的风险接受度,设定投资组合。第三,执行与定期调整,坚持子女教育基金计划,坚持专款专用,定期做些调整。

（三）选好教育投资的工具

子女的教育投资涉及对投资工具的选择,教育投资应以"稳健"为主,与其他投资计划相比,教育规划更重视长期的投资工具。短期教育投资工具可作为长期教育投资工具的补充。

1. 长期教育投资工具

长期教育投资工具主要包括固定收益产品、教育保险、股票、基金、外汇等。固定收益产品包括各类固定收益的理财产品、定期储蓄、国债等,特点是本金有保障,收益比较固定,风险较低。教育保险,又称子女教育保险等,既具有强制储蓄作用,又有一定的保险保障功能,保险对象一般为0周岁至17周岁的青少年,通常是在孩子上初中、高中或大学的特定时间里才能提取教育金。其优点是兼具储蓄、保障功能,缺点是短期内不能提前支取,资金流动性较差。固定收益产品和教育保险可以结合起来用于教育金规划,同时要适当考虑资金灵活性、利率周期、本金保障等因素。而股票、公司债券和基金、外汇等产品,其价格随着供求关系和通货膨胀的变化而变化,虽然能够给家长的教育投资带来一定保障,但教育投资并不鼓励家长采用股票等风险太高的投资工具。如果投资期限长于7年,则可适当采用。如选择股票,最好采用若干品种进行组合,尽量选择成长型、稳健型的股票以保证收益的稳定性,降低风险。基金根据规模和存续期限、投资对象、风险与收益等,可分为很多类型。总体而言,若家长在追求收益的同时要保障资金的安全,可多购买债券型、平衡型、保本增值型的基金。如果家长希望将来送子女留学进行深造,且手头也持有外汇资金,可进行外汇投资,如购买外汇理财产品等。外汇理财产品还能作为留学的存款证明,作为客户信用的有力证明,为顺利获得签证添上更多的砝码。

以上教育投资工具适合于具备较高知识水平、中等收入以上的家庭,家长们可根据投资渠道的不同风险、不同收益和不同期限合理选择,但不要"将鸡蛋放在一个篮子里",教育投资首先应求稳定、安全,收益应在其次,并尽可能"专款专用",以保证这部分资金的安全。

2. 短期教育投资工具

如果在短期内就需要一笔资金来支付子女的教育费用,家长可考虑通过助学贷款来实现目标。助学贷款主要有国家助学贷款和一般商业性助学贷款两类。国家助学贷款由政府主导、财政贴息、各商业银行发放,资金只能用于学生在校期间的学费和日常生活费开支,最大优点就是政府贴息、优惠多。相比国家助学贷款,商业性助学贷款的申请条件更为严格,但贷款担保方式选择性也更多。尽管当前我国个人信用体系建设较往年有了较大发展,但学生要获得此项贷款并不容易,大多数商业银行对于信用助学贷款的发放比较慎重,相关要求也比较高。

不论是国家助学贷款还是一般商业性助学贷款,都应及时还贷,为自己保持良好的信用记录。一旦出现违约记录,学生的留学、创业、购车、购房等贷款申请,都会受到影响。

第三节 教育投资规划流程及留学投资规划

教育投资规划流程可以请专业的教育投资经理辅助完成,根据目标家庭对于子女的教育规划以及家庭的财务状况制订出匹配目标家庭的教育投资规划。教育投资规划流程要求与客户建立良好的关系,通过访谈等形式了解客户财务状况和理财需求,计算出教育所需费用,制订投资方案,并按照方案有效执行,理财经理需要定期回访及后续跟踪投资服务。

制订教育金计划是一个复杂且专业的过程。它不仅需要家长全面考量目前的情况,还需要家长根据现有的数据与信息,预测十年、几十年之后的状况,并为此制订规划,坚持实施。

一、教育投资规划的流程

通常,为客户制订投资规划,包括以下六个步骤。

第一,与客户建立相互信任关系。首先让客户对经理人的专业认可,客户才愿意提供个人资料、家庭财务情况,经理人才能充分理解客户的需求。

第二,通过访谈,了解客户的财务状况及需求,通过填写理财问卷、需求分析等表格,理财规划人员会提供适合客户的理财方案。

第三,明确客户的具体需求。比如,是否有出国规划,去哪些国家,选择什么专业,能选择什么大学。

第四,计算出所需费用并制订投资方案。根据客户的具体需求,计算出教育支出数额,并根据客户已有的储蓄和投资情况,计算客户目前教育资金的供给量与需求量的缺口。根据客户的教育理财目标和缺口数量,制订相应的资产配套方案并推荐合适的投资工具,如图 7-3 所示。

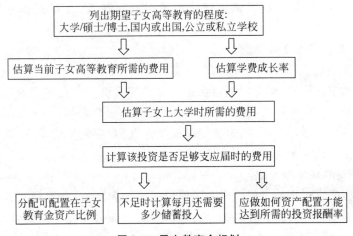

图 7-3 子女教育金规划

第五,教育投资规划方案的执行。按照制订的投资方案按期投入教育资金,观测教育金的收益情况。

第六,后续跟踪服务。定期检测教育投资规划的执行情况,根据经济、金融环境和客户自身情况的变化及时调整投资规划。

二、客户具体需求分析

子女教育需求分析是制订教育规划最重要一部分。了解客户的需求和财务现状,根据理财经理的实践经验,提出最适合客户的教育规划方案,得到客户的赞同,并签订合约,按合约执行。

通常,理财经理应该熟悉并了解当今的教育资源,根据客户的需求进行匹配。

(一)确定客户对子女学历的基本要求

不同家庭背景和财务状况会影响父母对子女学历要求。不同大学、不同专业、不同教育程度甚至是否要留学深造,选择哪些留学国家和地区作为目标等都属于对子女学历要求范畴。

1. 大学类型

如果家长更希望孩子在综合排名和声望较高的学校就读,则选择综合型大学;若突出专业优势,专业型院校在擅长的专业领域更突出。在教育费用方面,综合型院校一般比专业型院校花费较低。

2. 受教育程度

子女在接受本科教育后是否选择继续深造攻读硕士学位、博士学位。根据子女的兴趣及所学专业,来判断是否选择继续深造,若子女选择实践经验的专业则倾向尽早就业,如果选择科学研究方面的专业,深造更适合,因此要提前根据目标筹划深造所需费用。

3. 是否选择留学深造

很多家长选择在子女成年后,即高中毕业或者本科毕业后留学,一方面可拓宽视野,另一方面可学习其他国家先进的专业知识和理念。因此,何时留学、选择哪里作为留学地点、留学期限是多久是我们决定留学前必须考虑的问题,这与家庭教育投资规划目标相符。

4. 选择子女读书地点与专业

选择子女读书地点,能选择一线城市不选择二、三线城市。一线城市提供丰富的教育资源和多样化的生活体验,毕业后也会获得更多的就业机会。在不同城市读书的教育成本存在较大的差异:若在一线城市,家庭会承担更多的教育费用。

从专业选择的角度,父母会通过近期的就业热点、专业人士的讲座、教育部高校学生毕业生就业情况来选择专业。

5. 引导子女的兴趣与天赋

很多家庭在子女较小的时候就明确了他们的兴趣和特长,重点向兴趣与特长方向培养,如体育、美术和音乐等。另外,家长会付出时间、金钱去开发子女的特长,因此增加了课外的教育支出,为子女的未来就业和个人发展奠定优质的经济基础。

（二）教育投资方案的制定

1. 中国教育体系

中国教育体系包括学前教育、小学和初中九年义务教育、高中、大学、研究生等阶段，各个阶段的学习年限与招生对象如表 7-1 所示。

表 7-1　各个阶段的学习年限与招生对象

学 习 阶 段	学制与学习年限	招 生 对 象
幼儿园	3 年	3 岁及以上学龄前儿童
小学和初中	9 年义务教育	小学入学年龄 6～7 岁；初中入学年龄 12～13 岁
普通高中	3 年	入学年龄为 15～16 岁
技工学校	3 年	
职业高中	2～3 年，少数为 4 年	入学年龄为 15～16 岁
中等专业学校	一般为 4 年，也有 2～3 年的	招收初中毕业生，入学年龄 15～16 岁
大学	全日制为 4 年或 5 年，医科院校为 7 年或 8 年	入学年龄一般为 18～19 岁
专科学校	2 年或 3 年	入学年龄一般为 18～19 岁
研究生	硕士学习年限为 2～3 年 博士学习年限为 3 年	硕士研究生的入学年龄规定不超过 40 周岁 博士研究生的入学年龄规定不超过 45 周岁

2. 计算教育成本

从我国的教育体系看出，子女的教育支出一部分来自固定性支出，如学杂费；另一部分则是选择性支出，包括学前培训支出、兴趣班支出、辅导班支出及留学费用等。

1）公办学校

第一，9 年免费的义务教育，只缴纳杂费、制服费等。小学每年的平均教育支出在 1 000 元左右，初中每年的平均支出在 1 200 元左右，对于一般家庭来说负担不大。

第二，高中开始收学费，重点高中每学期 1 200～2 000 元，较一般高中 900 元略高，重点高中每年学杂费合计在 2 800～5 000 元。

第三，大学本科。2023 年我国高校学生学费普遍在 4 000～8 000 元，住宿费在 600～1 200 元之间。另外还有每个月的生活费和书本费，有些还需要培训费等。如果是民办大学，学生家长要额外承担 25 000 元左右的费用。

第四，研究生。2014 年秋季学期起，所有纳入招生计划的新入学研究生需缴纳学费，入学后按照学业成绩发放奖学金。研究生普通奖学金调整为研究生国家助学金，部属高校博士研究生资助标准每生每年 12 000 元，硕士研究生资助标准为每年每生 6 000 元。各大高校和科研院所收费标准每年 8 000～10 000 元，专业学位的收费标准高于学术型学位，每年每生 12 000～30 000 元。因为研究生期间用于论文写作和相关书籍的购买费用较高，扣除奖学金后每年还需支付上万元。

2）民办学校

中小学义务教育阶段，多数家庭选择公办学校，部分民办学校是针对外籍人士或港澳台同胞子弟设立的，学费每年达 10 万元至数十万元人民币不等，具体金额取决于学校的品牌、设施、教学质量以及所提供的服务等因素。由于学费高昂，本地学生就读这类学校的数量相对较少。这些学校通常拥有国际化的教学环境和师资力量，提供与国际接轨的教育资源和课程，因此，更受外籍人士和港澳台同胞的青睐。

民办高中多数采取中外合作办学方式，为毕业后留学的预修班，学费与住宿费每年均可达到数万元。

民办院校学费普遍在 28 000～40 000 元。

3）选择性成本

选择性成本是非固定性支出成本，是家长考虑为子女培养作出选择所支付的成本。例如，在幼儿园的选择上，公立幼儿园的管理费用低，但有入学区域的限制；民办幼儿园的各方面条件及设施较好，费用也高；还有一些贵族幼儿园，中外合作、双语幼儿园每年学费数万元。

从学前开始，父母就培养孩子各方面兴趣爱好，包括音乐、美术、体育、机器人、奥数、围棋等课程，每次培训课要 100 元左右，如果选择两三项，每年的培训费要超过 1 万元。

4）留学投资规划

在高等教育阶段，很多家长希望自己的孩子可以留学，开阔国际视野。教育部正式公布"2018 年我国留学人员情况统计"报告，2018 年度我国留学人员总数为 66.21 万人，其中，国家公派 3.02 万人，单位公派 3.56 万人，自费留学 59.63 万人。2018 年度各类留学回国人员总数为 51.94 万人，其中，国家公派 2.53 万人，单位公派 2.65 万人，自费留学 46.76 万人。

同上一年度相比，2018 年度留学人数增加 5.37 万人，增长 8.83%。留学回国人数增加 3.85 万人，增长 8%。

学生和家长对于留学有更理性的思考，不同学位的留学生，动机也不一样。本科和研究生阶段的留学生，留学是为了追求文凭；博士阶段的留学生，则是为了学术的成就；也有一部分留学生明确表示，原因更多是为了职业和兴趣。

根据《QS2019 年全球留学报告》，最受欢迎留学国家具体排名如表 7-2 所示。

表 7-2　最受欢迎的留学国家 TOP10

排名	1	2	3	4	5	6	7	8	9	10
国家	美国	英国	加拿大	澳大利亚	德国	法国	瑞士	荷兰	西班牙	新西兰
占比	42%	34%	33%	26%	24%	14%	11%	10%	9%	9%

从表 7-2 我们可以看出，最受欢迎的留学国家，美国稳坐首位，英国硕士申请是主力军，从 2014 年 64 186 人增长到 2019 年的 83 904 人，增长幅度约为 31%。

根据《QS2019 年全球留学报告》，最为热门的五大专业分别是：工程、会计金融、商科管理、计算机科学信息技术和经济学（表 7-3），其中工程类专业占比最高，为 42%。

表 7-3　最热门的专业

排名	1	2	3	4	5
专业	工程	会计金融	商科管理	计算机科学信息技术	经济学
占比	42%	40%	38%	39%	41%

学费方面,其中美国和英国留学费用最高,总费用在 25 万～50 万元人民币/年,澳大利亚、加拿大的留学费用在 20 万～30 万元人民币/年,德国、法国、荷兰等国家总费用在 10 万～20 万元人民币/年。近年来,亚洲留学升温,其学费较低,年总费用在 7 万～15 万元人民币/年,比较适合工薪阶层家庭。

5)不要忽视学费的增长率,它也要计入未来所需费用里面

【例 7-1】　董先生儿子今年 3 岁,他为儿子制订了教育投资规划:在儿子 18 岁上大学时积累足够的大学本科教育费用,如果可以,他希望继续在经济上支持儿子攻读硕士研究生。目前,董先生已经有 3 万元教育准备金,不足部分打算以定期定额投资基金的方式来累积,董先生投资的平均回报率大概是 4%。

假设我国目前大学本科需要花费 60 000 元,硕士研究生需要花费大概 40 000 元。

因通货膨胀的存在和经济增长等因素,预计教育费用年平均增长率是 6%,董先生每月应保证准备定期定额基金投资数额是多少?

解析:

15 年后,董先生儿子上大学时应准备大学教育费用:

$60\,000 \times (F/P, 6\%, 15) = 143\,793$(元)

已准备金额:$30\,000 \times (F/P, 4\%, 15) = 54\,028$(元)

尚需准备金额:$143\,793 - 54\,028 = 89\,765$(元)

每年应提取金额:$89\,765 \div (F/A, 4\%, 15) = 8\,074$(元)

每月应提取金额:$8\,074 \div 12 = 673$(元)

19 年后,董先生儿子深造硕士研究生时费用:

$40\,000 \times (F/P, 6\%, 19) = 121\,023$(元)

每年应提取金额:$121\,023 \div (F/A, 4\%, 19) = 9\,215$(元)

每月应提取金额:$9\,215 \div 12 = 768$(元)

所以,从现在到董先生儿子上大学期间:

董先生每月必须定期定额提取资金:$673 + 768 = 1\,441$(元)

在这个案例中,教育资金的增长率导致儿子上大学时的资金总额增加,董先生的现有资金通过投资收益后仍然与教育资金需求总量存在资金缺口,因此需要理财师帮助客户进行教育投资规划,达到相应的投资目标。

6)提前规划可以减轻投资压力

【例 7-2】　李女士的儿子刚出生,打算 18 年后去美国留学时为他准备 60 万元留学基金。现在李女士夫妇有 20 万元存款,现假设投资回报率为 5%,现在开始投资,每月需投入多少?如果在孩子 8 岁开始投资,每月要投入多少?

若从出生就开始定投,每月的定投费用:

$$PV = -10, FV = 50, i = 5\%, n = 18, PMT = 1\,846(元)$$

若从孩子 8 岁起开始定投,每月的定投费用:

$$PV = -10, FV = 50, i = 5\%, n = 10, PMT = 2\,795(元)$$

从这个案例可以看出,越早规划教育定投,每月投入资金数额越小,压力越小。

三、教育投资规划的原则

为了确保教育金的筹备准确、安全和有效,教育投资规划应遵循以下六个原则。

(一)提前规划,从宽原则

提前规划是教育金筹备过程的首要原则。由于教育金具有刚性支出、无时间弹性、金额大等特点,因此尽早筹备教育金能够让家长拥有充足的时间、较轻的压力,抵御外界不可控条件的变化。这里应该注意的是,教育金往往与养老金的准备时间重合,提前准备教育金也能为退休金的准备留出时间。因此,越早为教育金作出合理的规划,越早能为优质的养老生活作出储备。

教育金会受到外界不可控因素的影响并存在差异,这些因素包括教育程度和学校性质。大学本科、硕士和博士教育所需费用各不相同,私立学校和公立学校也相差很大,国内读书和留学的费用与增长速度更不相同,变化很大,因此家长应具有未雨绸缪的意识,提前做好充足的投资规划。

(二)专项累积、专款专用

教育金的专款专用是保证教育储备能够按时完成的重要原则。在一般情况下,教育储备资金只能用于子女教育,不可做其他用途使用。如果家庭遇到不可抵抗的财务压力,这种情况下会提前动用子女的教育储蓄,如果数额较大,则在后期很难补全。因此,为防止突发情况对教育储蓄的影响,应设立专门的教育储蓄账户,专款专用,以防教育储蓄资金用作其他用途。

(三)多样化投资、稳健升值

不同客户的教育投资目标不同,财务情况和风险承担能力各不相同,在保证客户达到教育投资目标的基础上,帮助客户实现财富稳健增值。

如果客户属于保守型,那么可以帮助客户选择收益稳定、风险较低的产品组合,比如教育保险类和定投类基金,而不是让客户把资金完全放在银行的储蓄账户里等待贬值;如果客户属于风险爱好类型,可以帮助客户选择长期储蓄保险加股票类型基金,前者保证收益,后者用来增值。同时,建议分散投资、分散风险,做到长期累积的保值增值,达到教育储蓄的目标。

(四)配合保险

配合保险,可以利用子女教育年金或 10~20 年的储蓄保险来准备一部分的子女教育金——由于储蓄险具有保证给付但报酬率不高的特性,所以购买的保险额度应以可以支付学习的学杂费为宜,进一步深造及住宿费部分还是以报酬率较高的基金来准备。

当子女有能力考上大学时,至少这部分的学费已通过保险强迫储蓄的方式获得十足的准备,不会因经费问题阻断子女上进之心。即使基金部分投资获利不如预期,对不足部分,已上大学的子女也可以利用打工或以先就业的方式来筹措住宿或出国深造的经费。

若在子女成年之前,收入可保持稳定,则算出总需求金额后,就可以算出目标储蓄额开始执行。但万一因疾病或意外导致收入中断,可能连一般的生活费都无法应付,高等教育金的大额支出则更是无法负担。因此应根据教育金需求增加投保额,或者在购买子女教育年金保险时,可以同时购买豁免保费附加险,万一父母死亡或高度残疾时,由保险公司代缴保费,使孩子的保障继续有效。

(五)稳健投资

一般来说,教育金的投资收益率必须要高于学费成长率。由于学费成长率较高,学费需要的时间与金额又相对固定,因此,不能冒太高风险,也不能不冒一点儿风险。投资报酬率以5%~8%较为适合,在安排教育金投资时,需特别小心,建议以投资平衡式基金为主。

(六)合理安排

支付子女教育金阶段与准备自己退休金的黄金时期高度重叠,要避免全力投入子女教育金时忽略自己的退休金。有些父母为了送子女出国念书,耗费的资源更多,没有留下足够的金钱为自己准备退休金。

如果父母未在子女较小时就开始以10年以上的时间来准备教育基金,届时可能会因为不忍看着有上进心的子女因经费问题而无法达成深造的意愿,不得不为筹学费而四处借贷,这时就可能动用原来为自己晚年所准备的退休基金。

因此有远见的父母,不妨利用子女的名义,在其年幼时在银行开户做定期定额投资储蓄,由父母的账户拨款开始累积教育基金。在子女准备上学时就先把这笔经费筹足,才不会动用往后为自己累积退休金的目标储蓄额。

四、教育投资的价值观

子女上大学已经是十八九岁的成年人。从法律角度讲,父母对子女的抚养义务已经完成;同时,上大学的直接受益人是子女,按照"谁投资,谁受益"的原则,上大学的投资主体是子女本人,而不是家长或者别人。这有两个方面的含义:第一,上大学的费用应该由本人出面融资。第二,投资风险由子女本人全部承担。培养子女的责任感和使命感,让子女对自己的未来筹划和负责,是人生必要的课程。

由于中国传统上望子成龙、望女成凤的心态,父母自愿承担起子女高等教育的责任。父母不希望子女在步入社会时输在起跑线上。因此,中国父母宁愿克勤克俭、牺牲自己的生活品质来为子女筹措高等教育资金。

因此,父母在做教育金规划时,不能仅考虑钱的问题。教育的投入成本,有可能无法回收,把子女当作一个事业投资,一样有风险。

五、留学投资规划

留学已经成为我国家庭教育的重要选择之一。留学可以让子女感受海外先进的教育理念和体系,体验多元文化生活,提高适应不同生活的能力和外语水平。近年来,中国的留学人数逐年增长。全球化智库(CCG)2024年2月发布的《留学蓝皮书:中国留学发展报告(2023—2024)》显示,虽然受到新冠疫情、签证签发受限等因素影响,2020年当年留学人数降为45.09万,但2021年回升至52.37万,2022年进一步回升至66.12万。

(一)留学成本费用

留学需要考虑更大的费用支出。这些费用主要来自留学的学费、预备费用、行程费用和生活费用几个方面。除此之外,时间成本也该考虑在内。

留学前,通常要经过外语考试及相应的补习。每个院校对外语成绩等级要求不同,还有一些提供英语预科班,提高学生的英语水平,同时也会让学生更快、更轻松地融入当地学习和生活,但费用则会更高。根据每个学生的学习能力和接受能力的不同,往往会参加两次及以上次数的考试。语言考试一般包括托福、雅思、SAT(学业能力倾向测验)、GRE(研究生入学考试)、GMAT(经企管理研究生入学考试)等。除此之外,还有留学中介的咨询费和中介费等。

第三方费用,主要包括语言补习费、留学中介费等。假设参加两次雅思考试,加上补课费用要10 000~20 000元。中介费参差不等,根据学生的资质和申报院校类型及申报时间费用会有浮动,但一般不会少于10 000元。

其他费用,包括护照签证费、机票费用及保证金。原则上,保证金金额不能低于未来一年在国外就读学校学费及所在地区生活费的总和,并在银行冻结一定时间,一般是3~6个月。拿美国举例,美国对留学保证金存期没有具体要求,在美国读高中需要保证金80万元人民币,本科约为70万元人民币,硕士约为30万元人民币。由于不同地区和学校费用不同,在申请前学生要提前了解相关费用,做好资金准备。

(二)留学国家及费用

2021年,全球教育网站education.com发布了2021年全球十大最佳留学国家排行榜(表7-4),这份排名的依据是通过对2 700名留学生进行调研,总结学生在选择目标留学国家时所看重的因素,因此它并不像QS排名更专注学术,而是侧重于学生留学的整体感受。该排名由七个指标组成:①获得高水平的教学质量;②实现职业目标;③个人发展;④体验新的文化或生活方式;⑤获得一次冒险经历;⑥学习一门新的语言;⑦结交新朋友或扩大专业社交圈。加权平均得出各个国家分数,而按照分数得到的具体排名。

表7-4　2021年全球十大最佳留学国家排行榜

排　　名	国　　家	得　　分
1	加拿大	81.80
2	澳大利亚	81.07

续表

排　　名	国　　家	得　　分
3	德国	80.84
4	美国	78.56
5	英国	78.23
6	瑞士	77.65
7	荷兰	77.09
8	法国	74.73
9	西班牙	72.58
10	丹麦	70.16

资料来源：education.com.

加拿大是连续两年夺得冠军的国家，它具有原始的自然风光、友好热情的当地人和宽仁多元的文化文明。加拿大的大学以科技创新著称，尤其在计算机和信息技术领域，学费成本较美国和英国低。多数人说英语，但有 20% 的人说法语，因此在加拿大留学为学习语言提供了良好的环境。自然风光独特，休闲时可以登山、滑雪等。

排名第二的是澳大利亚，澳大利亚拥有 9 个特色鲜明的地区和 20 个联合国教科文组织世界遗产，如大堡礁、悉尼歌剧院、黄金海岸、阿尔卑斯山。澳大利亚在高质量教育方面排名世界第三，在墨尔本、悉尼和布里斯班等城市有多所顶级大学。

提到留学，德国排名世界第三、欧洲第一。这里有著名的慕尼黑、柏林、法兰克福等活力城市，也有马尔堡、弗莱堡等童话小镇，还有波罗的海到巴伐利亚州的山脉。在这里你能用优惠的价格享受世界一流的教育。国际留学生，无论是否拥有欧盟国籍，德国的公立大学都可以免费学习本科和研究生的课程。

美国在大西洋和太平洋之间，土地幅员辽阔。美国为留学生提供了无限的机会，在高质量教学方面排名世界第二，在体验新文化或生活方面排名第五。这里有加州的海岸、黄石公园、各地的美食、华尔街。

英国在教学质量方面世界排名第一，这里有牛津、剑桥等世界著名大学。英国拥有繁华的伦敦，还有中世纪味道的爱丁堡，在文化和生活方式方面位居世界第四，这里有美味的炸鱼和薯条及童话般的城堡。

瑞士横跨阿尔卑斯山，景色迷人，以巧克力、奶酪、手表和瑞士军刀闻名于世，教育质量高，瑞士的大学在为学生提供创新的研究环境方面名列前茅。瑞士是联合国欧洲总部的所在地，便于留学生认识并接触来自不同国家的人，同时被誉为世界上最安全的国家之一，其交通也非常便利。

荷兰的大学有非常高的英语水平，同时也提供荷兰语课程，为语言学习提供场所。在荷兰，你可以看到节俭的学生骑着自行车，享受着轻松的生活方式，这里有舒适的咖啡馆、广阔的郁金香花田，有阿姆斯特丹的运河、博物馆和港口城市鹿特丹。

来到法国留学，可以在巴黎、里尔、图卢兹、格勒诺布尔和里昂享受沉浸式的学习生活。学习之外，这里还有法餐和美酒，以时尚、美食、艺术和浪漫而闻名。

丹麦凭借得天独厚的地理优势和经济地位，建立起来的教育体系富有潜力，它是 2021 年新晋榜单之列的国家，取代了 2020 年的瑞典。丹麦是世界上幸福度最高的国家之一,是童话王国的发源地。

2019 年,TIMES 排行榜联合 FairFX(旅行货币兑换公司)统计了全球留学费用最高和最低的国家和地区(表 7-5)。FairFX 的首席执行官 Ian Strafford-Taylor 表示:"为了将价值最大化,留学生在考虑学费之余,也需要将当地的生活成本计算在内。"在表 7-5 中,费用计算的币种为英镑,学费及生活费都为平均值。高昂的学费及生活成本,使得美国成为对于国际学生来说最昂贵的留学目的地。其中,据统计,哥伦比亚大学是世界上最昂贵的大学,平均总花费达 74 000 英镑。中国香港成为留学费用排名第五的地区,平均总花费达到 19 452 英镑。

表 7-5　留学费用最高的国家和地区 TOP10　　　　　　　　　　　英镑

排　　名	国家和地区	平均学费	平均生活费	平均总花费
1	美国	33 691	15 505	49 196
2	澳大利亚	19 382	13 178	32 560
3	新西兰	17 324	12 304	29 628
4	加拿大	16 825	8 765	25 590
5	中国香港	13 598	5 854	19 452
6	英国	8 994	9 311	18 305
7	新加坡	12 079	5 892	17 971
8	以色列	2 697	13 932	16 629
9	瑞士	1 175	15 095	16 270
10	日本	5 725	7 833	13 558

留学费用最低的国家和地区包括德国、瑞典、芬兰、南非、中国台湾、丹麦、奥地利、比利时、西班牙和卢森堡,平均总花费低于 1 万英镑(表 7-6)。

表 7-6　留学费用最低的国家和地区 TOP10　　　　　　　　　　　英镑

排　　名	国家和地区	平均学费	平均生活费	平均总花费
1	德国	332	6 374	6 706
2	瑞典	13	6 712	6 725
3	芬兰	88	7 232	7 320
4	南非	3 984	3 934	7 918
5	中国台湾	2 650	5 312	7 962
6	丹麦	0	8 198	8 198
7	奥地利	651	7 657	8 308
8	比利时	742	7 856	8 598
9	西班牙	1 530	7 976	9 506
10	卢森堡	340	9 176	9 516

除了留学费用最高及最低排行榜外,TIMES 还公布了留学费用最低的前 10 所大学排行榜(表 7-7)。

表 7-7　最划算的大学 TOP10　　　　　　　　　　　　　英镑

排　　名	学　　　　校	国家和地区	平均学费	平均生活费	平均总花费
1	比萨高等师范学校	意大利	0	0	0
2	比萨圣安娜高等学校	意大利	0	0	0
3	瑞典皇家理工学院	瑞典	0	4 582	4 582
4	德累斯顿工业大学	德国	346	5 105	5 451
5	波恩大学	德国	231	5 700	5 931
6	明斯特大学	韩国	408	5 530	5 938
7	柏林自由大学	德国	518	5 530	6 048
8	维尔茨堡大学	德国	177	5 956	6 133
9	奥胡斯大学	丹麦	0	6 381	6 381
10	曼海姆大学	德国	237	6 168	6 405

表 7-5、表 7-6 和表 7-7 是 2019 年留学费用最高和最低的国家和地区及最划算的大学。虽然意大利并不在留学费用最低的国家和地区 TOP10,但意大利的两所高校却占据最划算的大学前 2 名的位置。但要注意的是,这两所大学有点"高冷":一般不看高中或大学的成绩,通过学校组织的笔试及面试来进行招生。可想而知,能够进入这两所大学读书的人真是少之又少了。德国有 5 所大学进入排名。

综上,家庭在做留学教育投资规划时,要根据自身财务状况及学习目标和需求,选择适合自己的国家、学校,提前规划、量力而行、按需投入,为子女提供最理想的教育经济资助。

1. 留学成本收益分析

不同家庭选择让子女的目的不同,大多数家庭需要考虑留学的投入和产出。如果选择美国作为留学国家,那么 4 年总成本为 150 万元人民币,若学成归来后年薪 20 万元人民币的话,不考虑货币的时间价值和薪水的变化,那么 8 年才能收回成本。

若在海外工作,薪资水平较高,留学成本较易收回。

当然,留学的经历会对子女的人生观、价值观产生很大的影响,不能完全用金钱来衡量。如果家庭经济负担不重的话,留学是个很好的选择。

2. 留学面临的问题和建议

1)正视家庭财力,量力选择留学目的地

留学的开支比较高,尤其是上文列出近几年留学费用较高的国家和地区。如果有了留学目标,家长应提前做好规划,量力而行,不要因为子女留学而导致家庭的生活品质大幅下降,得不偿失。成绩好的孩子可以考虑申请奖学金、助学金和国家留学基金,并且可以在留学过程中通过半工半读来弥补高昂的学费和生活费,但学习一定摆在第一位,否则会本末倒置,耽误学业。

2)子女对留学期间生活和学习的适应能力

一般家庭选择在高中毕业或者本科毕业后送孩子留学,一方面考虑家庭的财力,另一方面要分析孩子的适应能力和独立生活能力。如果独立生活能力和适应能力很强的孩子,可以放心地较早选择留学;相反,如果自己的生活一片混乱的话,建议先养成良好的生活习惯再选择留学。

3）提前为子女做好职业规划

家长在为孩子选择留学的目的地和专业的时候,首先要考虑自己的孩子是否对该专业感兴趣;其次,是否有移民的打算,学习的过程中尽量努力找实习的单位和机会,可以加大就业的机会,很多国家认为工作经验比学历更为重要,当然有个名校的学历是一块敲门砖。如果回来发展,那么什么专业是国家近几年紧缺的,作为家长应该和孩子在家庭会议中将这些问题商议清楚明白。

 即测即练

第八章

个人税务规划

在个人工作生活及家庭财富获取、积累、传承与规划过程中,不可避免涉及各种税务问题,因此,合理进行个人及家庭税务规划是个人理财的一项重要内容。我们需要了解税收相关理论及税收法规,理财师需要掌握个人及家庭财富获取、资产配置及传承过程的涉税问题,掌握个人税务规划的原则和方法,以便为客户提供个人税务规划服务。

第一节　个人税务规划概述

税收是人类社会发展到一定阶段,伴随着国家起源而衍生出来的。目前我国税制不断完善,人们的税务知识和纳税意识也不断增强,纳税不再只是一项义务,合理利用税法赋予的权利和空间进行税务规划,也是共享发展的重要内容。

一、税收及税法

(一)概述

税收是国家为了满足社会公共需要,凭借政治权力(或称公共权力),按照法律的规定,强制、无偿地取得财政收入的一种形式。税收在国家治理中发挥重大作用。

税法是国家制定的用以调整国家与纳税人之间、国家与国家之间以及各级政府之间在征纳税方面的权利与义务关系的法律规范的总称。税法是国家政治权力的体现,也是税收参与市场经济分配的依据,是税收制度的法律体现形式,因此税法是随着税收的产生而产生,并逐步发展完善的。

我国现行税法体系由税收实体法和税收征收管理适用的程序法共同构成。

目前我国税收实体法由18个税收法律、法规组成,按照不同的标准可分为不同类别。其中,按照征税对象的性质大致可分为五类。

(1)商品(货物)和劳务税类。其包括增值税、消费税和关税,主要在生产、流通或者服务业中发挥调节作用。

(2)所得税类。其包括企业所得税和个人所得税,主要是在国民收入形成后,按照纳税人取得的利润或个人的纯收入征收。

(3)财产和行为税类。其包括房产税、车船税、印花税、契税、车辆购置税和船舶吨税,主要是对某些财产和行为发挥调节作用。

(4)资源税和环境保护税类。其包括资源税、环境保护税和城镇土地使用税,主要是对因开发和利用自然资源差异而形成的级差收入发挥调节作用。

（5）特定目的的税类。其包括土地增值税、城市维护建设税、耕地占用税和烟叶税，主要是为了达到特定目的，对特定对象和特定行为发挥调节作用。

税收实体法体系的18个税种中，进口的增值税和消费税、关税、船舶吨税由海关负责征收管理，适用《中华人民共和国海关法》及《中华人民共和国进出口关税条例》等有关程序法；其他税种由税务机关负责征收管理，适用的程序法为全国人大常委会发布实施的《中华人民共和国税收征收管理法》及各实体税法中的征管规定。

（二）税法要素

税法要素是各种单行税法具有的共同的基本要素的总称。首先，税法要素既包括实体性的，也包括程序性的；其次，税法要素是所有完善的单行税法都共同具备的。税法要素一般包括总则、纳税人、征税对象、税目、税率、纳税环节、纳税期限、纳税地点、减税免税、罚则、附则等项目。其中，纳税人、征税对象和税率为三个基本要素，解决了由谁纳税、对什么征税、征多少税的税收问题。

对于征税对象，税法中还有税目和税基两个相关概念。税目是在税法中对征税对象分类规定的具体的征税项目，反映具体的征税范围，是对课税对象质的界定。税基又叫计税依据，是据以计算征税对象应纳税款的直接数量依据，它解决对征税对象课税的计算问题，是对课税对象的量的规定。

二、税务规划

（一）概念及特征

税务规划是指在遵循税收法律法规的前提下，纳税人为实现自身价值最大化，对自身涉税行为进行科学、合理的选择与规划，以取得纳税方面的利益。纳税方面的利益，主要是经济利益，既包括纳税人取得的不纳或少纳税款而获得的利益，也包括因纳税人递延缴纳税款以及降低纳税成本和纳税风险而获得的经济利益。

税务规划具有以下特点。

（1）非违法性。税收具有强制性、无偿性，依法纳税是每一个纳税人的义务，因此税务规划首先须是一项不违法的理财活动，只能在不违反法律法规的前提下进行。注意，非违法性不等同于合法，纳税人利用税法规定的漏洞、空白或不足，在纳税前采取合乎法律规定的方法，规避或减轻税收负担的行为称为避税，广义上也属于税务规划的一种，不同于偷税、漏税、逃税、抗税、骗税等违法行为。当然，税法也在不断完善，并通过加强税务检查等方式进行反避税，缩小纳税人避税的空间。

扩展阅读8-1 "偷骗税必严打"以公正监管促公平竞争

（2）事先性。税务规划是纳税人在应税经济活动或行为发生之前作出的事先规划。当应税经济活动正在发生或已经发生，其纳税义务通常变得确定，很难再进行税务规划，这就要求纳税人必须在经济行为发生之前进行预测，并作出税务规划决策。

（3）选择性。税务规划是纳税人在充分了解现行税法知识的基础上，对未来的涉税事项利用税法中固有的各项优惠政策进行的一种选择。同一经济事项可能会有不同的做法,不同经济形式其征税对象、税率等要素可能不同,因而纳税人需要履行的纳税义务可能不同,这就使税务规划有了可能性和选择性。

(4)风险性。税务规划是纳税人事先进行的选择,其实施效果具有不确定性。在税务规划过程中,纳税人可能会因规划失败而面临税务机关的处罚,或因税收政策、经济形势和自身涉税活动的变化而不能获得预期税务规划的利益,甚至发生经济损失。一方面,经济政策和税收政策的变动,以及税收执法过程中的某些因素,会使预先选择的税务规划方案无效或者达不到预期效果;另一方面,纳税人自身原因,如对相关法律法规理解不足、税务规划方案设计缺陷或实施不当等,会导致税务规划风险增加,达不到预期税务规划的目的。例如,某某偷逃税案中,为了将劳务报酬所得转换为经营所得少纳税,其设置了许多个人独资企业、合伙企业,但虚构业务属于违法行为,其收入的性质未发生实质性改变,最终导致规划失败遭受处罚,这就是税务规划方案实施不当带来的风险。

(5)经济性。税务规划的目的是获取纳税方面的利益,通常为经济利益,但同时也会发生规划成本,因此在进行税务规划时,需充分考虑其经济性,按照成本效益原则,只有"有利可图",才进行税务规划,否则就没有必要了。

(二)税务规划的分类

1. 节税规划

节税是指纳税人在不违背税法立法精神的前提下,当存在多种纳税方案选择时,充分利用税法中的差异和各种优惠政策,对其经济活动选择按照税收负担最低的方式安排,以达到少缴税甚至不用缴税的目的。节税是科学合理地纳税,为使全体人民在共建共享发展中有更多获得感,增强发展动力,增进人民团结,朝着共同富裕方向稳步前进,国家实施了一系列税费优惠政策,因此利用税法优惠政策进行规划正是顺应国家政策引导,是最值得提倡的。

 扩展阅读8-2 支持共享发展税费优惠政策指引

2. 税负转嫁规划

税负转嫁是指纳税人为了减轻税负,通过对价格的调整和变动,将税负转嫁给交易对方承担的一种经济行为。最终承担税负的人为负税人,纳税人和负税人相同的税种很难进行税负转嫁,因此税负转嫁规划主要适用于间接税类和流转税类,如消费税。假设消费税税率提高,纳税人往往会对应地提高价格,将消费税税负的增加转嫁给购买者。

扩展阅读8-3 电子烟调价幅度普遍在20%到50%,消费者"放弃"电子烟?

3. 避税规划

避税规划是指纳税人在充分了解现行税法、掌握相关会计知识等基础上,在不触犯法律的前提下,对经济活动作出规划,达到规避或减轻税负的目的。通常这种规划手段处在合法与非法之间,但从国家角度来看,避税行为并不被提倡,各国、国与国之间均会有一系列反避税措施,因此对于避税规划是否属于税务规划内容,实务中仍存在一定争议。

（三）税务规划方法

税务规划方法是纳税人为实现规划目标而采取的各种措施。税务规划的方法很多，而且不是固定的，随着经济发展和税收法律法规的不断变化，税务规划方法也会相应发生变化。按照规划对象的要素进行分类，税务规划主要包括以下几种。

1. 纳税人规划

利用对纳税人身份进行规划，尽可能将税负转嫁，或因纳税人身份改变而使其承担的税负尽可能减少或降低，或降低纳税成本及风险等的方法，属于纳税人规划。每一税种都要首先确定纳税人要素，明确由谁承担纳税义务。有些税种将纳税人分类管理，不同的纳税人负有不同的纳税义务，这就给税务规划提供了空间。因此，通过科学、合理的筹划将某种税收的纳税人转变为非纳税人，或者将高税负纳税人转变为低税负纳税人，可以实现纳税人规划的目的。例如，某公司通过了高新技术企业认证，则其企业所得税适用税率从25%降低为15%，可大大减轻税负。

2. 征税对象规划

按照税法规定，同一征税对象可能有不同的税目或征税范围，而不同税目或征税范围的计税依据或适用税率可能不同，纳税人据以进行合理规划从而降低税负的方法，属于征税对象规划，具体表现为征税范围或税目规划和计税依据规划两种。

1）征税范围或税目规划

将纳税人的某些经济活动或行为进行科学规划，避免进入征税范围，可以不必纳税；不同税目的税负可能不同，将纳税人的征税对象科学规划，尽可能按照低税负的税目纳税或分别不同税目纳税，从而降低纳税人的总税负。

2）计税依据规划

计税依据越大，税率不变的情况下应纳税额越大，因此计税依据规划就是通过利用税收优惠政策、合理增加扣除项目等各种合理方式尽可能降低纳税人的计税依据。比如，按照简易计税方法纳税的增值税小规模纳税人，其适用3%征收率的应税销售额，减按1%征收率征收增值税，自2023年1月1日至2027年12月31日，还对月销售额不超过10万元（季度销售额不超过30万元）的增值税小规模纳税人，免征增值税。某小规模纳税人连续2个月的销售额均为15万元，按1%计算各个月均应缴税0.15万元。假设通过合理规划将这两个月的销售额分别确定为10万元、20万元，则第一个月不需要纳税，第二个月需缴纳增值税0.2万元，实现了税负的降低和递延。

3. 税率规划

税率规划是指通过降低适用税率的方式来降低税负的规划方法。按照税法规定，确定的纳税人、征税对象，其适用税率是确定的，通常很难进行单独的税率规划。因此，税率规划往往与纳税人、征税对象规划紧密联系，通过对纳税人、征税对象的规划实现适用低税率的目标。比如，前述的高新技术企业认证方式税务规划，就是通过改变纳税人身份影响适用税率。

4. 优惠政策规划

优惠政策是税法规定的、直接给予纳税人的各种减免纳税金额、延迟纳税时间、降低纳税风险的政策,是国家促进产业结构调整和社会经济协调发展的一种手段,通常针对某个行业、某类群体或某一特殊时期,分为国家层面的税收优惠政策和地方性税收优惠政策。通常,税收优惠政策是对具体的纳税人、征税范围、税率、应纳税额、纳税期限、征收管理等各要素制定的,优惠政策规划也就多与其他规划方法结合使用。部分优惠政策是对纳税人税负多少的直接减免,如 2022 年 1 月 1 日至 2024 年 12 月 31 日实施的小微企业"六税两费"减免政策,符合条件的小微企业可按规定申报减免和退税;但若纳税人的应纳税所得额接近小微企业认定标准的临界值,纳税人通过对其应纳税所得额进行规划从而达到小微企业认定标准的行为,就兼有计税依据规划、税率规划和优惠政策规划的特点。

5. 征收管理规划

征收管理属于税收程序法的范畴,主要包括税务登记、账证管理、纳税申报、税款征收、税务检查等内容,通过征收管理规划可能达到减少或递延纳税义务的效果,但其主要目标是降低纳税人的纳税风险。

不同地区之间的税收政策存在差异,合理规划纳税地点,使纳税人利用地区间税收差异少纳税或避免重复征税,可有效节税;对于跨地域经营的纳税人,明确纳税地点,及时进行税款的预缴与清缴,可降低纳税风险和避免重复征税。霍尔果斯经济开发区所得税"五免五减"的税收优惠,就吸引了大量的明星去注册成立工作室。

同一税种可能有多个纳税期限,而影响纳税期限的一个重要因素是纳税义务发生的时间。因此,通过对纳税义务发生时间和纳税期限的合理规划,可以延迟纳税时间。

第二节 个人所得税及税务规划

2021 年 12 月,浙江省杭州市税务局宣布依法对主播黄某作出税务行政处理处罚决定,追缴税款、加收滞纳金并处罚款共计 13.41 亿元。这一"天价"处罚决定公布后,立刻震惊全国人民。根据黄某的丈夫董某某在道歉信中所讲,这已是经过所谓的专业机构进行税务统筹合规后的结果。实际上,新个人所得税法实施以来,官方已公开多起明星偷逃税事件,大家一方面感慨人与人之间巨大的收入差距,另一方面对个人所得税产生了更强的学习兴趣。每一个人都应该熟悉个人所得税制,依法纳税,同时要顺应国家共享发展理念合理进行税务规划。

一、个人所得税概述

个人所得税是主要以自然人取得的各类应税所得为征税对象而征收的一种所得税,也发挥了国家对个人收入进行调节的作用。目前适用的《中华人民共和国个人所得税法》是 2018 年 8 月 31 日第十三届全国人民代表大会常务委员会第五次会议通过修正、2019 年 1 月 1 日起施行的。个人所得税的作用主要有以下两点。

(一)缓解社会分配不均

伴随着经济体制改革,个人收入普遍提高的同时,收入差距也越来越大,我国适时对个人所得税制度进行多次修改,从"个人收入调节税",到提高费用扣除标准、调整级距及税率、引入综合所得项目、增加专项附加扣除项目等不断完善的个人所得税制度,个人所得税为调节收入分配差距过大、缓解社会分配不均起到重要作用。

(二) 增加财政收入

作为我国主体税种之一,个人所得税是国家以税收形式取得财政收入的重要来源之一,对增加财政收入有着重要作用。但相比很多国家,我国的个人所得税在财政收入中所占比重并不高。经济合作与发展组织(OECD,以下简称"经合组织")发布的《2022 年收入统计报告》显示,2020 年经合组织国家的个人所得税的收入占全部税收收入比均值为24.1%,可见个人所得税制度对各国财政收入的重要性。但因为各国税制不尽相同,各国个人所得税占比也差异较大,如澳大利亚和美国的个税占比超过 40%,而最低的哥斯达黎加仅为 6.8%。相比于经合组织国家,2020 年我国个人所得税占比仅为 7.50%,2021年、2022 年占比均逐渐上升,但整体来看我国个人所得税收入占比较低。

二、个人所得税征收管理

(一) 纳税人

个人所得税的纳税人,包括中国公民、个体工商户、个人独资企业投资者、合伙企业投资者、在中国有所得的外籍人员(包括无国籍人员)和港澳台同胞。依据住所和居住时间两个标准,个人所得税法将纳税人分为居民个人和非居民个人。其中,住所是指因户籍、家庭、经济利益关系而在中国境内习惯性居住的。

居民个人是指在中国境内有住所,或者无住所而一个纳税年度内在中国境内居住累计满 183 天的个人。居民个人负有无限纳税义务,就其从中国境内和境外取得的所得纳税。个人所得税法还规定,居民个人从中国境外取得的所得,可以从其应纳税额中抵免已在境外缴纳的个人所得税税额,但抵免额不得超过该纳税人境外所得依照本法规定计算的应纳税额,在保障税收收入的同时,避免了重复纳税。

非居民个人是指在中国境内无住所又不居住,或者无住所而一个纳税年度内在中国境内居住累计不满 183 天的个人。非居民个人负有有限纳税义务,仅就其从中国境内取得的所得缴纳个人所得税。

(二) 征税范围

个人所得税的征税对象是纳税人取得的各项应税所得,既包括货币资金形式所得,也包括实物、有价证券等其他经济利益形式的所得。根据税法规定,个人所得税具体征收范围包括以下九项,居民个人取得的前四项所得合并为综合所得,按年度计算个人所得税;非居民个人取得的前四项所得,按月或按次分项计算个人所得税。纳税人取得的其余各项所得,分别计算个人所得税。

1. 工资、薪金所得

工资、薪金所得,是指个人因任职或者受雇而取得的工资、薪金、奖金、年终加薪、劳动分红、津贴、补贴以及与任职或者受雇有关的其他所得,通常按月发放。工资、薪金所得属于个人非独立劳动所得,判断依据是个人受雇佣产生的劳动关系,比如退休人员再任职取得的所得属于工资、薪金所得,但非受雇的兼职所得,以及个人担任公司董事、监事,且不在公司任职、受雇所取得的董事费、监事费收入,不属于工资、薪金所得。

2. 劳务报酬所得

劳务报酬所得,是指个人从事劳务取得的所得,包括从事设计、装潢、安装、制图、化验、测试、医疗、法律、会计、咨询、讲学、翻译、审稿、书画、雕刻、影视、录音、录像、演出、表演、广告、展览、技术服务、介绍服务、经纪服务、代办服务以及其他劳务取得的所得。劳务报酬所得是个人独立从事各种非雇佣劳务取得的所得,劳务过程中发生的各项费用往往由个人负担,且通常是一次性劳务,每完成一次劳务后取得收入。

3. 稿酬所得

稿酬所得,是指个人因其作品以图书、报刊等形式出版、发表而取得的所得。稿酬也称稿费,通常以字数等数量和质量为基础的基本稿酬加印数稿酬的方式计酬,相对偏低,且通常于每次出版、发表后取得。

需要注意的是,并非所有因出版、发表作品而取得的所得都是稿酬所得。作者与报社、出版社等出版机构关系不同,应税所得的分类不同。如张某为某杂志社签订人事合同而聘用的专职编辑,其取得的与发表作品数量、质量挂钩的薪酬,应按"工资、薪金所得"计入综合所得纳税。

4. 特许权使用费所得

特许权使用费所得,是指个人提供专利权、商标权、著作权、非专利技术以及其他特许权的使用权取得的所得,通常以每一次使用权的转让所取得的收入为一次,减去规定费用后的余额作为应纳税所得额。著作权即版权,不限于文字作品,需要注意的是,一些作品在以图书、报刊形式出版或发表时也提供了作品的著作权使用权,需要区分稿酬所得和提供著作权的使用权所得。

5. 经营所得

(1)个体工商户从事生产、经营活动取得的所得,个人独资企业投资人、合伙企业的个人合伙人来源于境内注册的个人独资企业、合伙企业生产、经营的所得。

(2)个人依法从事办学、医疗、咨询以及其他有偿服务活动取得的所得。

(3)个人对企业、事业单位承包经营、承租经营以及转包、转租取得的所得。

(4)个人从事其他生产、经营活动取得的所得。

6. 利息、股息、红利所得

利息、股息、红利所得,是指个人拥有债权、股权等而取得的利息、股息、红利所得,通常按次取得。

7. 财产租赁所得

财产租赁所得,是指个人出租不动产、机器设备、车船以及其他财产取得的所得,无论租赁期长短,计税时都以 1 个月内取得的收入为一次。

8. 财产转让所得

财产转让所得,是指个人转让有价证券、股权、合伙企业中的财产份额、不动产、机器设备、车船以及其他财产取得的所得。

9．偶然所得

偶然所得是指个人得奖、中奖、中彩以及其他偶然性质的所得,通常按次取得。

（三）税率

个人所得税的税率有超额累进税率和比例税率两种,应税所得项目不同,适用税率不同。居民个人每一纳税年度内取得的综合所得,适用 3% 至 45% 的超额累进税率,具体如表 8-1 所示。

表 8-1　综合所得个人所得税税率表

级　数	全年应纳所得税额	税率/%	速算扣除数/元
1	不超过 36 000 元的	3	0
2	超过 36 000 元至 144 000 元的部分	10	2 520
3	超过 144 000 元至 300 000 元的部分	20	16 920
4	超过 300 000 元至 420 000 元的部分	25	31 920
5	超过 420 000 元至 660 000 元的部分	30	52 920
6	超过 660 000 元至 960 000 元的部分	35	85 920
7	超过 960 000 元的部分	45	181 920

非居民个人每月取得的工资、薪金所得,每次取得的劳务报酬所得、稿酬所得和特许权使用费所得,分别适用依照综合所得个人所得税税率表按月换算后的超额累进税率。

纳税人每一纳税年度内取得的经营所得,适用 5% 至 35% 的超额累进税率,具体如表 8-2 所示。

表 8-2　经营所得个人所得税税率表

级　数	全年应纳税所得额	税率/%	速算扣除数/元
1	不超过 30 000 元的	5	0
2	超过 30 000 元至 90 000 元的部分	10	1 500
3	超过 90 000 元至 300 000 元的部分	20	10 500
4	超过 300 000 元至 500 000 元的部分	30	40 500
5	超过 500 000 元的部分	35	65 500

纳税人每次取得的利息、股息、红利所得,财产租赁所得,财产转让所得和偶然所得均适用比例税率,税率为 20%。

（四）计税依据

应纳税所得额是计算个人所得税的计税依据。对于不同的个人所得税应税项目,根据其特点,计算应纳税所得额时所依据的收入额和按规定可减除的费用标准各不相同。

1．居民个人的综合所得

以每一纳税年度的收入额减除费用 6 万元以及专项扣除、专项附加扣除和依法确定的其他扣除后的余额,为应纳税所得额。专项扣除、专项附加扣除和依法确定的其他扣除,以居民个人一个纳税年度的应纳税所得额为限额;一个纳税年度扣除不完的,不结转以后年度扣除。

综合所得的应纳税所得额＝每年收入额－60 000 元－专项扣除－专项附加扣除－其他扣除

(1)纳税人取得的工资、薪金所得的收入全额作为收入额,劳务报酬所得、稿酬所得、特许权使用费所得以收入减除 20％的费用后的余额为收入额,即为纳税人实际取得的劳务报酬所得、稿酬所得、特许权使用费收入的 80％。此外,稿酬所得的收入额减按 70％计算,即为实际取得的稿酬收入的 56％。

(2)专项扣除,包括居民个人按照国家规定的范围和标准缴纳的基本养老保险、基本医疗保险、失业保险等社会保险费和住房公积金等。

(3)专项附加扣除,包括子女教育、继续教育、大病医疗、住房贷款利息、住房租金、赡养老人、3 岁以下婴幼儿照护。

(4)依法确定的其他扣除,是指个人缴付符合国家规定的企业年金、职业年金,个人购买符合国家规定的商业健康保险、税收递延型商业养老保险的支出等。自 2022 年 1 月

扩展阅读8-4 一图读懂个人所得税7项专项附加扣除

1 日起,国家对个人养老金实施递延纳税优惠政策,个人向个人养老金资金账户的缴费,按照 12 000 元/年的限额标准,在综合所得或经营所得中据实扣除。另外,个人将其所得对教育、扶贫、济困等公益慈善事业进行捐赠,捐赠额未超过纳税人申报的应纳税所得额30％的部分,可以从其应纳税所得额中扣除。

2. 非居民个人的前四项所得

工资、薪金所得以每月收入额减除费用 5 000 元后的余额为应纳税所得额;劳务报酬所得、稿酬所得、特许权使用费所得,以每次收入额为应纳税所得额。劳务报酬所得、稿酬所得、特许权使用费所得的收入额计算方法与居民个人相同,以每次收入减除 20％的费用后的余额为收入额,且稿酬所得的收入额减按 70％计算。

3. 经营所得

以每一纳税年度的收入总额减除成本、费用以及损失后的余额,为应纳税所得额。

成本、费用,是指生产、经营活动中发生的各项直接支出和分配计入成本的间接费用以及销售费用、管理费用、财务费用,对于个体工商户、个人独资企业、合伙企业,生产经营费用与投资者个人及其家庭生活费用需划分开;所称损失,是指生产、经营活动中发生的固定资产和存货的盘亏、毁损、报废损失,转让财产损失,坏账损失,自然灾害等不可抗力因素造成的损失以及其他损失。

取得经营所得的个人,没有综合所得的,计算其每一纳税年度的应纳税所得额时,应当减除费用 6 万元、专项扣除、专项附加扣除以及依法确定的其他扣除。专项附加扣除在办理汇算清缴时减除。

4. 财产租赁所得

每次收入减除定额或定率费用后的余额,为应纳税所得额。每次收入不超过 4 000元的,减除费用 800 元;4 000 元以上的,减除 20％的费用。

个人在出租财产过程中缴纳的税金及教育费附加(增值税除外)等扣除项目、实际负

担的修缮费用支出(每次 800 元为限,未扣完的结转以后继续扣除),允许从财产租赁收入中扣除。另外,属于个人将承租房屋转租的,其向房屋出租方支付的租金也允许从转租收入中扣除。

每次收入不超过 4 000 元的:

应纳税所得额＝每次收入额－税费等扣除项目－向出租方支付的租金－修缮费用－800 元

每次收入超过 4 000 元的:

应纳税所得额＝(每次收入额－税费等扣除项目－向出租方支付的租金－修缮费用)×(1－20％)

5. 财产转让所得

以转让财产的收入额减除财产原值和合理费用后的余额,为应纳税所得额。根据不同财产的特点,其财产原值确定方法不同。

财产原值,按照下列方法确定:

(1) 有价证券,为买入价以及买入时按照规定交纳的有关费用。

(2) 建筑物,为建造费或者购进价格以及其他有关费用。

(3) 土地使用权,为取得土地使用权所支付的金额、开发土地的费用以及其他有关费用。

(4) 机器设备、车船,为购进价格、运输费、安装费以及其他有关费用。

其他财产,参照上述规定的方法确定财产原值。

纳税人未提供完整、准确的财产原值凭证,不能按照以上规定的方法确定财产原值的,由主管税务机关核定财产原值。

6. 利息、股息、红利所得和偶然所得

以每次收入额为应纳税所得额,无可扣除费用。

(五) 应纳税额

根据税法规定计算的应纳税所得额,对应其适用税率,可计算得到应纳税额。

个人所得税的征税方法有三种:一是按年计征,包括居民个人取得的综合所得和经营所得;二是按月计征,包括非居民个人取得的工资、薪金所得;三是按次计征,包括利息、股息、红利所得,财产租赁所得,偶然所得,非居民个人取得的劳务报酬所得、稿酬所得、特许权使用费所得六项。

适用超额累进税率的综合所得和经营所得,其应纳税额的计算公式为

应纳税额＝应纳税所得额×适用税率－速算扣除数

适用比例税率的项目,其应纳税额的计算公式为

应纳税额＝应纳税所得额×适用税率

【例 8-1】 某居民个人纳税人 2023 年共取得工资、薪金所得 20 万元,按规定比例扣缴"三险一金"累计 5 万元;取得兼职收入的劳务报酬共 5 万元。该纳税人为独生子女,父母健在,父亲已年满 60 岁;有一接受义务教育的子女,子女教育经费由其全额扣除,家庭负担的住房贷款利息由其扣除。计算该纳税人 2023 年应纳个人所得税税额。

解析：居民个人取得的工资薪金所得、劳务报酬所得应计入综合所得，按年缴纳个人所得税，

应纳税所得额 $= 20 + 5 \times (1 - 20\%) - 6 - 5 - 3.6 - 2.4 - 1.2 = 5.8$ （万元）

应纳税额 $= 5.8 \times 10\ 000 \times 10\% - 2\ 520 = 3\ 280$ （元）

【例 8-2】 2023 年 11 月，李某将其自有的一部轿车出租，每月租金 2 000 元，一次性收取 3 个月租金共 6 000 元。当年 12 月发生车辆维修费 1 000 元，由李某负担。请计算 2023 年李某租金收入应缴纳的个人所得税。

解析：财产租赁收入以每个月内取得的收入为一次，按次计税。李某每月取得的租金收入为 2 000 元，按规定可扣除的法定费用为 800 元，12 月可扣修缮费用 800 元。

11 月应纳税额 $= (2\ 000 - 800) \times 20\% = 240$ （元）

12 月应纳税额 $= (2\ 000 - 800 - 800) \times 20\% = 80$ （元）

（六）优惠政策

个人所得税优惠政策较多，个人所得税法及其实施条例、财政部、国家税务总局等均规定了一些减税、免税优惠。

扩展阅读 8-5　个人所得税税收优惠

（七）征收管理

我国实行个人所得税代扣代缴和个人自行申报纳税相结合的征收管理制度。税法规定，个人所得税以支付所得的单位或者个人为扣缴义务人。

居民个人取得综合所得，按年计算个人所得税；有扣缴义务人的，由扣缴义务人按月或者按次预扣预缴税款；需要办理汇算清缴的，应当在取得所得的次年 3 月 1 日至 6 月 30 日内办理汇算清缴。

对于居民个人享受的除大病医疗外的各项专项附加扣除，自符合条件开始，纳税人可以向支付工资、薪金所得的扣缴义务人提供其专项附加扣除有关信息，由扣缴义务人在预扣预缴税款时，按其在本单位本年可享受的累计扣除额办理扣除；也可在次年 3 月 1 日至 6 月 30 日内，由纳税人向汇缴地主管税务机关办理汇算清缴申报时扣除。纳税人同时从两处以上取得工资、薪金所得，并由扣缴义务人办理上述专项附加扣除的，对同一专项附加扣除项目，一个纳税年度内，纳税人只能选择从其中一处扣除。享受大病医疗专项附加扣除的纳税人，由其在次年 3 月 1 日至 6 月 30 日内，自行向汇缴地主管税务机关办理汇算清缴申报时扣除。

纳税人取得经营所得，按年计算个人所得税，由纳税人在月度或者季度终了后 15 日内向税务机关报送纳税申报表，并预缴税款；在取得所得的次年 3 月 31 日前办理汇算清缴。

纳税人取得利息、股息、红利所得，财产租赁所得，财产转让所得和偶然所得，按月或者按次计算个人所得税，有扣缴义务人的，由扣缴义务人按月或者按次代扣代缴税款。

三、个人所得税税务规划

个人所得税的纳税人群体庞大，应税项目种类较多，计税依据和税率多样，优惠政策、

特殊事项多,为税务规划提供了很多可能。合理的税务规划,既能降低纳税人的税收负担,甚至为支付所得的单位和组织带来各种利益,又能促进税收优惠政策实现引导效果,充分发挥税收宏观调控作用。

(一)纳税人规划

个人所得税的居民纳税人和非居民纳税人纳税义务不同,利用这种差异,纳税人规划思路主要有两种:一是通过规划后完全不承担纳税义务;二是承担一部分纳税义务。具体的规划措施有以下两种。

1. 成为非纳税人

按照规定,所有取得来源于中国境内所得的个人均负有缴纳我国个人所得税的义务,只有将收入全部转变为境外所得且成为非居民纳税人才可能免除纳税义务。实务中,尤其是满足住所标准的居民个人想成为非纳税人是比较困难的,放弃取得中国境内所得可能也不经济。

2. 成为非居民纳税人

对于不符合住所标准、有来源于中国境内所得的非居民个人,规划的目标是避免成为居民个人,这样其来源于境外的所得就不负有缴纳中国个人所得税的义务。主要方法是在一个纳税年度内减少在中国境内的累计居住时间至少于 183 天。

(二)征税对象规划

由于不同的所得项目计税依据、税率、征收方式、优惠政策等不同,实务中,合理进行税务规划,将征税收入转变为非征税收入或享受到优惠政策,将高税负收入转化为低税负收入,能够减少纳税人应纳税额或递延纳税时间。具体地,结合征税对象质和量两方面考量,个人所得税的征税对象规划进一步划分为以下两种。

1. 征税范围规划

(1)将需要纳税的项目转换为不纳税项目或免税项目。比如,目前对于集体享受的、不可分割的、未向个人量化的非现金方式的福利,原则上不征收个税,因此,将支付给个人的货币形式的部分补贴等福利,改为不纳税的集体福利,能够达到节税的作用。但需要注意的是,部分不征税项目或免税项目有严格规定,超出规定范围的部分需要依法纳税。又比如企业向国家依法缴纳的技术培训费等其他教育经费,并作为企业的费用给予雇员的,不需要为员工计入工资缴纳个税。

扩展阅读8-6 谁是"月饼税"的真正受益者和受害者——评走反了方向的关于"月饼税"的宣泄

【例 8-3】 居民个人张某 2023 年每月从任职的企业取得工资薪金收入 20 000 元,其中包含餐补 2 000 元。张某每月缴纳"三险一金"5 000 元,无专项附加扣除及其他扣除项目,且无其他项目所得。如果该企业进行职工薪酬制度改革,取消餐补,改由职工食堂提供免费就餐,那么张某的工资将变为每月 18 000 元,其他条件不变,但张某每月节约至少 2 000 元就餐费用。

解析:

改革前,张某 2023 年综合所得为 $20\,000 \times 12 - 60\,000 - 5\,000 \times 12 = 120\,000$(元)

应纳个人所得税 120 000×10％－2 520＝9 480(元)

改革后,张某 2023 年综合所得为 18 000×12－60 000－5 000×12＝96 000(元)

应纳个人所得税 96 000×10％－2 520＝7 080(元)

通过对比可以看出,将发放给个人的餐补改为不征税的集体福利,张某应纳个人所得税减少 9 480－7 080＝2 400 元。此外,减少的工资薪金所得不高于节约的个人餐费支出时,张某的净现金流增加。因此,企业合理的薪酬制度改革,不仅提高了职工个人经济利益,调动职工积极性,还可以通过加强职工食堂的成本管理实现企业成本费用支出的降低。

(2) 将高税负的应税所得转变为低税负的应税所得。一些高收入的明星,就是通过该方式进行税务规划的。当个人收入较高时,按照综合所得纳税则最高适用税率为 45％,若将收入转变为经营所得,则最高适用税率为 35％。假设没有其他因素影响,我们不难计算出,年应纳税所得额超过 1 164 200 元时,按照经营所得计算缴纳的个人所得税更少。所以,实务中那些高收入的明星往往采取该规划方式,通过设立个人独资企业性质的工作室,甚至更为复杂地成立多个公司,将所得拆分,结合小微企业所得税优惠等政策合理规划,降低个人综合税负。

【例 8-4】 居民个人李某为某公司核心业务人员,年薪为 600 万元。若现在李某辞职成立个人独资企业,通过与原公司签订合作协议的方式继续合作,每年可取得收入 700 万元(不含增值税)。假设该独资企业的运营成本为 130 万元,李某无其他收入,每年可税前扣除费用 6 万元、由个人负担的专项扣除为 10 万元,无专项附加扣除和其他扣除项目。

解析:

辞职前,李某取得的 600 万元为工资、薪金所得,计入综合所得纳税。

应纳税所得额为 6 000 000－60 000－100 000＝5 840 000(元)

应纳个人所得税 5 840 000×45％－181 920＝2 446 080(元)

李某税后实际到手收入为 6 000 000－100 000－2 446 080＝3 453 920(元)

辞职后,李某的个人独资企业利润 7 000 000－1 300 000＝5 700 000(元),应按经营所得纳税。

应纳税所得额为 5 700 000－60 000－100 000＝5 540 000(元)

应纳个人所得税 5 540 000×35％－65 500＝1 873 500(元)

李某税后实际到手收入为 5 700 000－100 000－1 873 500＝3 726 500(元)

通过比较可以发现,李某将工资薪金所得转变为经营所得后的应纳税所得额减少,实际到手的收入增加,达到了税务规划的目的。

回顾本节开头列举的黄某偷逃税案例,其中提到虚构业务转换收入性质实际就是错误运用了该规划方法。事先进行预测作出非违法的税务规划方案并执行,可以达到规划目的,但虚构业务,通过财务造假来偷逃税就是违法行为。另外,高额的综合所得项目可否转化为税率更低的股息、红利所得呢?公司制企业需要缴纳企业所得税,基本税率为 25％,税后净利润分配给投资者,其中的个人投资者再按照利息、股息、红利所得适用税率 20％缴纳个人所得税,所以综合税负为 40％(25％＋75％×20％),而经营所得的最高适用税率只有 35％,因此成立自然人企业更具优势。但是,当前高新技术企业、小型微利企业享有各种企业所得税优惠政策,尤其是小型微利企业,自 2023 年 1 月 1 日至 2024 年 12 月 31 日,年应纳税所得额不超过 300 万元的部分,减按 25% 计入应纳税所得额,按 20% 的税率缴纳企业所得税(即实际税负为 5%),税后分配给个人的红利再缴纳个人所得税,综合税负就会大大降低(5% + 95% × 20% = 24%)。因此,实务中,纳税人需要根据所得情况来判断设立何种企业。

(3)拆分或合并等方式改变个人的应税所得项目类别。该方法通常是利用不同项目的税率、费用扣除、优惠政策等的不同,使纳税人节税、实现经济利益最大化。比如,根据规定,居民个人从所任职或受雇的单位,根据其全年工作业绩的综合考核情况取得的全年一次性奖金,包括年终加薪、实行年薪制和绩效工资办法的单位根据考核情况兑现的年薪和绩效工资等。2027 年 12 月 31 日前,居民个人可选择将其取得的全年一次性奖金不并入当年综合所得,单独作为 1 个月工资、薪金所得计算纳税,除以 12 个月,按其商数依照按月换算后的综合所得税率表确定适用税率和速算扣除数,全额计税。因此,在政策过渡期内,居民纳税人可根据自身收入情况,合理规划工资、薪金所得和全年一次性奖金的分配,使自身纳税义务降低。

【例 8-5】 假设某居民个人李某 2023 年从其任职企业 1—12 月每月扣除"三险一金"后的工资为 2 万元,无专项附加扣除及其他扣除,12 月一次性领取年终奖金 12 万元。请问该居民个人年终奖是否应选择并入综合所得计税?

解析:

若李某将年终奖并入综合所得,则

李某 2023 年综合所得为 2 × 12 + 12 − 6 = 30(万元)

应纳个人所得税 300 000 × 20% − 16 920 = 43 080(元)

若李某将年终奖按全年一次性奖金单独计税,则

李某 2023 年综合所得为 2 × 12 − 6 = 18(万元)

应纳个人所得税 180 000 × 20% − 16 920 = 19 080(元)

全年一次性奖金按 12 个月分摊,每月 120 000 ÷ 12 = 10 000(元),适用税率为 10%,速算扣除数为 210 元,应纳税额 120 000 × 10% − 210 = 11 790(元)

共缴纳个人所得税 19 080 + 11 790 = 30 870(元)

通过对比看出,李某选择将年终奖单独按全年一次性奖金计税所纳税额更低。

2. 计税依据规划

通过规划使纳税人的应纳税所得额减少,从而降低其应纳税额,这种计税依据规划的思路具体有两种,一是利用个税规定或优惠政策,合理规划使计入应税所得的金额尽可能少;二是合理加大可扣除的各项费用,从而降低计税依据,达到节税效果。

(1)调整家庭成员间的所得,降低高收入者的计税依据。如部分取得经营所得的纳税人,可通过支付家庭成员薪酬或劳务所得的方式,将其较高的经营所得分摊到家庭成员的综合所得,最大化家庭经济利益。

(2)增加可税前扣除费用,降低计税依据。在不减少收入的情况下,尽可能取得并保留符合规定的、计算应纳税所得额时可扣除的费用相关凭证,可以节税。由于个人所得中的费用扣除标准有很多是法定的,无法直接增加可税前扣除费用,这种方法可选择性稍

差。部分专项附加扣除项目有多个扣除方式可选,尽可能多地由家庭中高收入者负担,可降低其应纳税所得额,达到节税目的。尽管从家庭角度看,成员间可扣除的专项附加扣除总额未降低,但因为综合所得和经营所得适用超额累进税率,计税依据越大,其对应的适用税率越高,平均税负越高,此时降低高收入纳税人的计税依据可以最大化节税,能有效降低家庭总税负。

【例 8-6】　某纳税人将其转租的房屋对外出租,按月收取租金,每月向出租方支付租金 3 000 元。假设出租房屋最高可获得 4 100 元收入,无其他可税前扣除项目,则该纳税人是否应将租金定为 4 100 元?

解析:

若将租金定为 4 100 元,则可税前扣除的费用为 20%,

应纳税所得额为 $(4\,100-3\,000)\times(1-20\%)=880$(元)

应纳个人所得税 $880\times20\%=176$(元)

税后净现金流为 $4\,100-3\,000-176=924$(元)

若将租金定为 4 000 元,则可税前扣除 800 元费用,

应纳税所得额 $4\,000-3\,000-800=200$(元)

应纳个人所得税 $200\times20\%=40$(元)

税后净现金流为 $4\,000-3\,000-40=960$(元)

通过对比可以发现,租金为 4 100 元时,纳税更多,纳税人的税后净现金流反而更低,因此该纳税人将租金定为 4 000 元效果更优。该例中,因存在转租而向出租方支付租金的情况,租金收入超过 4 000 元适用 20% 扣除标准计算的费用反而低于 800 元,故纳税人通过适当降低租金收入反而增加了费用扣除金额,提高了税后收入。

(三)税率规划

个人所得税法使用了超额累进税率和单一比例税率两种税率形式,几乎无法单纯地对税率进行规划,因此主要结合前述的纳税人和征税对象规划来降低适用税率进而节税。该规划方法具有代表性的是个人取得的全年一次性奖金性质的所得,它的计税方式存在税收"陷阱",一定收入区间内,尽管收入增加,税后收入却未必增加。因此,利用其"陷阱"合理规划,可降低其最高适用税率、提高税后收入。

扩展阅读 8-7　2019 年个人所得税如何计算?多发一元,少得千元的年终奖大坑咋回事?

【例 8-7】　假设某居民个人 2023 年度综合所得较高,故其取得全年一次性奖金 14.45 万元选择不并入综合所得计税。

将全年一次性奖金按 12 个月分摊,每月 $144\,500\div12=12\,041.67$ 元,适用税率为 20%,速算扣除数为 1 410 元,应纳税 $144\,500\times20\%-1\,410=27\,490$ 元,税后收入为 $144\,500-27\,490=117\,010$ 元。

若该纳税人选择放弃部分奖金,将奖金降低至 14.4 万元,则全年一次性奖金按 12 个月分摊,每月 $144\,000\div12=12\,000$ 元,适用税率为 10%,速算扣除数为 210 元,应纳税 $144\,000\times10\%-210=14\,190$ 元,税后收入为 $144\,000-14\,190=129\,810$ 元。

通过对比可以发现,收入降低 500 元,税收减少 $27\,490-14\,190=13\,300$ 元,税后收入

增加 12 800 元。因此,在合法合规的前提下,用人单位无论从自身经济利益还是从雇员利益看,都应该避开一次性奖金的税收"陷阱"。当然,在政策过渡期内,纳税人可选择是否将全年一次性奖金并入综合所得,故在无法避免奖金在临界点附近时,还可参照例 8-5,判断一下并入综合所得计税是否更优。

(四)优惠政策规划

个人所得税的优惠政策很多,实务中,纳税人可充分利用减免税款、减计收入、加计扣除、优惠税率、递延纳税等各优惠政策,结合其他税务规划方法进行税务规划,实现税务规划目的。例如:

在船航行时间较长的远洋船员可尽量满足满 183 天的要求,以享受取得的工资薪金收入减按 50% 计入应纳税所得额的优惠,且选择在当年预扣预缴时享受优惠政策,规划效果最佳。

2022 年 10 月 1 日至 2025 年 12 月 31 日期间,对出售自有住房并在现住房出售后 1 年内在市场重新购买住房的纳税人,对其出售现住房已缴纳的个人所得税予以退税。其中,新购住房金额大于或等于现住房转让金额的,全部退还已缴纳的个人所得税;新购住房金额小于现住房转让金额的,按照新购住房金额占现住房转让金额的比例退还现住房已缴纳的个人所得税。因此有改善住房需求的纳税人,通过管理出售自有住房和新购住房的交易时间,可以享受到个人所得税优惠。

(五)征收管理规划

个人所得税的综合所得和经营所得实行按年征收、按期预缴的方式,可以利用预缴与申报的计税差异,尽可能将纳税义务延后。相比于汇缴时申报带来退税,预缴时申报扣除可直接减少预缴税款,符合税务规划的范畴。而综合所得办理汇算清缴申报时,按规定,年度综合所得收入不超过 12 万元且需要汇算清缴补税的,或者年度汇算清缴补税金额不超过 400 元的,可免于办理汇算申报,符合条件的纳税人通过申请免汇算申报减少实际税负。

又如,自 2021 年 1 月 1 日起,对同时符合下列三项条件的居民个人,扣缴义务人在预扣预缴本年度工资、薪金所得个人所得税时,累计减除费用自 1 月起直接按照全年 60 000 元计算扣除。即,在纳税人累计收入不超过 60 000 元的月份,暂不预扣预缴个人所得税;在其累计收入超过 60 000 元的当月及年内后续月份,再预扣预缴个人所得税。

(1)上一纳税年度 1—12 月均在同一单位任职且预扣预缴申报了工资、薪金所得个人所得税。

(2)上一纳税年度 1—12 月的累计工资、薪金收入(包括全年一次性奖金等各类工资、薪金所得,且不扣减任何费用及免税收入)不超过 60 000 元。

(3)本纳税年度自 1 月起,仍在该单位任职受雇并取得工资、薪金所得。

因此,对于符合上述条件的居民纳税人,既可以由任职单位按照常规方法预扣预缴,即每月减除费用 5 000 元,也可以自 1 月起直接按照全年 60 000 元计算扣除。

【例 8-8】 假设某居民纳税人符合上述三项条件,2023 年 1 月起,其从任职单位取得的工资薪金所得增长至 9 000 元/月,个人应负担"三险一金"2 000 元,无其他扣除项目。

若按常规方法预扣预缴,该纳税人 1 月应预缴(9 000－2 000－5 000)×3％＝60 元,之后各月均需预缴税款。

若按上述方式,该纳税人前 6 个月累计收入 9 000×6＝54 000 元无须预缴,自 7 月起才开始预扣预缴个人所得税,显然该方法能有效延迟纳税义务,满足税务规划的要求。

第三节　家庭资产购置税务规划

多机构调研结果显示,房产已成为中国家庭最重要的资产,比重甚至超过一些发达国家。房产具有价值高、流动性差的特点,占用家庭绝大部分的资金,是个人理财或者说家庭财富管理的重点。实务中,房产交易及持有涉及多个税种,其中有些税收金额较大,对于个人理财决策具有较大影响,因此本节将对以房产为主的家庭资产配置过程中的涉税问题进行探究,并进行相应的税务规划。

一、房产交易税务规划

房产是房屋产权的简称,往往与土地使用权一起销售,因此又被称为房地产、不动产,包括住宅和非住宅,其交易和持有期间主要涉及以下税种。

(一)房产交易相关税收

1. 增值税

增值税是对在我国境内销售货物,提供加工修理修配劳务(简称"应税劳务"),销售服务、无形资产及不动产,以及进口货物的企业、单位和个人,就其销售货物、提供应税劳务、发生应税行为的增值额和货物进口金额为计税依据而课征的一种流转税。自 2016 年 5 月 1 日起全面实行营改增,销售和出租不动产需要缴纳增值税。

对于一般纳税人,销售不动产、转让土地使用权适用的增值税税率为 9％;对于小规模纳税人,销售不动产适用的增值税税税率为 5％。因为自然人个人(税法中的"其他个人")不能认定为增值税一般纳税人,因此,个人销售自有不动产适用 5％ 的增值税税率。个人出租住房,应按照 5％ 的税率减按 1.5％ 计算应纳税额。但按规定,自然人采取一次性收取租金形式出租不动产取得的租金收入,可在对应的租赁期内平均分摊,分摊后的月租金收入未超过 10 万元的,免征增值税。

关于房产交易,税法中就个人销售不动产给予一些优惠政策。

(1) 个人销售自建自用住房,免征增值税。

(2) 北京市、上海市、广州市和深圳市之外的地区,个人将购买不足 2 年的住房对外销售的,按照 5％ 的征收率全额缴纳增值税;个人将购买 2 年以上(含 2 年)的住房对外销售的,免征增值税。

(3) 北京市、上海市、广州市和深圳市,个人将购买不足 2 年的住房对外销售的,按照 5％ 的征收率全额缴纳增值税;个人将购买 2 年以上(含 2 年)的非普通住房对外销售的,以销售收入减去购买住房价款后的差额按照 5％ 的征收率缴纳增值税;个人将购买 2 年以上(含 2 年)的普通住房对外销售的,免征增值税。

另外,涉及家庭财产分割的个人无偿转让不动产免征增值税。家庭财产分割,包括下列情形:离婚财产分割;无偿赠与配偶、父母、子女、祖父母、外祖父母、孙子女、外孙子女、兄弟姐妹;无偿赠与对其承担直接抚养或者赡养义务的抚养人或者赡养人;房屋产权所有人死亡,法定继承人、遗嘱继承人或者受遗赠人依法取得房屋产权。

由此可见,个人购买房地产销售企业和个人销售的房产所负担的增值税可能不同,个人销售自有房产所需缴纳的增值税也可能不同。另外,购买和销售不同类型的房产所涉增值税也可能不同。

2. 城建税和教育费附加

城建税属于特定目的税,教育费附加和地方教育附加属于特定目的费,是对从事经营活动、缴纳增值税、消费税的单位和个人,就其实际缴纳的增值税和消费税税额为依据,以一定比例征收,专门用于城市维护建设、教育的一种税(费)。

城建税实行地区差别税率,根据纳税人所在地的不同,设置了三档地区差别税率:纳税人所在地为市区的,税率为 7%;纳税人所在地为县城、镇的,税率为 5%;纳税人所在地不在市区、县城或者镇的,税率为 1%。

教育费附加计征比率为 3%,地方教育附加计征比例为 2%。

3. 契税

契税是以在中华人民共和国境内转移土地、房屋权属为征税对象,向产权承受人征收的一种财产税,属于财产转移税,于交易过程产生,由财产承受人即买方纳税,有利于保护合法产权,避免产权纠纷。契税的征税范围包括国有土地使用权出让、土地使用权的转让、房屋买卖、房屋赠与和房屋交换。

契税以不含增值税的不动产价格为计税依据,实行 3%～5% 的幅度税率。具体地,各省、自治区、直辖市人民政府可以在 3%～5% 的幅度税率规定范围内,按照本地区的实际情况决定。

对个人购买家庭唯一住房(家庭成员范围包括购房人、配偶以及未成年子女,下同),面积为 90 平方米及以下的,减按 1% 的税率征收契税;面积为 90 平方米以上的,减按 1.5% 的税率征收契税。北京市、上海市、广州市、深圳市之外的地区,对个人购买家庭第二套改善性住房,面积为 90 平方米及以下的,减按 1% 的税率征收契税;面积为 90 平方米以上的,减按 2% 的税率征收契税。

另外,婚姻关系存续期间夫妻之间变更土地、房屋权属的,夫妻因离婚分割共同财产发生土地、房屋权属变更的,法定继承人通过继承承受土地、房屋权属的,免征契税。

4. 土地增值税

土地增值税是伴随土地交易市场的发展以及房产开发热而设立的,增强了政府对房地产开发和交易市场的调控。

土地增值税是对有偿转让国有土地使用权及地上建筑物和其他附着物产权(简称“房地产”)、取得增值收入的单位和个人征收的一种税。它以纳税人转让房地产取得的收入减除规定扣除项目后的余额为增值额,以增值额为计税依据,按照四级累进税率(表 8-3)计征。其中,纳税人转让房地产取得的应税收入,包括转让房地产取得的全部价款及有关的经济收益,不包含增值税;扣除项目包括:取得土地使用权所支付的金额、开发土地和新建房及配套设施的成本(简称"房地产开发成本")、房地产开发费用、与转让房地产有关的税金(增值税除外。因转让房地产缴纳的教育费附加视同税金予以扣除)和财政部规定的其他扣除项目。

表 8-3　土地增值税税率

级　数	增值额与扣除项目金额的比率	税率/%	速算扣除系数/%
1	不超过 50% 的部分	30	0
2	超过 50%~100% 的部分	40	5
3	超过 100%~200% 的部分	50	15
4	超过 200% 的部分	60	35

实际工作中,为了简化计算过程,一般采用速算扣除法计算土地增值税应纳税额:

应纳税额＝土地增值额×适用税率－扣除项目金额×速算扣除系数

对于从事房地产开发的纳税人,可按规定,在计算扣除项目的金额时,将取得土地使用权时所支付的金额以及开发土地和新建房及配套设施的成本之和,加计 20% 进行扣除。但是,对取得土地使用权后未进行开发就转让的,不得加计扣除。

实务中,对土地增值税的征缴规定了一系列减免税政策,比如:

(1) 纳税人建造普通标准住宅出售,增值额未超过扣除项目金额 20% 的,免征土地增值税;增值额超过扣除项目金额 20% 的,应就其全部增值额按规定计税。

(2) 自 2008 年 11 月 1 日起,对个人销售住房暂免征收土地增值税。

(3) 单位、个人在改制重组时以房地产作价入股进行投资,对其将房地产转移、变更到被投资的企业,暂不征土地增值税。

5. 个人所得税

个人销售房产取得的收入按照"财产转让所得"缴纳个人所得税,适用税率 20%。但个人转让自用达 5 年以上,并且是唯一的家庭生活用房取得的所得,暂免征收个人所得税。另外,本章第二节的优惠政策规划中提到改善住房的个人所得税优惠政策,此处不再赘述。

个人出租房产取得的租金收入按照"财产租赁所得"缴纳个人所得税,其中对个人出租住房取得的所得,减按 10% 的税率征收个人所得税。

6. 印花税

印花税是以经济活动和经济交往中,书立、领受应税凭证的行为为征税对象征收的一种税。其中,与房产交易相关的印花税税目有产权转移书据和权利、许可证照、财产租赁合同三个。

单位和个人产权的买卖、继承、赠与、交换、分割等所立的产权转移书据,属于印花税的税目之一,通常按书据所记载金额 0.5‰ 征收,但自 2008 年 11 月 1 日起,对个人销售或购买住房暂免征收印花税。

政府部门发给的房屋产权证按权利许可证照 5 元/件征收。

个人出租房屋等签订的合同,按照租赁金额 1‰ 贴花征收。

7. 房产税

房产税是以房屋为征税对象,按照房屋的计税余值或租金收入,向产权所有人征收的一种财产税。在房产持有过程中,纳税人需要缴纳房产税。

需要注意的是,目前房产税的征税范围限于城镇的经营性房屋:在我国城市、县城、建制镇和工矿区(不包括农村)内拥有房屋产权的单位和个人。按照税法规定,个人所有非营业用的房产免征房产税,但个人拥有的营业用房或者出租的房产,不属于免税房产,应照章纳税。

由于房产税区别房屋的经营使用方式规定征税办法,因此房产税的计税依据是房产的计税余值或房产的租金收入,又称为从价计征或从租计征。从价计征的,按照房产原值一次减除 10%～30% 损耗后的余值(扣除比例由省、自治区、直辖市人民政府确定),以 1.2% 的年税率计算征收;房产出租的,从租计征,按照房产租金收入(不含增值税),以 12% 的税率计算征收(对个人出租住房,不区分用途,按 4% 的税率征收房产税)。房产税实行按年计算、分期缴纳的征收办法。

【例 8-9】 某个体工商户将其自有一商铺用于经营,房屋原值为 100 万元,按照当地规定允许减除 30% 后按余值计税。另一商铺对外出租,收取年租金 12 万元。计算该个体工商户两处商铺应该缴纳的房产税。

解析:

自用房产年应纳税额 $=100×(1-30\%)×1.2\%=0.84$(万元)

出租房产年应纳税额 $=12×12\%=1.44$(万元)

作为宏观调控重要手段,为进一步规范房地产发展,我国逐步推进了房产税改革。重庆市政府和上海市政府分别在 2011 年 1 月 27 日出台了《重庆市关于开展对部分个人住房征收房产税改革试点的暂行办法》和《上海市关于开展对部分个人住房征收房产税改革试点的暂行办法》,均规定自 2011 年 1 月 28 日起,开展对部分个人住房征收房产税试点。此后,重庆市和上海市又对暂行办法做了微调。未来,个人拥有的非经营用住房也会逐渐成为房产税的征税对象,影响个人及家庭的置业决策。

(二) 房产交易的税务规划

1. 房产处置的税务规划

对于个人持有的房产,因交易涉及税费种类较多,因此进行税务规划时,通常需要综合考虑各项税负,使总税负最低,主要方式是充分利用相关税种的各种优惠政策。

(1) 利用税收优惠政策,降低税负。但有的时候一种税的减少会影响其他税的计算缴纳,比如出售购买 2 年以上(含 2 年)房屋享受免征增值税优惠的个人,其转让财产所得相对变大,缴纳的个人所得税增加,这就需要纳税人综合考虑不同方式下的所有税费,使综合税负最低。

【例 8-10】 钱某于 2021 年 10 月在山东地区购入居民住房一套,支付价款 90 万元,并发生契税及其他符合规定的费用 3 万元。2022 年底发生工作调动,钱某欲将该住房处置。假设当前该住房市场价格为 105 万元。

若钱某于 2022 年底出售住房,则需缴纳增值税、城建税、教育费附加和个人所得税。

应纳增值税额$=105\div(1+5\%)\times5\%=5$(万元)

应纳城建税和教育费附加$=5\times(7\%+3\%)=0.5$(万元)

应纳个人所得税额$=[105\div(1+5\%)-90-3-0.5]\times20\%=1.3$(万元)

钱某共缴纳税费$5+0.5+1.3=6.8$(万元)

假设房价稳定,钱某于2023年10月满2年后出售房产,则可享受免征增值税的优惠,钱某只需要缴纳个人所得税。

应纳个人所得税额$=(105-90-3)\times20\%=2.4$(万元)

通过对比可以发现,推迟几个月出售住房,尽管钱某需要缴纳的个人所得税增加,但增值税和城建税、教育费附加减少,综合来看,钱某负担的税费总额下降$6.8-2.4=4.4$万元,因此,其他条件不变或变化较小时,钱某应推迟出售住房。

(2)综合考虑,使家庭/家族经济利益最大化。不动产作为家庭财富的重要构成,通常承担着财富传承、投资等作用,因此,家庭成员或家族成员之间的不动产处置,既要考虑处置时的税务规划,还要长期考虑家庭或家族经济利益。

【例8-11】 承例8-10,假设钱某打算将该住房转让给兄长。山东地区契税税率为3%。2023年10月前转让,钱某的哥哥需要缴纳契税$105\div(1+5\%)\times3\%=3$万元。2023年10月后转让,钱某的哥哥需按照105万元计算缴纳契税,应纳契税$105\times3\%=3.15$万元。

综合考虑,2023年10月后完成转让,双方承担的税负总额更低。

因钱某及其哥哥是近亲属,双方还可选择无偿赠与方式完成房产过户。按照税法相关规定,无偿赠与兄弟姐妹房产的免征增值税,对受赠人免征个人所得税,因此赠与过程中仅钱某的哥哥需要缴纳契税。假设计税依据仍为105万元,则税额为3.15万元,也是双方承担的税负总额,为当前最低税负。但从家族财富管理的角度,长远看,它未必是最佳选择。

长远来看:

若钱某哥哥受赠的房屋用于居住及未来赠与子女,相关税收政策保持不变,则将来赠与子女时,钱某哥哥的税负为0,仅其子女需要承担契税,假设计税价值为120万元,则税额为$120\times3\%=3.6$万元。

若钱某哥哥将受赠的房屋于两年内出售,假设含增值税售价仍为120万元,则出售过程中,钱某哥哥需要缴纳的税为

应纳增值税额$=120\div(1+5\%)\times5\%=5.71$(万元)

应纳城建税和教育费附加$=5.71\times(7\%+3\%)=0.571$(万元)

应纳个人所得税额$=[120\div(1+5\%)-3.15-5.71-0.571]\times20\%=20.97$(万元)

受赠及出售过程中,钱某及哥哥共缴纳税费$3.15+5.71+0.571+20.97=30.401$万元。

若前期钱某与哥哥于2023年10月以后通过转让方式交易并纳税,钱某哥哥将购入的住房于两年内出售,则出售时,钱某哥哥需要缴纳的增值税、城建税、教育费附加与上述情形相同,仅应纳个人所得税不同。

财产转让所得$=120\div(1+5\%)-105-3.15-5.71-0.571=-0.15$(万元)

应纳个人所得税为 0。

前期转让及后期出售过程中,钱某及哥哥共缴纳税费 2.4＋3.15＋5.71＋0.571＝11.831 万元。

通过对比可以发现,从家族经济利益角度出发,未来用以出售的房产,通过买卖方式在家庭或家族成员之间进行转让,家庭或家族需要负担的税费很可能更低。因此,家庭或家族的不动产税务规划问题需要充分考虑未来房产的用途及持有期限等因素。

2. 经营性房产的税务规划

个人或家庭持有的经营性房产主要涉及的税种为房产税,除此之外还可能涉及增值税、城建税、教育费附加和个人所得税等。在进行税务规划时,同样需要考虑综合税费负担情况。

(1) 合理拆分收入,减少计税依据,达到节税效果。比如,纳税人将自有经营性房产对外出租时,通常会伴随房屋内附属设施的出租以及房产的物业费、水电费等问题,若可以将租金收入分割为出租房产收入和出租房屋内设施收入两部分,则其他税费不变的情况下,房产税的计税依据减小,需要缴纳的房产税减少。

【例 8-12】 孙某将其拥有的一门市店对外出租,假设该门市店每月的物业费为 1 000 元。

孙某按照每月租金 11 000 元对外出租,由孙某承担物业费,则孙某可以免除增值税,需要缴纳房产税和个人所得税。

应纳房产税额＝11 000×12％＝1 320(元)

应纳个人所得税额＝(11 000－1 320－1 000)×(1－20％)×20％＝1 388.8(元)

扣除各项税费后的净收入＝11 000－1 320－1 000－1 388.8＝7 291.2(元)

孙某按照每月租金 10 000 元对外出租,由承租人承担物业费,则孙某可以免除增值税,需要缴纳房产税和个人所得税。

应纳房产税额＝10 000×12％＝1 200(元)

应纳个人所得税额＝(10 000－1 200)×(1－20％)×20％＝1 408(元)

扣除各项税费后的净收入＝10 000－1 200－1 408＝7 392(元)

通过对比发现,将部分租金收入转为由承租人负担的费用,纳税人孙某的税负更低,获得更多经济利益。

(2) 调整计征方式,通过不同计征方式的税负不同进行税务规划。

【例 8-13】 李某名下有一原值为 800 万元的经营性房产,并注册一个一人有限责任公司。现有两种方案供李某选择。

将该房产出租给李某名下的一人有限责任公司,每年租金为 50 万元,分摊后的月租金收入未超过 10 万元,因此李某可享受免征增值税优惠,只需缴纳房产税和个人所得税。

应纳房产税额＝500 000×12％＝60 000(元)

每次应纳个人所得税额＝(500 000÷12－60 000÷12)×(1－20％)×20％＝5 866.67(元)

全年应纳个人所得税额＝5 866.67×12＝70 400.04(元)

李某每年合计纳税 60 000＋70 400.04＝130 400.04(元)

而一人有限责任公司在计算缴纳企业所得税时,每年 50 万元的租金支出可税前扣除。

李某将该房产以出资形式过户给一人有限责任公司,假设出资作价为 800 万元(公允),不考虑其他交易费用,李某处置房产需要缴纳个人所得税(800−800)×20%=0 元。

一人有限责任公司接受出资缴纳契税 8 000 000×3%=240 000 元。

假设当地规定房产税从价计征可减除 30%损耗,则一人有限责任公司每年应缴纳房产税 8 000 000×(1−30%)×1.2%=67 200 元。

该房产税 6.72 万元可在一人有限责任公司计算企业所得税时税前扣除,另外假设该房产按照 20 年折旧,预计净残值为 0,则每年可税前扣除的折旧费用为 40 万元。

由此可见,李某和其投资企业在投资当年的税负总额高出 240 000+67 200−130 400.04=176 799.96 元。从第二年开始,出资方式下企业所得税应纳税额比出租方式下高 50−6.72−40=3.28 万元,从而使得企业所得税高出 3.28×25%=0.82 万元,企业税后净利润分配产生的个人所得税高出 3.28×(1−25%)×20%=0.492 万元,综合来看,个人和公司所负担的税负总额仍低 130 400.04−67 200+4 920=68 120.04 元,3 年即超过投资当年多纳的税额。

3. 房产购置的税务规划

无论用于居住还是投资目的,购置房产时都追求成本最低。房产购置成本主要包括房款以及契税、印花税等各种交易税费。根据例 8-10,总价款一定时,购买不满 2 年的住房需纳契税更低,但结合钱某的纳税信息可以判断,相同情况下,购置卖方购入满 2 年的房产或许更容易得到价格优惠,使价格优势超过增加的契税税额,购房总成本更低。同理,若卖方转让的是自用达 5 年以上、唯一的家庭生活用房时,还可再享受免征收个人所得税的优惠,而买方也将有更大的价格谈判空间。因此,个人购置房产时,有必要充分了解销售方的信息,以争取降低置业成本或提高购房的性价比。

二、机动车交易税务规划

(一)机动车交易相关税收

1. 车辆购置税

车辆购置税是以在中国境内购置规定车辆为课税对象、在特定的环节向车辆购置者征收的一种税。纳税人应当在向公安机关等车辆管理机构办理车辆登记注册手续前,缴纳车辆购置税,其征税范围包括汽车、摩托车、电车、挂车、农用运输车等,实行统一比例税率,税率为 10%。计税依据为应税车辆的计税价格,计税价格为全部价款和价外费用,不包含增值税税款。凡不能取得购置价格或者低于最低计税价格的,以国家税务总局核定的最低计税价格为计税依据。

其中,免征车辆购置税的有:购置列入《新能源汽车车型目录》的新能源汽车;回国服务的留学人员用现汇购买 1 辆自用国产小汽车;农用三轮运输车。

2. 车船税

车船税是指在中华人民共和国境内的车辆、船舶的所有人或者管理人按照《中华人民共和国车船税暂行条例》应缴纳的一种税。车船税实行定额税率,按照非机动车船的税负轻于机动车船、人力车的税负轻于畜力车、小吨位船舶的税负轻于大船舶的原则,为不同税目规定了不同的税率标准。

在中国境内依法应当在车船管理部门登记的车辆、船舶的所有人或者管理人为车船税的纳税义务人。

从事机动车第三者责任强制保险业务的保险机构为机动车车船税的扣缴义务人,应当在收取保险费时依法代收车船税,并出具代收税款凭证。

3. 个人所得税

个人出租、转让机动车取得的所得应分别按财产租赁所得、财产转让所得计算缴纳个人所得税。

4. 增值税

根据规定,其他个人销售自己使用过的物品免征增值税。个人销售自己使用过的二手车符合其他个人销售自己使用过的物品的规定,因此可以适用免征增值税政策。但在中国境内进口货物的进口方需要缴纳增值税,因此个人购买进口小汽车需要计算缴纳增值税。

5. 消费税

小汽车属于消费税征税的税目之一。在我国境内生产、委托加工和进口应税小汽车的单位和个人,以及零售超豪华小汽车的单位和个人,需要缴纳消费税。因此,自然人销售其购入的小汽车不需要缴纳消费税,但购买进口小汽车需要缴纳消费税。

根据发动机排量不同,小汽车的消费税税率也不同。

尽管个人购置、出售小汽车通常不需要缴纳消费税,但消费税作为间接税最终由消费者负担,因此消费税对于个人购置小汽车决策有着重要影响。

6. 关税

进口小汽车需要在进口时缴纳关税,以海关完税价格为计税依据,自 2018 年 7 月 1 日起,进口汽车整车关税为 15%。

1992 年起,凡符合国家政策规定的留学回国人员,包括留学生、访问学者及进修人员学成回国一年内购买指定范围内自用小汽车,享受减免进口零部件关税和车辆购置税的优惠。

(二)机动车交易的税务规划

1. 个人购置机动车的税务规划

直接影响个人购置机动车的税种主要有车辆购置税,进口小汽车的关税、消费税和增值税,个人可以利用税收优惠政策,减少一种或多种税的税负,节约购置成本。间接影响个人购置机动车决策的税种主要有消费税和使用期间的车船税,前者通过影响机动车销售价格,与后者一起对个人选购机动车的车型、排量等产生影响。

例如,利用留学身份,在税法规定期限内选购指定范围内小汽车一辆,不仅能够享受免税价格,还可以免交车辆购置税,比正常购车成本低。纯电动的新能源汽车相比燃油汽车享有不征收消费税、减免车辆购置税的优惠,因此吸引更多消费者购买。

2. 个人出租出售机动车的税务规划

个人使用机动车期间需要缴纳车船税,实行定额税率,不易进行税务规划。但个人出租、出售机动车的个人所得税存在纳税规划空间,参照本章第二节内容。

三、其他资产交易税务规划

除房产、机动车以及持有必要的流动资金外,家庭资产往往还会以债券、股权、基金、保险、古玩字画等方式存在,因此在资产配置过程中会受到增值税、个人所得税等税费的影响,其中涉及个人所得税的税务规划参照本章第二节。相比于房产交易,这些资产交易过程产生的税务问题往往简单一些,这里不再展开论述。

 即测即练

第九章

婚姻家庭财产规划

2021 年 5 月 4 日凌晨，65 岁的比尔·盖茨（Bill Gates）和 56 岁的梅琳达·盖茨（Melinda Gates）在各自的社交账号发布了同一份声明，宣布结束 27 年的婚姻关系。比尔·盖茨和梅琳达·盖茨是微软公司的创始人之一，也是全球最富有和最有影响力的夫妇之一。在没有婚前财产协议的情况下，其 8 000 多亿美元巨额共同财产如何分割成为舆论关注的热点。随着家庭婚姻观念的变化，以及个人财富的增长，婚前财产协议、婚姻持续期间财产管理、婚后财产分割等问题也逐渐成为社会大众关心的热点问题，盖茨夫妇只是一个缩影。本章主要从我国相关法律对婚姻家庭财产制规范的角度进行分析，进而理解婚姻家庭财产规划的要义。

第一节　婚姻家庭财产规划概述

一、婚姻家庭财产制的概念及种类

婚姻家庭财产制又称夫妻财产制，是指规定夫妻财产关系的法律制度。其内容包括：各种夫妻财产制的设立、变更与废止，夫妻婚前财产和婚后所得财产的归属、管理、使用、收益、处分，以及家庭生活费用的负担，夫妻的对外财产责任，婚姻终止时夫妻财产的清算和分割等问题。国际上婚姻家庭财产制主要有以下四类。

（一）法定财产制

在结婚时，夫妻双方的财产通常会被合并为共同财产，由夫妻共同管理和使用。这些财产通常包括双方的收入、继承或赠与的财产等。财产的管理、处置和分割都依照法律规定进行。

（二）约定财产制

这是夫妻双方以约定的方式选择决定夫妻财产制形式和财产权利的法律制度。约定财产必须订立书面契约，如法国、日本、德国、瑞士等国均允许订立财产契约。

（三）共同财产制

这是夫妻双方在结婚时约定共同拥有和管理财产的制度。这种制度与法定财产制有所不同，因为它是由夫妻双方自愿协商确定的，而不是由法律规定的。在共同财产制下，夫妻双方通常会签订一份书面协议,明确约定共同财产的范围、管理方式、处置方式以及分割方式等。

(四)分别财产制

夫妻双方婚前或婚后所得财产归各自所有,各自独立管理、使用、收益和处分,不合并使用,但在夫妻关系存续期间,夫妻一方对另一方的个人财产仍享有间接占有权或担保权以及日常家务代理权。

二、我国现行的夫妻财产制

我国的夫妻财产制立法,自中华人民共和国成立以来经历了一个不断发展的过程。其内容从过于原则逐步走向比较具体,作为交织于财产法与身份法之间的法律制度,夫妻财产制是婚姻效力的重要内容,也是近现代家庭财产制的重心所在。2020 年 5 月 28 日,十三届全国人大三次会议表决通过了《中华人民共和国民法典》(以下简称《民法典》),自 2021 年 1 月 1 日起施行。《民法典》婚姻家庭编是关于婚姻家庭关系的基本准则和相关问题的最新法律规定,旨在保障公民的婚姻家庭权益,促进家庭和谐和社会稳定。《民法典》规定夫妻财产制度包括夫妻共同财产、夫妻个人财产、夫妻约定财产制、婚姻关系存续期间共同财产分割、离婚时夫妻共同财产处理等内容。

《民法典》关于夫妻财产制度的最新规定充分体现了:①男女平等的社会地位和夫妻平等的人身关系是夫妻财产制的前提和基础;②以婚后所得为法定财产制,夫妻双方对共同财产享有、承担平等的权利、义务和责任;③以约定财产制为补充,赋予约定财产制优先于法定财产制的效力;④确认夫妻债务责任的平等性和清偿分担的协商自由性;⑤离婚时分割夫妻共同财产的公平性、意志自由性与保护"弱者"、无过错方的照顾性。其主要内容包括:

(1)确立了婚后所得有限共同财产制作为法定财产制。《民法典》第 1062 条规定,夫妻在婚姻关系存续期间所得的下列财产,为夫妻的共同财产,归夫妻共同所有:①工资、奖金、劳务报酬;②生产、经营、投资的收益;③知识产权的收益;④继承或者受赠的财产,但是本法第 1063 条第(3)项规定(遗嘱或者赠与合同中确定只归一方的财产)的除外;⑤其他应当归共同所有的财产。夫妻对共同财产,有平等的处理权。

(2)与有限共同财产制相对应,明确界定了个人所有财产。《民法典》第 1063 条规定有下列情形之一的为夫妻一方的财产:①一方的婚前财产;②一方因受到人身损害获得的赔偿或者补偿;③遗嘱或者赠与合同中确定只归一方的财产;④一方专用的生活用品;⑤其他应当归一方的财产。

(3)与法定财产制相对应,基本建立了约定财产制,规范了财产约定的表意形式、约定财产制的选择范围、约定的内外法律效力,配设了约定采用分别财产制时的补偿制度。

《民法典》第 1065 条规定:男女双方可以约定婚姻关系存续期间所得的财产以及婚前财产归各自所有、共同所有或者部分各自所有、部分共同所有。约定应当采用书面形式。没有约定或者约定不明确的,适用本法第 1062 条、第 1063 条的规定。夫妻对婚姻关系存续期间所得的财产以及婚前财产的约定,对双方具有法律约束力。夫妻对婚姻关系存续期间所得的财产约定归各自所有,夫或者妻一方对外所负的债务,相对人知道该约定的,以夫或者妻一方的个人财产清偿。这是因为,夫妻之间的财产约定属于内部约定,只在夫妻之间产生法律效力,不能对抗善意第三人。因此,债权人在与夫妻中的一方进行交易时,应该尽到合理的注意义务,确保自己知道且应当知道该财产是夫妻双方的约定。

（4）明确夫妻共同债务。《民法典》在吸收新司法解释相关规定的基础上,明确了夫妻共同债务的范围,于第 1064 条规定:夫妻双方共同签名或者夫妻一方事后追认等共同意思表示所负的债务,以及夫妻一方在婚姻关系存续期间以个人名义为家庭日常生活需要所负的债务,属于夫妻共同债务。夫妻一方在婚姻关系存续期间以个人名义超出家庭日常生活需要所负的债务,不属于夫妻共同债务;但是,债权人能够证明该债务用于夫妻共同生活、共同生产经营或者基于夫妻双方共同意思表示的除外。

三、婚姻家庭财产规划

婚姻家庭财产规划是指对夫妻双方在婚姻期间积累的财产进行合理的安排和规划,以确保在婚姻关系终止时能够公平地分配财产,同时保障夫妻和子女的经济利益。婚姻家庭财产规划需要从以下方面着手。

（1）了解法律法规。了解当地的法律法规和政策,特别是关于婚姻家庭财产分配的规定和标准。这可以帮助你明确自己在婚姻关系终止时能够获得的财产权益。

（2）建立家庭财务计划。制订家庭财务计划,包括预算、支出、储蓄和投资等方面。这有助于你更好地管理夫妻双方的财产,确保家庭经济状况稳定和良好。

（3）做好财产登记。对于夫妻双方共同拥有的财产,建议进行登记,如房产、车辆等。这有助于在离婚或死亡等情况下证明财产权益,并确保夫妻双方公平地分配财产。

（4）考虑保险规划。考虑购买人寿保险和其他必要的保险,以保护夫妻双方和子女的经济利益。在发生意外或疾病等情况下,保险可以提供经济保障。

（5）制订遗产计划。如果你有遗产计划,应该尽早制订并告知夫妻双方。这可以帮助你确保你的财产能够按照你的意愿进行分配,并避免不必要的争议和矛盾。

（6）咨询专业人士。如果你对婚姻家庭财产规划有疑问或需要建议,可以咨询专业的律师、理财师,他们可以根据你的具体情况提供专业的建议和指导。

总之,婚姻家庭财产规划是一个重要的过程,需要夫妻双方共同努力和合作。通过了解法律法规、建立家庭财务计划、做好财产登记、考虑保险规划、制订遗产计划和咨询专业人士等措施,可以更好地保障夫妻和子女的经济利益,并在必要时避免争议和矛盾。

第二节　婚姻家庭财产归属与规划

一、夫妻共同财产的确认与规划

（一）夫妻共同财产制的含义

夫妻共同财产制是指婚后除特有财产外,夫妻的全部财产或部分财产归双方共同所有的制度,它是我国婚姻家庭财产制度的基本形式。

（二）夫妻共同财产制的形式

根据共有的范围不同，夫妻共同财产制可分为一般共同制、动产及所得共同制、所得共同制和劳动所得共同制等形式。

1．一般共同制

一般共同制是指夫妻婚前、婚后的一切财产（包括动产和不动产）均为夫妻共有的财产制。

2．动产及所得共同制

动产及所得共同制是指夫妻婚前的动产及婚后所得的财产为夫妻共有的财产制。

3．所得共同制

所得共同制是指夫妻在婚姻关系存续期间所得的财产为夫妻共有的财产制。

4．劳动所得共同制

劳动所得共同制是指夫妻婚后的劳动所得为夫妻共有，非劳动所得的财产，如继承、受赠所得等则归各自所有的财产制。

上述不同共有范围的共同财产制，为世界上不少国家所分别采用。有的被采为法定财产制，如巴西、荷兰、法国等的规定；有的被采为约定财产制形式之一，如德国、瑞士等的规定。共同财产制符合婚姻共同生活体的本质要求，且有利于保障夫妻中经济能力较弱一方（往往是妻方，尤其是专事家务劳动的妻方）的权益，有利于实现事实上的夫妻地位平等。但在尊重夫妻个人意愿上略显不足，夫妻一方不能未经对方同意擅自行使共有权。实行共同财产制的国家大多对婚后所得财产共有的范围设有限制性规定，如法律有特别规定除外或夫妻另有约定者除外等，这些规定是关于夫妻特有财产的规定。其目的是保护夫妻个人财产所有权，并满足夫妻个人对财产关系的特殊要求。

当代世界许多国家的立法在规定夫妻共同财产制的同时，明文列举了夫妻特有财产或婚后个人所有财产的范围，如法国、德国、瑞士、日本等国家的立法。有些国家的立法还进一步对夫妻特有财产的管理、使用、收益、处分权利及财产责任，特有财产的效力，特有财产的举证责任，特有财产与共同财产之间的结算等做了具体规定，从而形成特有财产制度，如德国、法国、瑞士等国家的立法。特有财产制作为共同财产制的限制，其立法旨在保护夫妻个人财产所有权，并满足夫妻在婚姻生活中个人的特殊需要。它弥补了夫妻共同财产制下夫妻一方无权独立支配共同财产的缺憾，是共同财产制不可缺少的补充。两者相辅相成，维护和保障夫妻关系和睦及婚姻家庭生活圆满。

（三）夫妻共同财产的范围

关于夫妻共同财产的范围，根据《民法典》婚姻家庭编的规定，下列财产为夫妻的共同财产，归夫妻共有。

1．工资、奖金、劳务报酬

2001年修订的《婚姻法》第17条第1款第（1）项规定的"工资、奖金"范围过窄，不能完全包括因工作而获取的劳动报酬，《民法典》婚姻家庭编增加了"劳务报酬"。对于"工资、奖金、劳务报酬"，在此处应做广义的理解，泛指工资性收入。目前，我国职工的基本工资只是个人收入的一部分,在基本工资之外,还有各种形式的补贴、奖金、福利以及其他劳动报酬等,甚至存在一定范围的实物分配,这些共同构成了职工的个人收入。

2. 生产、经营、投资的收益

生产、经营、投资的收益,既包括劳动所得,也包括大量的资本性收入。生产、经营收益,指夫妻一方或双方从事生产、经营活动的收益,既包括农民的生产劳动收入,也包括工业、服务业、信息业等行业的生产、经营收益。在法定婚后所得共同制下,夫妻一方的婚前个人财产的所有权原则上不因婚姻的成立而改变,如果将夫妻一方的个人财产用于投资,不管是在婚前还是婚后,其本金仍归个人所有,但婚姻关系存续期间的这些财产通过投资所产生的增值,则应属于夫妻共同财产。比如,夫妻一方婚前用自己的财产投资做公司的股东,该投资持续至婚后,每年都有分红,股东分红属于投资经营性的收益,既然是在婚姻关系存续期间所得,应认定为夫妻共同财产。

3. 知识产权的收益

知识产权的收益,是指作品在出版、上演、播映后而取得的报酬,或允许他人使用作品而获得的报酬、专利权人转让专利权或许可他人使用其专利所取得的报酬、个体工商户和个人合伙的商标所有人转让商标权或许可他人使用其注册商标所取得的报酬。知识产权是一种智力成果权,它既是一种财产权,也是一种人身权,具有很强的人身性,与人身不可分离,婚姻关系存续期间一方取得的知识产权权利本身归一方专有,作者的配偶无权在作者本人的著作中署名,也无权决定作品是否发表,但是,由知识产权取得的经济利益,则属于夫妻共同财产。原因在于,这些知识产权的获得是在婚姻关系存续期间,离不开配偶的支持和帮助。如因发表作品收得的稿费、因转让专利获得的转让费,归夫妻共同所有。

4. 继承或者受赠的财产但排除遗嘱或赠与合同指定仅归夫妻一方的财产

婚姻关系存续期间因继承或赠与所得的财产归夫妻共同所有,但遗嘱或赠与合同中确定只归夫或妻一方的财产除外,夫妻共同财产制关注更多的是家庭,是夫妻共同组成的生活共同体,而不是个人。在这一制度下,夫妻一方经法定继承或遗嘱继承的财产,同个人的工资收入、知识产权收益一样,都是满足婚姻共同体存在的必要财产,应当归夫妻共同所有。而且,法定继承的财产归夫妻共同所有,并没有扩大法定继承人的范围。因为女婿、儿媳只是分享了其配偶应得的遗产份额,并不影响其他法定继承人的利益。遗嘱继承中,如果遗嘱人的本意只是给夫妻一方,不允许其配偶分享,则可以在遗嘱中指明,确定该遗产只归夫妻一方所有,根据《民法典》婚姻家庭编第 1062 条第 1 款第(4)项和第 1063 条第(3)项的规定,该遗产就不是夫妻共同财产,而是夫妻一方的个人财产。关于赠与的财产,可以将赠与夫妻一方的财产视为赠与整个家庭的财产,归夫妻共同所有。如果赠与人只想赠与夫妻的一方,可以在赠与合同中指明该财产只归其中一方所有,这体现了对赠与人意愿的尊重。

5. 其他应当归共同所有的财产

随着社会经济的发展和人们生活水平的提高,夫妻共同财产的范围在不断地扩大,夫妻共同财产的种类也不断地增加。上述四项只是列举了现已较为明确的夫妻共同财产的说明,但难以列举齐全。

（四）夫妻对共同财产有平等的处理权

平等的处理权，是指夫妻在对共同财产行使处分权时，应平等协商，取得一致意见。根据《民法典》的规定，夫妻对共同财产有平等的处理权。

（1）夫或妻在处理夫妻共同财产上的权利是平等的。因日常生活需要而处理夫妻共同财产的，任何一方均有权决定。

（2）夫或妻非因日常生活需要对夫妻共同财产做重要处理决定，夫妻双方应当平等协商，取得一致意见。他人有理由相信其为夫妻双方共同意思表示的，另一方不得以不同意或不知道为由对抗善意第三人。

【例 9-1】　夫妻共同财产认定

2011 年 7 月 18 日，李某和王某在民政部门办理登记结婚。2014 年初，王某与秦某相识，后两人发展为不正当的男女关系。自 2014 年 4 月 6 日至 2015 年 1 月 26 日期间，王某多次通过其个人银行账户向秦某的银行账户汇款合计达 12 070 100 元。其间，秦某返还王某 278 000 元。后李某、王某与秦某沟通无果，遂起诉要求秦某返还财产 12 070 100 元。案件审理中，秦某辩称汇款中含有王某的婚前个人财产，部分汇款为王某个人举债所得，李某、王某无权就部分款项要求返还；且夫妻双方对共同财产享有平等的处理权，王某有权处分属于自己的财产份额即诉争款项的一半，该部分款项李某、王某亦无权要求返还。对此，王某称其向秦某的汇款即便为婚前个人财产，亦在婚后赠与了李某；李某、王某均认可举债所得的汇款为夫妻共同债务，由夫妻共同偿还，并确认所汇款项为两人的夫妻共同财产。

江苏省南京市玄武区人民法院经审理认为，王某的汇款行为发生在两原告夫妻关系存续期间，在案件审理中，王某也确认所汇款项为两原告的夫妻共同财产，秦某并未举证王某的汇款系与李某无关的个人财产，故王某支付给被告的款项应视为两原告的夫妻共同财产。王某单方将巨额夫妻共同财产赠与被告，超出日常生活需要对夫妻共同财产进行处分，是一种无权处分行为，王某对被告的赠与行为应属无效。在婚姻关系存续期间，夫妻共同财产应作为一个不可分割的整体，夫妻对全部共同财产不分份额地共同享有所有权，故王某单方将共同财产赠与他人的行为应属无效。扣除秦某返还给王某的 278 000 元后，遂判决余款 11 792 100 元由被告秦某返还原告。一审判决作出后，被告秦某不服，上诉至江苏省南京市中级人民法院。南京中院经审理认为，李某、王某对诉争 12 070 100 元为夫妻共同财产的主张并不违反婚姻法的相关规定，应予确认。夫妻共同财产制属于共同拥有，在夫妻关系存续期间，财产没有份额的区分，夫妻对全部共同财产不分份额地共同享有所有权。王某向秦某的汇款属于非因日常生活需要对夫妻共同财产所做的重要处理，事前既未征得李某的同意，事后亦未得到其追认，故王某对该部分夫妻共同财产的赠与处分行为无效。秦某的上诉请求不能成立，依法应予驳回。一审法院认定事实清楚，适用法律正确，判决结果予以维持。

【案件评析】

1. 诉争款项是否为两原告的夫妻共同财产

被告辩称王某的汇款部分系婚前个人财产或个人举债所得，故诉争款项不应认定为两原告的夫妻共同财产,而应为王某个人的债权债务。夫妻在婚姻关系存续期间所得的财产,一般归夫妻共同所有;夫妻可以约定婚姻关系存续期间所得的财产以及婚前财产归各自所有、共同所有或部分各自所有、部分共同所有。在被告并未提供相反证据证明的情况下,因王某向被告的汇款行为发生在夫妻关系存续期间,即便王某的部分汇款系婚前个人财产,王某将该部分财产婚后赠与李某亦属合法有效;李某与王某均明确表示举债所得的汇款为夫妻共同债务,由夫妻共同偿还,并一致确认所汇款项为两人的夫妻共同财产。两原告对诉争款项为夫妻共同财产的主张并不违反婚姻法的相关规定。因此,诉争款项应当认定为两原告的夫妻共同财产,被告的抗辩意见不应予以采信。

2. 诉争款项应部分返还抑或全部返还

夫妻共同财产制属于共同所有,夫妻对共同财产享有平等的处理权,因日常生活需要而处理夫妻共同财产的,任何一方均有权决定,非因日常生活需要对夫妻共同财产做重要处理决定,夫妻双方应当平等协商,取得一致意见。但是,夫妻对共同财产享有平等的处理权,并不意味着夫妻各自对共同财产享有一半的处分权。夫妻共同财产是基于法律的规定,因夫妻关系的存在而产生。在夫妻双方未选择其他财产制的情形下,夫妻对共同财产形成共同所有,而非按份共有。在婚姻关系存续期间,夫妻共同财产应作为一个不可分割的整体,夫妻对全部共同财产不分份额地共同享有所有权,夫妻双方无法对共同财产划分个人份额,在没有重大理由时也无权于共有期间请求分割共同财产。本案中,王某在9个月左右的时间内向秦某转账汇款 12 070 100 元,属于非因日常生活需要对夫妻共同财产所做的重要处理,事前既未征得李某的同意,事后亦未经过其追认,故王某单方将夫妻共同财产赠与他人的行为应属无效。被告取得诉争款项没有合法根据,应当将款项全部返还两原告。

二、夫妻个人财产的确认与规划

(一) 夫妻个人特有财产的含义

夫妻个人财产,指夫妻在实行夫妻共同财产制的前提下,依照法律的规定或夫妻之间的约定,各自保留一定范围属于个人所有的财产。婚后所得共同制并不排斥夫妻一方对特定财产的个人所有权,确定夫妻个人财产与划定夫妻共有财产范围,是我国法定夫妻财产制两个相辅相成的方面。相较于夫妻共同财产制,夫妻个人特有财产制可在实现婚姻本质要求的同时,充分尊重和保护夫妻个人的财产利益,实现个体利益和婚姻共同体利益的均衡。

(二) 夫妻个人特有财产的范围

根据夫妻个人特有财产发生的原因,可将其分为法定的特有财产和约定的特有财产。

1. 法定的特有财产

法定的特有财产是指法律规定所确认的夫妻双方在婚后各自保留的个人财产。在国外立法中,其范围大体如下。

(1) 夫妻个人日常生活用品和职业必需用品。

（2）具有人身性质的财产和财产权，包括人身损害和精神损害赔偿金、补助金、不可让与的物及特定的债权等。

（3）夫妻一方因指定继承或受赠而无偿取得的财产。

（4）由特有财产所生的孳息及代位物等。

2．约定的特有财产

约定的特有财产是指夫妻双方以契约形式约定一定的财产为夫妻一方个人所有的财产。

总之，特有财产为夫妻婚后分别保留的个人财产，独立于夫妻共同财产之外，实质属于部分的分别财产，故关于其效力，适用分别财产制的规定。如《瑞士民法典》第192条规定，特有财产的支配按夫妻分别财产制的有关规定办理，即是说，夫妻各方对其特有财产享有独立的占有、使用、收益及处分等权利，他人不得干涉。但在夫妻共同财产不足以负担家庭生活费用时，夫妻得以各自的特有财产分担。

三、夫妻约定财产的确认与规划

（一）夫妻约定财产制的含义

夫妻约定财产制是相对于法定财产制而言的，是指由婚姻当事人以约定的方式，选择决定夫妻财产制形式的法律制度。

许多国家的立法都规定了约定财产制，它具有优先于法定财产制适用的效力。但俄罗斯等一些国家的立法不允许夫妻就财产关系作出约定，法定财产制是唯一适用的夫妻财产制。在允许采用约定财产制的国家，立法内容不尽相同，有详略之分和宽严之别。从立法限制的程度看，大体可分为两种情况：一种是立法限制较少的，即对婚姻当事人约定财产关系的范围和内容不予严格限制，立法既未设立几种财产制形式供当事人选择，在程序上也无特别要求。如英国、日本等国家的立法即属此类。另一种是立法限制较多的，即在约定财产制的范围上，明定约定时可供选择的财产制；在约定的内容上明列不得相抵触的事由；在程序上，还要求夫妻订立要式契约。如法国、德国、瑞士等国家的立法即属此类。

（二）夫妻财产约定的内容

关于夫妻约定财产制的类型，《民法典》婚姻家庭编第1065条对夫妻财产约定的内容有较为明确的规定，提供了三种夫妻约定财产制类型供婚姻当事人进行选择：分别财产制、一般共同制和限定共同制。婚姻当事人订立财产约定时，只能在法律允许约定的这三种财产制中进行选择，超出该范围的财产约定将不为法律承认，在当事人之间也无约束力，双方的财产关系当然适用法定财产制的规定。

（三）夫妻财产约定的形式

《民法典》婚姻家庭编第1065条明确规定，夫妻财产约定应当采用书面形式。这是对夫妻财产约定的形式要件的规定，其目的在于更好地维护夫妻双方的合法权益以及第三人的利益,维护交易安全,避免发生纠纷。夫妻以书面形式对其财产作出约定后,可以进行公证。由于《民法典》婚姻家庭编未规定通过登记或交付的方式确定夫妻财产约定的公示方式,未经公示的夫妻财产约定,不具有对抗第三人的效力。

(四) 夫妻财产约定的效力

夫妻财产约定的效力分为对内效力和对外效力。

1. 对内效力

夫妻财产约定的对内效力,是指夫妻对婚姻关系存续期间所得的财产以及婚前财产的约定一经生效,便对夫妻双方产生约束力。具体而言,婚前订立的夫妻财产约定,自婚姻关系成立时起对双方具有约束力;婚后订立的夫妻财产约定,自约定依法成立时起对双方具有约束力。

2. 对外效力

夫妻财产约定的对外效力,指夫妻财产约定对于与夫妻一方发生债权债务关系的相对人的对抗效力。由于《民法典》婚姻家庭编未规定夫妻财产约定的公示方式,仅以"相对人知道该约定的"作为夫妻约定分别财产制时的对抗要件,如果相对人知道该约定,该约定即对相对人发生效力,否则该约定不对相对人发生效力。夫妻一方在与相对人进行交易时,应当告知相对人其夫妻财产约定的情况,而相对人并无当然的注意义务。因此,基于维护交易安全和善意相对人的利益,夫妻对婚姻关系存续期间财产约定归个人所有的,夫或者妻一方对外所负的债务,只有在相对人知道该约定时,才对相对人具有约束力。

综上可见,夫妻财产制种类繁多、内容多样,但法定与约定是夫妻财产制发生的根据;普通财产制与非常财产制,后者是前者在特殊情况下的变通;共同财产制与分别财产制,是夫妻财产制的两种最基本形态。在当今世界,促进夫妻平等,维护婚姻共同生活之圆满,保护第三人的利益及交易安全,已成为夫妻财产法的立法原则和目的。当代夫妻财产制立法的发展趋势是,分别财产制走向增加夫妻共享权,共同财产制引进分别财产制的因素。可以相信,兼采分别财产制与共同财产制的合理因素,将成为越来越多国家的夫妻财产制的改革方向。

四、夫妻共同债务的确认与规划

(一) 夫妻共同债务的含义

夫妻双方共同签名或者夫妻一方事后追认等共同意思表示所负的债务,以及夫妻一方在婚姻关系存续期间以个人名义为家庭日常生活需要所负的债务,属于夫妻共同债务。夫妻一方在婚姻关系存续期间以个人名义超出家庭日常生活需要所负的债务,不属于夫妻共同债务。但是,债权人能够证明该债务用于夫妻共同生活、共同生产经营或者基于夫妻双方共同意思表示的除外。

(二) 夫妻共同债务认定的三个层次

夫妻债务性质的认定是夫妻债务制度的核心内容。其明确了夫妻共同债务的认定标准,主要分为三个层次。

(1) 基于夫妻共同意思表示所负的债务。其表现形式可以是事前的共同签字,也可以是事后一方的追认。此即所谓"共债共签"制度,这符合民法意思自治原则和合同相对性原理。主要考虑是,在债务形成之时,债权人往往处于优势地位,课以其一定的风险控制义务,并不明显加重其负担;同时,能够在家庭重大财产利益的处分上保护夫妻另一方的利益,尊重其知情权和同意权;亦能够最大限度降低事后纠纷的发生概率。当然,事后追认的方式,不限于书面形式,实践中可以通过电话录音、短信、微信、邮件等方式进行判断。

(2) 为日常家庭生活需要所负的债务。日常家事代理是认定夫妻因日常家庭生活所生债务性质的根据。此类债务主要是日常家事代理范畴所负的债务,为夫妻共同生活过程中产生,以婚姻关系为基础,一般包括正常的吃穿用度、子女抚养教育经费、老人赡养费、家庭成员的医疗费等,是最典型的夫妻共同债务,夫妻双方应当共同承担连带责任。要特别说明的是,家事代理责任承担的前提并不是夫妻共同财产制度,家事代理制度解决的是夫妻一方因日常事务代理与第三人对外发生法律关系后的责任承担,与夫妻财产制无必然联系。

(3) 超出家庭日常生活需要所负的债务且债权人不能证明该债务用于夫妻共同生活、共同生产经营或者基于夫妻双方共同意思表示。婚姻是夫妻生活的共同体,具有长期性和连续性。婚姻关系存续期间,夫妻除因行使日常家事代理权形成日常家事债务外,还会与第三人形成其他债权债务关系,如大额借贷、赠与、不动产买卖等。为保护未举债的配偶一方合法权益,法律明确规定此种情况下所负债务原则上不属于夫妻共同债务。将举证责任课以债权人,以倒逼债权人在建立债权债务关系时尽到审慎的注意义务,法律规定要求举债人的配偶一方签字同意,确保债务形成为夫妻双方的共同意思表示,也能够最大限度避免夫妻一方与债权人恶意串通损害另一方合法权益的情况。《民法典》严格限制夫妻共同债务范围的精神,应当说对于维护婚姻家庭的和谐稳定具有重要意义。在我国现有的法律体系和语境下,所谓"夫妻共同债务"应当指夫妻作为共同债务人,以全部财产对该类债务承担连带责任。如此,则认定夫妻共同债务的标准偏严,有利于保护夫妻未举债一方的财产利益。

【例 9-2】 夫妻共同债务分割

陈某(丈夫)与张某(妻子)于 2011 年结婚,双方均为在校大学生。由于双方都还在上学,所以没有太多的财产。然而,在结婚后不久,张某意外怀孕了,为了给孩子办户口等问题,需要钱来缴纳社会抚养费。这时,陈某向张某的父母借了 5 万元。

几年过去了,陈某和张某的感情出现了问题,两人准备离婚。在离婚过程中,张某要求陈某返还当时为孩子借的社会抚养费 5 万元。而陈某则认为,这笔钱是夫妻二人共同欠下的债务,应该由夫妻共同偿还。

经过审理,法院认为这笔债务是陈某和张某在婚姻期间共同欠下的,应该由夫妻共同偿还。因此,法院判决陈某和张某共同偿还这笔债务。

（三）超出家庭日常生活需要的夫妻共同债务

1. 夫妻共同生活的范围

随着我国经济社会的发展,城乡居民家庭财产结构、类型、数量、形态以及理财模式等发生了很大变化,人们的生活水平不断提高,生活消费日趋多元,很多夫妻的共同生活支出不再局限于以前传统的家庭日常生活消费开支,还包括大量超出家庭日常生活范围的支出,这些支出系夫妻双方共同消费支配,或者用于形成夫妻共同财产,或者是基于夫妻共同利益管理共同财产而产生的支出,性质上属于夫妻共同生活的范围。夫妻共同生活包括但不限于家庭日常生活,《民法典》婚姻家庭编第1064条第2款所规定的需要债权人能够证明的夫妻共同生活的范围,指的就是超出家庭日常生活需要的部分。

2. 夫妻共同生产经营的范围

夫妻共同生产经营,指由夫妻双方共同决定生产经营事项,或者虽由一方决定但另一方进行了授权的情形。判断生产经营活动是否属于夫妻共同生产经营,要根据经营活动的性质以及夫妻双方在其中的地位、作用等进行综合认定。夫妻共同生产经营所负的债务,一般包括双方共同从事工商业、共同投资以及购买生产资料等所负的债务。

3. 举证责任的分配

从举证责任分配的角度看,可以分为两类:一是家庭日常生活所负的共同债务;二是超出家庭日常生活所负的共同债务。对于家庭日常生活所负的共同债务,原则上推定为夫妻共同债务,债权人无须举证证明;如果举债人的配偶一方反驳认为不属于夫妻共同债务,则由其举证所负债务并非用于家庭日常生活,对于超出家庭日常生活所负的共同债务,虽然债务形成于婚姻关系存续期和夫妻共同财产制下,但一般情况下并不当然认定为夫妻共同债务;债权人主张属于夫妻共同债务的,应当根据民事诉讼法的"谁主张,谁举证"原则,即"当事人对自己提出的主张,有责任提供证据"等规定,对于夫妻一方以个人名义超出家庭日常生活所负的债务,举证该债务用于夫妻共同生活、共同生产经营或者基于夫妻双方共同意思表示。如果债权人不能证明,则不能认定为夫妻共同债务。该规定通过合理分配举证责任,有效平衡了债权人和债务人配偶的利益保护。

第三节　离婚财产分割与规划

一、分割财产范围

夫妻双方在适用婚后所得共同制时,对于婚后所得财产,根据规定,由双方协议处理;协议不成时,由人民法院根据财产的具体情况,按照照顾子女、女方和无过错方权益的原则判决。哪些婚后所得属于夫妻共同所有财产,应当严格按照《民法典》婚姻家庭编对夫妻共同财产的规定;人民法院审理离婚案件涉及财产分割的,还应以有关的司法解释为具体依据。双方约定实行一般共同财产制的,分割的是双方婚前财产和婚后所得财产,但约定为个人所有的财产除外。双方约定实行分别财产制的,分割的是没有明确约定为个人所有或约定无效的财产。双方约定实行混合财产制的,分割的是约定为共同拥有的部分财产。属于个人所有还是属于双方共有财产无法查清的,视为夫妻共同财产加以分割。

二、夫妻共同财产分割方式

（一）协议分割

与其他民事权利行使规则相同，在离婚共同财产分割的问题上，同样以夫妻双方协商确定分割方案为先，最大限度地尊重双方对私权事务的意思自治。《民法典》第1087条规定：离婚时，夫妻的共同财产由双方协议处理。离婚协议中关于财产分割的条款或者当事人因离婚就财产分割达成的协议，对男女双方具有法律约束力。当事人因履行上述财产分割协议发生纠纷提起诉讼的，人民法院应当受理。男女双方在离婚程序中以协议方式作出的财产分割协议对双方具有法律约束力，双方均应当信守。协议作出后，在一定程度上，男女双方在协议项下形成了具有给付内容的合同关系，因此，如双方在协议的履行中发生纠纷，自然享有向人民法院起诉的权利，人民法院应当受理争议。协议离婚后的一年内，为了避免使男女双方、子女的权利和可能与分割财产有关的经营活动处于长期不确定状态，男女双方仍可就变更或撤销财产分割协议向人民法院起诉。赋予双方起诉的权利，是因为双方自行签订的分割协议只是内部约定，其法律效力未经实质审查认定，由于离婚过程中双方关系紧张，不能排除阻碍协议合法性的情形出现，必须预留嗣后予以司法救济的途径。需要注意的是，除非发现存在欺诈、胁迫等情形，对当事人变更或撤销的诉讼请求，一般不予支持。

（二）判决分割

当男女双方无法通过协议解决共同财产的分割问题时，则由人民法院依据法定的原则和规范进行认定。除无法达成协议的情形外，根据《民法典》的规定，当事人达成的以登记离婚或者到人民法院协议离婚为条件的财产分割协议，如果双方协议离婚未成，一方在离婚诉讼中反悔的，人民法院应当认定该财产分割协议没有生效，并根据实际情况依法对夫妻共同财产进行分割。

三、准确界定应当分割的夫妻共同财产范围

夫妻财产制是男女双方缔结法律上的婚姻关系之后，在财产上发生的效力。自1980年《婚姻法》发布以来，我国增加了对约定财产制的规定，形成了多年来以夫妻共同财产制作为法定财产制，辅之以约定财产制，共同调整夫妻之间的财产关系的格局。从现实情况看，我国绝大部分家庭中的夫妻采取的是法定的共同财产制，这与我国长期以来的家庭财产制度不无关系。婚姻关系存续期间，夫妻双方对财产共同拥有，不分份额。某些情况下，即便是婚前个人财产，由于家庭共同生活的原因，在占有、使用上界限区分并不非常清晰。

（一）一般规范

可以说，婚姻关系中的财产，主要就是由夫妻共同财产和个人财产构成的，在法定夫妻财产制之下，除符合法律规定的个人财产之外的财产，属于夫妻共同财产，可以在离婚

中由双方当事人协商或由法院判决进行分割。

（二）特定种类财产的具体规范

根据《民法典》，借鉴《最高人民法院关于适用〈中华人民共和国民法典〉婚姻家庭编的解释（一）》，对常见的几种特殊种类财产分割可以参照以下方案执行。

（1）军人的复员费、一次性择业费等费用，以夫妻婚姻关系存续年限乘以年平均值，所得数额为夫妻共同财产。其中，具体年限采用人均寿命 70 岁与军人入伍时实际年龄的差额进行计算。

（2）股票、债券、投资基金份额、未上市股份有限公司股份，以双方协商进行分割为准，双方不能协商达成一致的，如果按市价分配亦存在困难，人民法院可以根据数量按比例进行分配。

（3）有限责任公司的出资额，当出资系在夫妻一方名下，且另一方并非公司股东，按以下情形分别处理：①夫妻双方协商一致将出资额部分或者全部转让给该股东的配偶，过半数股东同意、其他股东明确表示放弃优先购买权的，该股东的配偶可以成为该公司股东。②夫妻双方就出资额转让份额和转让价格等事项协商一致后，过半数股东不同意转让，但愿意以同等价格购买该出资额的，人民法院可以对转让出资所得财产进行分割。过半数股东不同意转让，也不愿意以同等价格购买该出资额的，视为其同意转让，该股东的配偶可以成为该公司股东。用于证明过半数股东同意的证据，可以是股东会决议，也可以是当事人通过其他合法途径取得的股东的书面声明材料。

（4）对合伙企业的出资，在一方出资、另一方不具有合伙企业合伙人身份时，如夫妻双方协商一致，将其合伙企业中的财产份额全部或者部分转让给对方，按以下情形分别处理：①其他合伙人一致同意的，该配偶依法取得合伙人地位；②其他合伙人不同意转让，在同等条件下行使优先受让权的，可以对转让所得的财产进行分割；③其他合伙人不同意转让，也不行使优先受让权，但同意该合伙人退伙或者退还部分财产份额的，可以对退还的财产进行分割；④其他合伙人既不同意转让，也不行使优先受让权，又不同意该合伙人退伙或者退还部分财产份额的，视为全体合伙人同意转让，该配偶依法取得合伙人地位。

（5）独资企业的共同财产分割，区分以下情形：①一方主张经营该企业的，对企业资产进行评估后，由取得企业一方给予另一方相应的补偿；②双方均主张经营该企业的，在双方竞价基础上，由取得企业的一方给予另一方相应的补偿；③双方均不愿意经营该企业的，按照《中华人民共和国个人独资企业法》等有关规定办理。

（6）不动产，不同于股权、证券、企业出资等财产形式，不动产尤其是房产，在可以作为家庭投资选择的同时，也是家庭生活的基本方面之一。随着房地产市场的繁荣，房产大幅增值，房产在大部分普通家庭资产中均占有极高的比例，房产分割背后的利益牵涉较大。离婚案件中有关房产分割的争议数量越来越多、情况越来越复杂，争议分歧也越来越大。《最高人民法院关于适用〈中华人民共和国民法典〉婚姻家庭编的解释（一）》第 76 条规定，双方对夫妻共同财产中的房屋价值及归属无法达成协议时，人民法院按以下情形分别处理：①双方均主张房屋所有权并且同意竞价取得的，应当准许；②一方主张房屋所有权的,由评估机构按市场价格对房屋作出评估,取得房屋所有权的一方应当给予另一方相应的补偿;③双方均不主张房屋所有权的,根据当事人的申请拍卖、变卖房屋,就所得价款进行分割。对于没有或没有完全取得所有权的房屋,由于所有权的归属状态尚处于不确定状态,人民法院不宜在财产分割案件中以判决的形式对所有权进行认定,否则有可能造成侵害他人合法权益的情况。此时,人民法院应当根据实际情况判决由当事人使用,待所有权确定之后,当事人可以另诉。

(7) 农村土地承包经营权。《中华人民共和国农村土地承包法》第 16 条规定,家庭承包的承包方是本集体经济组织的农户。农户内家庭成员依法平等享有承包土地的各项权益。农村土地承包经营权的直接主体虽然是农户,但实际主体是农户内的家庭成员,各家庭成员平等地享有土地承包经营权利。对于以务农为主的农村家庭来说,土地承包经营权是重要的家庭财产,离婚后,双方在土地承包经营上获得的权益必须受到平等对待。

四、分割的原则

离婚时,夫妻的共同财产由双方协议处理。协议应当完全自愿,并采用书面形式。对完全出于双方自愿的财产分割协议,法律予以承认并加以保护。如果夫妻就共有财产的分割协议不成,由人民法院判决。判决应当坚持的原则如下。

(1) 男女平等。基于所应分割的财产是夫妻共同拥有财产,在婚姻关系存续期间双方有平等的处理权,在离婚分割时双方也处于平等地位。

(2) 照顾子女、女方和无过错方权益。这一原则意味着,一方面,分割夫妻共同财产不得侵害女方和子女以及无过错方的合法权益;另一方面,应视女方的经济状况及子女的实际需要给予必需的照顾。

(3) 尊重当事人意愿。在分割共同财产时尊重当事人意愿,是尊重公民财产权利的一种表现。自愿放弃全部或部分权利时,自不应加以禁止。

(4) 有利生产,方便生活。自经济体制改革以来,夫妻共同财产的内容有了新的变化。一方面,对夫妻共同财产中的生产资料,分割时不应损害其效用和价值,以保证生产活动和财产流通的正常进行;对夫妻共同经营的当年无收益的养殖、种植业等,离婚时应从有利发展生产、有利于经营管理考虑,予以合理分割或折价处理。另一方面,对于夫妻共同财产中的生活资料,分割时也应视各自的实际需要,从而做到方便生活、物尽其用。由于在农村,公民一般在实际居住地取得土地承包经营权,一旦双方离异,女方往往返回自己的娘家,有可能导致其承包土地利益的丧失。因此,保护的对象主要是女方和成为女方家庭成员的男方依法享有的权益。

 即测即练

第 十 章

退休养老规划

根据联合国人口老龄化划分标准,一个国家或者地区的 60 岁以上人口占总人口的比例达到 10% 或者 65 岁及以上人口占总人口的比例达到 7%,即标志着该国家或地区进入老龄化社会。按照这个标准,我国已经进入老龄化社会。第七次人口普查结果显示,我国 60 岁及以上人口占比 18.7%,65 岁及以上人口占比 13.5%。因此,退休养老问题成为中国社会关注的热点和难点问题。如何实现老有所养,宏观上,需要建立健全养老制度体系;微观上,更需要个人提前规划,早做准备,以保证退休之后各种生活开支依然有保障、生活品质不下降。

第一节　薪酬福利与养老制度体系

一、薪酬的含义与特征

薪酬是指企业为获得员工提供的服务或解除劳动关系而给予的各种形式的报酬或补偿。员工薪酬包括短期薪酬、带薪休假、利润分享计划、离职后福利、辞退福利和其他长期员工福利。此外,企业提供给员工配偶、子女、受赡养人、已故员工遗属及其他受益人等的福利,也属于员工薪酬。

(1) 短期薪酬,是指企业在员工提供相关服务的年度报告期间结束后 12 个月内需要全部予以支付的员工薪酬,因解除与员工的劳动关系给予的补偿除外。其具体包括:职工工资、奖金、津贴和补贴、职工福利费、医疗保险费、工伤保险费和生育保险费等社会保险费,住房公积金、工会经费和职工教育经费等。

(2) 带薪休假,是指企业支付工资或提供补偿的员工休假,包括年休假、病假、短期伤残假、婚假、产假、丧假、探亲假等。

(3) 利润分享计划,是指因员工提供服务而与员工达成的基于利润或其他经营成果提供薪酬的协议。

(4) 离职后福利,是指企业为获得员工提供的服务而在员工退休或与企业解除劳动关系后,提供的各种形式的报酬和福利,短期薪酬和辞退福利除外。

(5) 辞退福利,是指企业在员工劳动合同到期之前解除与员工的劳动关系,或者为鼓励员工自愿接受裁减而给予员工的补偿。

(6) 其他长期员工福利,是指除短期薪酬、离职后福利、辞退福利之外所有的员工薪酬,包括长期带薪休假、长期残疾福利、长期利润分享计划等。

基于对未来生活可能遇到的社会风险的认识,劳动者在选择工作时已开始考虑疾病、失业、工伤、养老、养育子女和供养老人等负担与风险。因此,帮助员工抵御社会风险成为企业分配和补偿员工的考虑因素,这促使延期支付方案流行起来,它在总薪酬中所占的比例日益加大。员工在关注当期收入的同时,对延期收入的关注开始上升,并越来越追求延期收入的种类和质量。

二、薪酬特征

(1) 薪酬反映了按生产要素补偿的原则,对影响生产结果和参与分配的因素给予补偿。生产要素包括资本、劳动力、土地、技术和信息等。生产要素的所有者应按其直接或间接投入生产、经营活动的数量和质量或贡献率获取收益。

(2) 薪酬概念承认个人对单位的各种贡献,并按照贡献对个人进行补偿,分配标准具体包括岗位责任、实际绩效等。

(3) 全面补偿原则,不仅包括员工因其劳动付出获得的劳动贡献补偿(主要是工资),还包括单位为员工提供相应的社会保障福利(如基本养老保险、企业年金、医疗保险等)。

(4) 薪酬是一揽子安排,包括内在和外在补偿、货币和非货币补偿、当期和延期收入。

三、员工福利

员工福利指员工的非工资性收入,是基于雇佣关系,在保障和激励的原则下,保障员工基本生活需要、提高员工生活质量的薪酬制度安排。依据福利的用人单位责任,可以将员工福利划分为法定福利、单位福利。

(1) 法定福利,是指用人单位根据国家法律、法规的要求向员工提供的福利,一般带有强制性。法定福利主要包括强制性的社会保险和劳动保护,如养老保险、工伤保险、法定假期等。法定福利主要有四个特征:①强制实施。法定福利是依照国家有关法律、法规强制用人单位提供的,用人单位和个人都没有选择的权利。②强调公平。法定福利覆盖所有的员工,只要员工满足相应的工作年限要求或缴费达到规定的水平,就可以获得相应的福利。③基本保障。法定福利的保障水平不高,一般只能满足基本的生活需求。④税收优惠。对于法定福利,国家一般会针对资金筹集、基金积累和待遇支付三个阶段实行免税政策。

(2) 单位福利,又称雇主福利,是指由用人单位(雇主)自主建立的,为满足员工的生活和工作需要向员工及其家属提供的福利,如企业年金计划、补充医疗计划、福利住房、股权激励计划等。一般政府对于单位福利没有强制性的要求,但是对于单位福利的建立有相关的规范。单位福利一般有三个特征:①自愿实施。用人单位是否建立单位福利,主要取决于单位的经营效益、人力资源管理的方式、用人单位的决策等。②强调效率。单位福利的建立主要是为了提高员工工作及生活质量,从而提高员工的工作效率,进而提高整个公司的经营效率。③提供更完善的保障。单位福利可以看作法定福利的补充,在法定福利满足员工基本生活需求的基础上,提供更高层次、更全面的保障。

四、我国养老制度体系

我国养老制度体系可以概括为两个方面：一是社会保障，主要包括社会养老保险和医疗保险；二是商业养老保险，主要是商业年金保险。

（一）社会保障

社会保障是指当劳动者因年老、患病、生育、伤残、死亡等原因暂时或永久丧失劳动能力或者失业时，从国家或社会获得物质帮助的社会制度。社会保障体系包括社会保险、社会救助、社会优抚和社会福利四大部分。社会保障体系中最重要的是社会保险，对于个人退休规划而言，要关注的是其中的社会养老保险和医疗保险。

1. 社会养老保险

社会养老保险是以社会保险的手段来保障老年人的基本生活需求，为其提供稳定可靠的生活来源而使用的一种制度。我国的养老保险制度改革后，养老保险体系分为三个层次：一是基本养老保险；二是企业年金和职业年金；三是个人储蓄养老保险。在后两个层次中，用人单位和个人既可以将养老保险费按规定存入社会保险机构设立的养老保险基金账户，也可以选择在商业保险公司投保。我国的基本养老保险制度就是通常所说的社会统筹与个人账户相结合。该制度在养老保险基金的筹集上采用国家、用人单位和个人共同负担的形式，社会统筹部分由国家和用人单位共同筹集，个人账户部分则由用人单位和个人按一定比例共同缴纳。基本养老保险是由国家强制实施的，其目的是保障离退休人员的基本生活需要。

（1）基本养老保险。基本养老保险是为了满足离退休人员基本生活的需要而设定的保险，它属于多层次养老保险制度中的第一层次。其由国家政策统一指导，强制实施，覆盖面广，适用于各类用人单位。基本养老保险基金由国家、用人单位、职工个人三方共同负担，其统筹办法是由政府根据支付费用的实际需要和用人单位、职工的承受能力，按照以支定收、各有结余、留有部分积累的原则统一筹集。目前，按照国家对基本养老保险制度的总体思路，未来基本养老保险目标替代率确定为 58.5%。由此可以看出，今后基本养老金的主要目的在于保障广大退休人员的晚年基本生活。

2020 年 4 月 17 日，人力资源和社会保障部联合财政部印发《人力资源社会保障部 财政部关于 2020 年调整退休人员基本养老金的通知》（以下简称《通知》），其中明文规定，从 2020 年 1 月 1 日开始，为 2019 年年底前已经按照规定办理退休手续，并按月领取基本养老金的企业和机关事业单位退休人员提高基本养老水平，总体调整水平为 2019 年退休人员月人均基本养老金的 5%。《通知》中明确要求，各省、自治区以及直辖市要结合当地实际，制定出具体的实施方案，抓紧组织实施，尽快把调整增加的基本养老金发放至退休人员的手中。

根据最新的养老金计算方法，职工退休时的养老金由两部分组成，一是基础养老金；二是个人账户养老金。

养老金＝基础养老金＋个人账户养老金

基础养老金＝（全省上年度在岗职工月平均工资＋本人指数化月平均缴费工资）÷2×

缴费年限×1%

本人指数化月平均缴费工资＝全省上年度在岗职工月平均工资×本人平均缴费指数

其中，本人平均缴费指数，最高为300%，最低为60%，即该指数区间在0.6～3。

个人账户养老金＝个人账户储存额÷计发月数

【例10-1】 张明目前养老金账户中有20万元，缴费30年，假设省2019年月平均工资为5 164元，张明每年月平均工资为当地社会月平均工资的200%，张明上一年度月平均工资为10 328元。张明55岁退休，对应的计发月数为170。

要求：张明退休后每月领到的养老金为多少？

解析：基础养老金＝(5 164＋10 328)÷2×30×1%＝2 323.8(元)

个人账户养老金＝200 000÷170＝1 176.47(元)

张明退休后：

每月到手的养老金＝基础养老金＋个人账户养老金＝2 323.8＋1 176.47＝3 500.27(元)。

因此，张明退休后每月领到的养老金为3 500.27元。

(2) 补充养老保险。补充养老保险包括职业年金和企业年金。职业年金是指机关事业单位及其工作人员在参加基本养老保险的基础上，建立的补充养老保险制度。职业年金由单位缴费、个人缴费、职业年金基金投资运营收益和国家规定的其他收入组成。职业年金所需费用由单位和工作人员个人共同承担，单位缴纳职业年金费用的比例为本单位工资总额的8%；个人缴费比例为本人缴费工资的4%，由单位代扣。单位和个人缴费基数与基本养老保险缴费基数一致。企业年金是由企业根据自身经济实力为本企业职工建立的一种辅助性养老保险，它属于养老保险制度中的第二层次。作为我国正在建立的劳动者养老保障的三大支柱(社会基本保险、企业补充保险和个人储蓄体系)中的重要一环。企业年金是指企业及其职工在依法参加基本养老保险的基础上，自愿建立的补充养老保险。企业年金不能代替职工的基本养老保险，更不是企业年底给职工发的奖金。它是国家为建立多层次的养老保险制度，更好地保障职工退休后的生活而建立的补充养老保险。作为企业为职工购买的一项福利保障，它弥补了高覆盖、低保障的社会基本养老保险保障的不足。企业年金可划分为强制性和自愿性两类，自愿性指国家通过立法，制定基本规则和基本政策，企业自愿参加。企业一旦决定实行企业年金，必须按照既定的规则运作，具体实施方案、待遇水平、基金模式由企业制定或选择。

2019年中国建立企业年金的企业数量达95 963家，比2018年增长9.8%，参与企业年金制度的企业主要集中在石油、电力、化工、能源等垄断性较高的行业。整体来看，近几年来我国企业年金制度参与企业呈现逐年上升趋势，但上升趋势缓慢，与发达国家相比差距明显，无论是企业年金参与率还是替代率都呈现较低水平。2019年国内企业年金参加职工数量达2 547.94万人，比2018年增长6.7%。2019年企业年金领取人数达180.46万人，领取企业年金492.39亿元，其中一次性领取人数14.49万人，领取金额103.89亿元，分期领取人数165.97万人，领取金额388.50亿元。

企业年金基金实行完全积累，采用个人账户方式进行管理。企业年金基金可以按照国家规定投资运营，企业年金基金投资运营收益并入企业年金基金。因此，企业年金基金包括企业缴费、职工个人缴费、企业年金基金投资运营收益。企业缴费应当按照企业年金方案规定比例计算的数额计入职工企业年金个人账户，职工个人缴费额计入本人企业年金个人账户。企业年金基金投资运营收益，按净收益率计入企业年金个人账户。职工在达到国家规定的退休年龄时，可以从本人企业年金个人账户中一次或定期领取企业年金。职工未达到国家规定的退休年龄的，不得从个人账户中提前提取资金。出境定居人员的企业年金个人账户资金，可根据本人要求一次性支付给本人。职工变动工作单位时，企业年金个人账户资金可以随同转移。职工升学、参军、失业期间或新就业单位没有实行企业年金制度的，其企业年金个人账户可由原管理机构继续管理。职工或退休人员死亡后，其企业年金个人账户余额由其指定的受益人或法定继承人一次性领取。

由此可知，我国的企业年金为确定缴费型，即企业年金计划不向职工承诺未来年金数额或替代率，职工退休后年金的多少完全取决于职工个人的缴费金额以及投资收益。建立企业年金的企业，应当确定年金受托人，受托管理企业年金。另外，执行年金计划的企业不能自行确定企业年金的领取年龄，而是参照国家统一规定的法定退休年龄。

（3）个人储蓄养老保险。个人储蓄养老保险即职工个人储蓄养老保险，是由职工自愿参加、自愿选择经办机构的一种补充保险形式。它属于我国多层次养老保险的第三层次。参加与否完全自愿，保险管理机构由自己选择，储蓄多少由个人根据收入和负担能力而定，个人按规定缴纳储蓄金，存入当地社会保险机构在有关银行开设的个人账户，并按不低于或高于同期城乡居民储蓄存款利率计息，以提倡和鼓励职工个人参加，所得利息存入个人账户，本息一并归职工个人所有。职工达到法定退休年龄经批准退休后，凭个人账户由社会保险机构将储蓄金一次总付或分次支付给职工本人。职工跨地区流动，个人账户的储蓄金应随之转移。职工未到退休年龄而死亡，存入个人账户的储蓄金应由其指定继承人或法定继承人继承。实行职工个人储蓄养老保险的目的在于扩大经费来源，多渠道筹集资金，以减轻国家和企业的负担。实行个人储蓄养老保险有利于消除长期形成的保险费用完全由国家"包下来"的观念，增强职工的自我保障意识和参与社会保险的主动性，也能够促进对社会保险工作实行广泛的群众监督。

2. 医疗保险

医疗保险是指由国家立法，通过强制性社会保险原则和方法筹集建立医疗保险基金，当参加医疗保险的人员因疾病需要必需的医疗服务时，由经办医疗保险的社会保险机构按规定提供医疗费用补偿的一种社会保险制度。医疗保险是社会保险制度的重要组成部分。我国的医疗保险体系由基本医疗保险（包括个人账户和统筹基金）、大额医疗费用互助制度、公务员医疗补助、补充医疗保险、社会医疗救助基金和商业医疗保险六部分组成。其中，基本医疗保险是社会保障体系中重要的组成部分，是由政府制定、用人单位和职工共同参加的一种社会保险。基本医疗保险按照用人单位和职工的承受能力确定个人的基本医疗保障水平，具有广泛性、共济性、强制性的特点。基本医疗保险是医疗保障体系的基础，实行个人账户与统筹基金相结合，能够保障广大参保人员的基本医疗需求，主要用于支付一般的门诊、急诊、住院费用。

（二）商业养老保险

商业养老保险是以获得养老金为主要目的的长期人身险,它是年金保险的一种特殊形式,又称退休金保险,是社会养老保险的补充。商业养老保险的被保险人,在交纳一定的保险费后,就可以从一定的年龄开始领取养老金。商业养老保险通常有趸领、定额领取、定时领取三种方式。趸领是在约定领取时间,把所有的养老金一次性全部提走的方式。定额领取的方式和社会养老保险相同,即在单位时间确定领取额度,直至将保险金领取完毕。社保养老金是以月为单位时间,而商业养老保险多以年为单位。定时领取就是约定一个领取时间,根据养老保险金的总量确定领取的额度,例如,确定要 10 年领取完毕养老金,那么保险公司将根据养老金总额,确定每年可以领取的额度。有些养老金保险合同中有约定领取时间,有些可以自由选择领取的方式,中间亦可更改。商业养老保险丰富了社会养老保险的种类,相比社会养老金只能按月领取固定数额,缺乏弹性,而商业养老保险提供了更多的选择,可以按月领、按年领,还可以一次性领取一大笔资金,或者按月领取的同时在到一定年龄时再领取一部分养老金,如年金保险中给付的祝寿金、满期生存金等。

第二节 退休养老概述

一、退休养老规划的含义

退休养老规划是个人理财规划的重要组成部分,是为了保证将来有一个自尊、自立、保持水准的退休生活,从现在起就开始实施的规划方案。现在,许多退休老人需要依靠子女

扩展阅读 10-1　延迟退休势在必行

的赡养费维持日常生活的开支,只有少部分退休老人有足够的金钱来完成人生中尚未实现的梦想,如果老人罹患疾病,又没有足够的保险保障,就会对子女造成极大的财务压力。所以,如果自己能够提前规划养老金,那么晚年会维持有尊严且体面的生活,增加安全感与幸福感。

退休养老规划主要包括退休后的消费、其他需求及如何在不工作的情况下满足这些需求。单纯靠政府的社会养老保险,只能满足一般意义上的养老生活。要想退休后生活得舒适、独立,一方面可以在有工作能力时积累一笔退休基金作为补充,另一方面可在退休后选择适当的业余性工作为自己谋得补贴性收入。

二、退休养老规划的必要性

退休生活是充分享受人生的最好时期,安排好退休生活是人生规划的最终目标。从某种意义上讲,所有个人理财规划,最终都是为富足养老而服务的。忽略退休规划的重要性和紧迫性,就可能会陷入严重的财务困境,晚年生活得不到保障。如果想晚年活得有尊严,过上高品质的生活,那么及早设计自己的退休养老理财规划是非常必要的。

（一）退休生活在延长

随着生活水平和医疗水平的提高，个人的平均寿命相比以往年代有了快速的增长，如此反映的现状就是现代人的退休生活时间大幅延长，更长的退休生活需要人们在退休之前积攒更多的财富，以保障退休后的生活支出。因此，如何提前进行合理的退休规划就变得非常重要。

（二）老龄化趋势严重

据统计，目前我国80％的家庭都属于独生子女家庭，虽然全面三孩政策已经实施，但独生子女家庭仍占有很大比例。独生子女们有的已长大成人，一个子女要赡养两位老人，成家后两人要赡养四位老人，还要养育自己的子女，如此沉重的压力让他们不堪重负。越来越多的子女晚婚、不婚、失业或无力购房，子女收入有限，父母退休后还要供子女吃住，养儿不但无法养老，还要分摊养儿孙的责任，甚至出现父母退休金被不孝子女花光的情况。因此，对于未来退休生活的安排，"养钱防老"观念已取代"养儿防老"观念，逐渐成为新的趋势。

（三）通货膨胀形势严峻

在通货膨胀不断的社会环境中，人们在退休后不再工作，从而失去了稳定的收入来源，仅仅依靠统筹的社会保障系统来度过漫长的晚年生活是令人担忧的。随着时间的推移，通货膨胀对物价水平以及日常生活的影响日益加重，如果不能很好地保持资金一定的增值水平，辛苦攒下的退休金也许就会被通货膨胀吞噬，也无法保障退休生活的支出。

（四）退休后医疗费用增加

随着年龄的增长，医疗支出将会大幅增加。据相关统计，老年人花费的医疗费用是年轻人的3倍以上。随着医疗体制的改革和医疗技术的发展，医疗费用的上涨速度惊人。有资料表明，我国医疗服务费用近年来增长速度过快，超过了人均收入的增长速度，医药卫生消费支出已成为我国居民继家庭食品、教育支出后的第三大消费支出。因此，退休后的医疗费用支出将成为退休规划的重要部分。

三、退休养老规划原则

要想缓解退休后的财务压力，尽早实现理想的退休生活，就需要做好退休养老规划。退休养老规划的制订应遵循以下原则。

（一）及早规划

退休养老规划越早越好。退休养老规划准备得早，可以在较长的时期内进行资金运作，容易实现退休养老规划目标。而且养老规划起步早，每期投入资金相对较少，目标比较容易实现。否则，即使理财者每月投入进行最优化选择，剩下的时间也已不能让退休金累积到足够供其晚年度过舒适悠闲的生活或者每期投入资金过高以至于难以负担。另外,对退休年龄、退休后的生活方式、财务目标等内容也要提早确定,从而推进个人退休理财规划的后续进行。确定自己的退休年龄很重要,因为退休后日常收入一般都会大幅度削减,这会影响个人的生活水平和质量。无论退休养老金以何种形式进行储备,提前做好规划和安排,越早开始积累,退休规划的目标越容易实现。

(二)弹性化

退休养老规划的制订要留有充足余地,应当视个人的需求而定,后期如果发现拟定的目标偏高,可以进行适当调整。对退休后的生活,不同人有不同的期望,不同期望所需要的费用也不尽相同,既取决于其制订的退休计划,又受限于人们职业特点和生活方式等。生活方式和生活质量应当建立在对收入和支出进行合理规划的基础上,不切实际的高标准只能让退休生活更加困难。为此,我们需要慎重对待自己的消费习惯,一方面要尽力维持较高的生活水平,不降低生活质量;另一方面还要考虑到自己的实际情况,不能盲目追求高端生活。总之,退休养老规划应具有弹性或缓冲性,以确保能根据环境的变动作出相应调整,增强适应性。

(三)谨慎性

如果个人对于退休后的经济状况过于乐观,表现为高估退休之后的收入,低估退休之后的开支,在退休养老规划上过于节俭,以致在退休后生活出现财务困难。谨慎性原则要求充分考虑各种情况,再确定自己的养老目标,避免对退休后的经济状况估计过于乐观或过于保守,出于谨慎性原则应该多估计些支出、少估计些收入,使退休后的生活有更多的财务支持。谨慎性原则,并不是说要放弃高风险的投资,而是应根据预计投资年限和退休资金使用情况,高低风险收益的投资应进行合理搭配。年龄越大的投资者投资高风险的理财产品的比例越低,因为高风险的理财产品需要较长的时间才能够获得较高的收益,年龄较大的投资者对于资金需求有紧迫性,所以不建议即将退休的投资者投资风险较高的产品。

(四)平衡

制订退休规划应注意稳健性和收益性平衡。如果退休金投资太过于保守,投资收益率过低,由于待筹退休金为数不菲,这样储蓄投资的退休金收入的贡献会很小,很难保证在退休后有足够的收入或资金实现理想的生活。与此同时,也不可因为退休养老储蓄投资周期长、金额大,就过分激进、冒险,如果决策失误或遇到重大经济、政策调整不利逆转。应当在稳健和收益之间寻求平衡,制订科学合理的资产配置方案,选择合适的投资工具或投资组合。

(五)动态化

退休养老规划制订好以后,并不是束之高阁,而是要不断地进行修订与更新。因为,退休养老规划的覆盖时间比较长,最初制订的退休养老规划的目标及假设条件可能会发生改变,比如随着通货膨胀率水平的提高,个人所需养老金的数量也要相应提高,此外,个人生活水平、不同投资工具投资回报率状况和社会保障体系完善程度等多种因素的改变,都将直接影响到退休养老规划的合理安排。由于退休养老金的积累时间跨度比较长,因此投资组合方案要不断进行修正,所以对退休养老规划进行动态管理是退休规划过程中一个必不可少的重要环节。

四、退休养老面临的风险

退休养老风险是指人在老年时,由于缺乏基本的生活保障而可能遭受生存危险的意外性和不确定性。退休规划贯穿生命中多个阶段,持续时间长,在规划时需要考虑会面临的各种相关风险,主要包括社会风险和个人风险两个方面。

(一) 社会风险

1. 人口老龄化

全球性的人口老龄化问题日渐突出。老龄化是全世界面临的问题,其总体特征是老年人口规模迅速扩大,比重不断上升;老年人口的增长率高于世界总人口的增长率;老龄化国家的数量不断增多。

根据国家统计局发布的《中华人民共和国 2021 年国民经济和社会发展统计公报》,全国 60 周岁及以上老年人口 26 736 万人,占总人口的 18.9%;全国 65 周岁及以上老年人口 20 056 万人,占总人口的 14.20%,65 周岁以上人口位居世界第一。一方面,老年人口数量迅速增长,老龄化水平迅速提高;另一方面,由于经济增长方式的变化以及高等教育普及等原因,个人就业的年龄大大推迟了,这就使得人们退休生活时间大幅延长,而工作的年限减少,即意味着要在更短的工作时间内积累更多的资金以满足更长的退休时间内的生活需要。

2. 家庭养老方式的转变

我国传统的老年人的养老方式是以家庭养老为主,即以家庭中子女共同赡养老人为基础。随着我国前些年所实行的独生子女政策,以及老年人预期寿命的延长,许多家庭呈现 4-2-1 成员结构,即 2 个年轻人,上有 4 位老人(双方父母),下有 1 个独生子女。这样对于中间的一代人来说,既要抚养未成年子女,又要赡养 4 位老人,压力巨大。对于老年人而言,对自身的养老方式也有了很多观念上的改变,从依赖子女的家庭养老方式逐步转变为理财养老,即通过理财科学地制订退休规划来保障退休后的生活。

3. 社会保障不足

国家提供的社会保障,包括基本养老保险、医疗保险、住房公积金等。基本养老金的主要目的在于保障退休人员的基本生活,其覆盖面广,保障程度较低。由于人口老龄化超前于现代化,"未富先老"和"未备先老"的特征日益凸显。在进行退休规划的过程中需要充分考虑社会保障不足的问题,同时也要充分认识到退休规划不可能全部依赖社会保障。

4. 经济风险

退休规划覆盖时间长,受到经济环境中各个因素波动的影响会很大,面临的经济风险主要包括以下两个方面。

(1) 经济衰退的风险。规划时需要考虑经济衰退的可能性,其中主要涉及经济环境对总体投资收益率的影响。假设一个人退休后的支出每期都是固定的,那么投资收益率越低,则在年轻阶段需要用越多的钱来准备退休之后的开支,这间接地减少了退休前的消费金额。需要关注经济衰退对退休规划造成的各方面的影响,包括收入、储蓄、收益率等。

（2）通货膨胀的风险。制订退休规划需考虑通货膨胀因素,以使退休收入维持与规划时相同的购买力。例如,在年通货膨胀率 4% 的情况下,要维持与现在 10 000 元相同的购买力水平,20 年后,这笔费用应该要高达 21 911 元。由此可见,测算养老需求要充分考虑通货膨胀的影响,需要合理预估通货膨胀率,保证退休规划所提供的名义货币量能维持规划期的购买力水平。

（二）个人风险

1. 寿命的不可预期性

退休期间是指退休开始到身故的时间。根据《2018 年世界卫生统计报告》,中国人均预期寿命为 76.4 岁左右,如果按 55 岁退休,退休期间一般应该为 20 年左右。但应根据个人的健康状况适当调整,如果个人的状况比一般人好,则退休期间会长于 20 年,尤其是离退休较远的年轻人,更应该考虑寿命延长的因素,合理设定退休余寿。若个人的实际寿命长于规划时的预期余寿,容易导致养老需求计算不足,使得实际发生的养老支出高于养老储蓄。因此,在退休规划执行过程中,需要对预期余寿进行合理估计,并对规划方案进行相应调整。

2. 个人医疗负担重

患病率高、病程长、医疗费用高等众多因素,导致老年人的医疗需求费用随年龄的增长而增加;同时,与患病相关的交通费用、护理和陪护费用等都需要在退休规划中考虑,做充分的准备。健康风险是在制订退休规划时必须考虑的风险。

3. 职业生涯的不确定性

随着社会的迅速发展,个人面临的职业风险加大。一些职业可能存续很短的时间就不复存在,失业风险不期而至。退休规划分析需要考虑职业生涯带来的不确定性对家庭的当期收入和延期收入的影响。如果职业生涯发生变化,则收入、家庭储蓄、支出都会受到影响,很多延期收入和保障项目也会受到影响。因此,需要综合考虑,并定期评估调整,保证退休规划的可持续性,从而应对职业生涯的不确定性。

第三节　退休养老规划影响因素分析

退休养老规划,是指通过提供财务分析、财务规划、投资管理等一系列专业化服务,为个人实现退休无忧安排,维持自尊、自立、保持水准的退休生活。在进行退休规划安排时,需要考虑的因素有:预期寿命及性别差异、退休年龄、经济运行周期、利率及通货膨胀的长期走势、预期生活方式、现有资产状况、预期投资回报率。

一、预期寿命及性别差异

预期寿命的长短决定着个人退休后生活时间的长短。总体来说,预期寿命越长,花费的养老费用越多,这会直接影响到退休规划的目标实现。另外,尽管男女平等是社会日益进步的表现,但是不可否认,性别差异决定男女寿命的不同。一般而言,女性的寿命比男性长,而在很多国家,女性的退休年龄要比男性早,因此,很多情况下女性的退休规划状况要差于男性。

【例 10-2】 今年 45 岁的李明计划于 10 年后退休,现在正在制订退休规划。已知李明目前每年开支为 10 万元,假设投资回报率为 6%,通货膨胀率为 3%。

要求:如果李明的预期寿命分别为 80 岁和 90 岁,目前所需筹集的养老金为多少?

解析:

$$实际收益率 = \frac{1+名义收益率}{1+通货膨胀率} - 1 = \frac{1+6\%}{1+3\%} - 1 = 2.91\%$$

(1) 李明预期寿命为 80 岁,

到 55 岁退休时年生活开销 $= 10 \times (1+3\%)^{10} = 13.44$(万元)

李明 55 岁退休后到 80 岁去世时,需要的总开支折算到 55 岁时点。

$$\mathrm{PV} = \left(\frac{P}{A}, 2.91\%, 25\right) \times 13.44 = 236.40(万元)$$

再将其折算到 45 岁,$\mathrm{PF} = \left(\dfrac{P}{F}, 6\%, 10\right) \times 236.40 = 131.91$(万元)

(2) 李明预期寿命为 90 岁,

到 55 岁退休时年生活开销 $= 10 \times (1+3\%)^{10} = 13.44$(万元)

李明 55 岁退休后到 90 岁去世时,需要的总开支折算到 55 岁时点。

$$\mathrm{PV} = \left(\frac{P}{A}, 2.91\%, 35\right) \times 13.44 = 292.62(万元)$$

再将其折算到 45 岁,$\mathrm{PF} = \left(\dfrac{P}{F}, 6\%, 10\right) \times 292.62 = 163.28$(万元)

因此,如果李明预期寿命为 80 岁,需要筹集的养老金为 131.91 万元;如果预期寿命为 90 岁,需要筹集的养老金为 163.28 万元。

由此可见,预期寿命差 10 年,需筹备的养老金相差 30 余万元,如果在制订规划时未能进行充分估计,那么随着年龄增大,30 余万元的缺口很难弥补。寿命长短是影响退休规划的重要因素,在实际制订退休规划时,必须考虑到规划者的寿命可能比预期寿命长很多,从而作出谨慎预计。

二、退休年龄

退休年龄对退休规划会产生两个方面的影响:一方面会影响个人工作赚取收入的时间或资金积累的多少;另一方面会影响个人退休后生活的时间长短。有些人会因为某些原因提前退休,如工作太过劳累、对工作的热情不高、健康状况不佳、家庭问题或是提前享受退休生活等。此外,在某些情况下,如经济不景气,雇主可能出于降低成本的考虑而推出提前退休计划,鼓励员工提前退休。当然,延迟退休也会影响退休规划,延迟退休是应对人口老龄化的主要手段,延迟退休使劳动力队伍老龄化。有专家表示,随着社会的发展,对中年人、老年人的年龄定义已经发生了很大的变化。按照现行的退休年龄,许多人其实还处在知识储备最丰富的时期,此时退休,无疑是一种人才浪费。最重要的是,推迟退休年龄可大大缓解养老金不足的现状,减轻政府压力。但同时延迟退休也会产生负面影响,比如我国仍面临劳动力过多,可能会导致一批年轻人得不到工作岗位,使严峻的就业压力雪上加霜。正是出于对这些负面影响的考虑,各国对延迟退休都采取谨慎的做法。

【例 10-3】 今年 45 岁的李明计划于 10 年后退休,现在正在制订退休规划。已知李明目前每年开支为 10 万元,假设投资回报率为 6%,通货膨胀率为 3%。

要求:(1)如果李明的预期寿命为 80 岁,目前所需筹集的养老金为多少?

(2)如果其他条件不变,李明计划于 20 年后退休,那么又需要筹集多少的养老金?

解析:(1)退休年龄为 55 岁:

$$实际收益率 = \frac{1+名义收益率}{1+通货膨胀率} - 1 = \frac{1+6\%}{1+3\%} - 1 = 2.91\%$$

预期寿命为 80 岁,到 55 岁退休时年生活开销 $= 10 \times (1+3\%)^{10} = 13.44$(万元)

55 岁退休后到 80 岁去世时,需要的总开支折算到 55 岁时点。

$$PV = \left(\frac{P}{A}, 2.91\%, 25\right) \times 13.44 = 236.40(万元)$$

再将其折算到 45 岁,$PF = \left(\frac{P}{F}, 6\%, 10\right) \times 236.40 = 131.91$(万元)

(2)退休年龄为 65 岁:

$$实际收益率 = \frac{1+名义收益率}{1+通货膨胀率} - 1 = \frac{1+6\%}{1+3\%} - 1 = 2.91\%$$

预期寿命为 80 岁,到 65 岁退休时年生活开销 $= 10 \times (1+3\%)^{20} = 18.06$(万元)

65 岁退休后到 80 岁去世时,需要的总开支折算到 65 岁时点。

$$PV = \left(\frac{P}{A}, 2.91\%, 15\right) \times 18.06 = 217.01(万元)$$

再将其折算到 45 岁,$PF = \left(\frac{P}{F}, 6\%, 10\right) \times 217.01 = 121.09$(万元)

因此,李明选择在 55 岁退休,需要在 45 岁筹集 131.91 万元养老金;如果选择在 65 岁退休,需要在 45 岁筹集 121.09 万元养老金。

由此可见,享受退休生活时间越长,需要承担的经济压力越大。我国目前政府规定的退休年龄大致为男性 60 岁、女性 55 岁,西方发达国家大多数规定男性退休年龄为 65 岁、女性为 60 岁。由于政府养老金的压力和人的寿命、身体素质的提高,我国将逐步实行推迟退休政策,但是与此同时不少人却希望提早退休,以享受退休后的悠闲生活、追逐梦想和个人兴趣爱好。因此,在进行退休规划时,应考虑当下政策规定并关注本人对退休年龄的预期,以做好充足养老准备,避免发生养老金准备不足的情况。

三、经济运行周期

在经济繁荣时期,积累退休金是有利的;反之则是不利的。对于已经开始退休生活的人而言,经济周期的更替将改变其相对经济地位,进而影响其社会地位。从我国经济增长的长期趋势来看,经济转轨所实现的静态增长过程将逐渐结束,显然这种情形对正处于积累退休储蓄的个人而言是有利的。因此,这也可能是当前我国居民进行个人退休规划积累最有利的外部条件。

四、利率及通货膨胀的长期走势

根据简单的复利公式,利率对投资品价值的影响是不言而喻的,有时甚至是最主要的决定因素。此外,利率常常与通货膨胀联动,因此利率的长期走势还将与物价因素一起影响个人退休后的生活品质。在筹备养老金的过程中,很多人倾向于选择定期存款等较为保守的方式进行财富的积累。但是,采用这种积累养老金方式的人群,往往忽略了一个非常重要的因素,那就是通货膨胀对于储蓄金的侵蚀力。在做退休理财规划的时候,通常是靠活期存款、定期存款来累积养老金,这种方式虽然安全性极佳,但收益率过低。如果遇到处于通货膨胀的经济周期,会带来实际利率为负的后果。例如 2008 年,银行存款年利率为 4% 左右,但通货膨胀率却达到了 6% 左右。这也就意味着,把养老金存在银行里不但没有升值,反而发生了贬值。

通货膨胀率是制订养老金规划时必须考量的因素,通货膨胀的客观存在,决定了维持一个持续上升的名义收入的必要性。当然,在制订退休规划时,对通胀率的预估也不能太高,否则最终计算出的养老金额会出现过高的情况,导致心理压力过大,降低执行意愿。

【例 10-4】 今年 45 岁的李明计划于 10 年后退休,现在正在制订退休规划。已知李明目前每年开支为 10 万元,假设投资回报率为 6%,李明的预期寿命为 80 岁。

要求:如果未来通货膨胀率为 3% 和 5%,目前所需筹集的养老金分别为多少?

解析:(1)当通货膨胀率为 3%、投资收益率为 6% 时,

$$实际收益率 = \frac{1+名义收益率}{1+通货膨胀率} - 1 = \frac{1+6\%}{1+3\%} - 1 = 2.91\%$$

到 55 岁退休时每年生活开销 $=10 \times (1+3\%)^{10} = 13.44$(万元)

55 岁退休后到 80 岁去世时,按照每年生活开销 13.44 万元,需要的总开支折算到 55 岁时点。

$$PV = \left(\frac{P}{A}, 2.91\%, 25\right) \times 13.44 = 236.40(万元)$$

再将其折算到 45 岁,$PF = \left(\frac{P}{F}, 6\%, 10\right) \times 236.40 = 131.91$(万元)

(2)当通货膨胀率为 5%、投资收益率为 6% 时,

$$实际收益率 = \frac{1+名义收益率}{1+通货膨胀率} - 1 = \frac{1+6\%}{1+5\%} - 1 = 0.95\%$$

到 55 岁退休时每年生活开销 $=10 \times (1+5\%)^{10} = 16.29$(万元)

55 岁退休后到 80 岁去世时,按照每年生活开销 16.29 万元,需要的总开支折算到 55 岁时点。

$$PV = \left(\frac{P}{A}, 0.95\%, 25\right) \times 16.29 = 360.98(万元)$$

再将其折算到 45 岁,$PF = \left(\frac{P}{F}, 6\%, 10\right) \times 360.98 = 210.42$(万元)

因此,当通货膨胀率为3%时,李明需要筹集131.91万元的养老金;而通货膨胀率为5%时,李明需要筹集210.42万元的养老金。

由此可见,不同通货膨胀率下所需筹集的养老金不尽相同。通货膨胀率越高,所需筹备的养老金金额越大;相反,通货膨胀率越低,所需筹备的养老金的金额越小。

五、预期生活方式

不同生活方式的选择决定了退休后开支的多少。值得注意的是,许多人对生活方式的估算都体现出过于保守的趋势。例如,在衣物支出上,许多规划者认为相关费用会有所减少,但实际上可能由于身体部分机能出现老化现象而需要品质更好、价格更昂贵的鞋类、御寒衣物等;而在"衣食住行"的"行"方面费用,随着退休后大量闲暇时间的出现,退休者可能会新增许多旅行计划,这也会增加计划之外的开支。如果在做退休规划时未考虑这些提高生活品质的费用,可能会出现养老金准备不足的情况。需要注意的是,规划者的生活方式和生活质量应当是建立在对收入和支出合理规划的基础上,而不能不切实际地一味追求高品质生活。而且,退休年龄和退休后对生活质量的要求是互相关联的。一般情况下,如果希望获得更多的时间享受退休生活而选择提前退休,则很有可能需要降低退休后的生活质量;相反,如果希望享有更高质量的退休生活,那就可能需要延长工作时间,推迟退休安排。

六、现有资产状况

现有资产状况是进行退休规划的财务基础和起点,现有资产状况的多少、家庭资产负债构成等均会对退休规划造成影响。因此,在制订退休规划前首先应对家庭及个人现有资产状况充分了解。了解现有资产状况包括两个方面。

(1) 对目前的家庭资产、现金流、人力资本(未来收入)等财务情况以及未来家庭成员的职业发展状况、家庭成员的结构变化等进行评估。此类评估有助于了解目前自身各类投资、各类资产的价值,确定有多少资产可以用来投资,以便确定未来还需要积累多少资金来为退休计划做准备,家庭财务有多大的缺口。

(2) 了解现有资产状况有助于了解未来退休生活的收入来源。退休后收入通常由三部分组成:个人在工作期间积累资产的投资收入、政府计划(以社会基本养老保障制度为主)和雇主计划(以企业年金为代表)。而退休后这些收入的多寡均与目前所处的职业状态和现有的资产状况有关。

【例 10-5】 今年45岁的李明计划于10年后退休,现在正在制订退休规划。已知李明目前每年开支为10万元,假设投资回报率为6%,未来通货膨胀率为3%,李明的预期寿命为80岁。

要求:如果李明目前持有的生息资产的现值分别为100万元和80万元,目前所需筹集的养老金缺口为多少?

解析:当通货膨胀率为3%、投资收益率为6%时,

$$实际收益率 = \frac{1+名义收益率}{1+通货膨胀率} - 1 = \frac{1+6\%}{1+3\%} - 1 = 2.91\%$$

到 55 岁退休时每年生活开销＝$10 \times (1+3\%)^{10} = 13.44$（万元）

55 岁退休后到 80 岁去世时，按照每年生活开销 13.44 万元，需要的总开支折算到 55 岁时点。

$$PV = \left(\frac{P}{A}, 2.91\%, 25\right) \times 13.44 = 236.40（万元）$$

再将其折算到 45 岁，$PF = \left(\frac{P}{F}, 6\%, 10\right) \times 236.40 = 131.91（万元）$

生息资产为 100 万元时，养老金缺口为＝131.91－100＝31.91（万元）

生息资产为 80 万元时，养老金缺口为＝131.91－80＝51.91（万元）

因此，当李明持有生息资产现值为 100 万元，需要筹集的养老金缺口为 31.91 万元；当李明持有生息资产现值为 80 万元，需要筹集的养老金缺口为 51.91 万元。

七、预期投资回报率

根据简单的复利公式，投资回报率对投资品价值的影响是不言而喻的，有时甚至是最主要的决定因素。同样的资产，仅仅选择低收益率的方式如定期储蓄投资，和选择投资于高收益率的产品如股票、股票基金，最终获得的投资结果是完全不一样的。

一般来说，预期投资回报率的设定与个人的年龄、学历、风险偏好、对投资工具的认识、风险承受能力等相关。但总体而言，随着个人年龄逐渐增大，风险偏好总体应趋于稳健，应当避免风险过大的投资行为。所以，在制订退休规划时，不应过高预估投资回报率，这样会使其认为每期所需的投资额很低，最终结果可能达不到养老金的累计目标。

【例 10-6】　今年 45 岁的李明计划于 10 年后退休，现在正在制订退休规划。已知李明目前每年开支为 10 万元，假设未来的通货膨胀率为 3%，李明的预期寿命为 80 岁。

要求：如果预期投资资本回报率分别为 6% 和 8%，目前所需筹集的养老金分别为多少？

解析：（1）当投资收益率为 6% 时，

$$实际收益率 = \frac{1+名义收益率}{1+通货膨胀率} - 1 = \frac{1+6\%}{1+3\%} - 1 = 2.91\%$$

到 55 岁退休时每年生活开销＝$10 \times (1+3\%)^{10} = 13.44$（万元）

客户 55 岁退休后到 80 岁去世时，按照每年生活开销 13.44 万元，需要的总开支折算到 55 岁时点。

$$PV = \left(\frac{P}{A}, 2.91\%, 25\right) \times 13.44 = 236.40（万元）$$

再将其折算到 45 岁，$PF = \left(\frac{P}{F}, 6\%, 10\right) \times 236.40 = 131.91（万元）$

（2）当投资收益率为 8% 时，

$$实际收益率 = \frac{1+名义收益率}{1+通货膨胀率} - 1 = \frac{1+8\%}{1+3\%} - 1 = 4.85\%$$

到 55 岁退休时每年生活开销＝$10 \times (1+3\%)^{10} = 13.44$（万元）

客户 55 岁退休后到 80 岁去世时，按照每年生活开销 13.44 万元，需要的总开支折算到 55 岁时点。

$$PV = \left(\frac{P}{A}, 4.85\%, 25\right) \times 13.44 = 192.30(万元)$$

再将其折算到 45 岁，

$$PF = \left(\frac{P}{F}, 8\%, 10\right) \times 192.30 = 89.03(万元)$$

因此，如果投资回报率为 6%，李明需要筹集 131.91 万元的养老金；投资回报率为 8% 时，李明需要筹集 89.03 万元的养老金。

从例 10-6 可以看出，不同预期投资回报率下所需筹集的养老金不尽相同。资产投资回报率越高，所需筹备的养老金金额越小；相反，资产投资回报率越低，所需筹备的养老金的金额越大。但需要注意的是，由于退休规划中投资方式的风险不宜过大，所以对投资的预期回报也不应过高。

由上述内容可知，预期寿命及性别差异、退休年龄、经济运行周期、利率及通货膨胀的长期走势、预期生活方式、现有资产状况、预期投资回报率等多个因素对退休规划产生影响。因此，在制订退休规划时，应充分了解以上因素的影响力。

第四节　退休养老规划流程

一个完整的退休规划，包括工作生涯设计、退休后生活设计及退休养老资金缺口估算、自筹养老金部分的储蓄投资设计。由规划者的工作生涯设计估算出可领多少养老金（企业年金或团体年金），由退休生活设计引导出退休后到底需要花费多少钱，退休后需要花费的资金和可领取的资金之间的差距就是其应该自筹的退休资金。

一、退休规划流程

退休规划流程一般包括以下步骤。

第一，收集、整理和分析家庭财务状况。系统全面地收集相关信息，对收集到的信息按标准化的格式进行分类和整理，然后进行专业的分析。基于分析的结果，一方面帮助了解自己的家庭财务状况，如资产配置是否合理、退休养老资金是否充足、是否有流动性风险等；另一方面，对家庭财务问题和退休目标要有清晰的了解。

第二，明确退休目标。即要决定退休的年龄、退休后的生活方式和水平，如在哪里退休、退休后保持或可能培养的个人兴趣爱好、活动等。

按照我国现行法律法规，国家法定的企业职工退休年龄为男性年满 60 周岁、女工人年满 50 周岁、女干部年满 55 周岁。随着中国人口老龄化趋势的发展，总体上将采取渐进的方式延迟退休年龄。同时，经济的发展状况、自身的身体状况、自身对退休生活的预期等都会影响退休年龄。如果过早退休，需要承担相对较大的经济压力。退休后对生活品质的要求直接决定了退休后家庭开支的多少。因此，应当根据前期收入情况、负债情况等合理规划退休生活品质，避免过高追求带来过大经济压力。

第三，制订退休规划方案。根据上述需求，首先测算退休养老总开支，再根据已有或者可预见养老收入来源、投资情况和退休目标,计算退休养老资金的总供给与实现客户退休目标的资金总开支之间的缺口。最后,根据退休目标和资金需求,制订相应的资产配置方案和推荐合适的投资工具,通过长期投资做好退休养老金筹备工作,必要时可向专业理财师咨询。

第四,退休规划方案的执行。退休规划方案的执行是整个退休规划中最实质性的一个环节,执行得好坏直接决定着整个理财方案的效果。在退休规划制订之后,按照规划方案进行投资工具的选择和投资组合,对在退休规划方案的具体实施过程中产生的文件资料进行存档管理,留存备查。

第五,后续跟踪服务。定期检测退休规划的执行情况,根据经济、金融环境和自身情况的变化等及时调整退休规划。退休规划覆盖的时间较长,长达数十年,其中可能会经历经济周期、通货膨胀等经济环境和投资环境的交替变更,而且个人的职业生涯、家庭情况、生活状况、收支情况等也可能发生变化,需要定期跟踪退休规划的执行情况并作出相应调整,以保证自身退休养老目标的实现。

二、退休养老规划方案制订

医疗及生活水平的不断飞跃,国内人均寿命的不断增长,其结果是我们需要面对退休后的漫长生活,收入下降,身体素质下降导致医疗投入增加,有较长的时间可以支配,而这一切都需要退休前自身制订出完善的退休养老规划方案来支撑。

(一)确定退休生活目标

退休养老生活目标,是指人们所追求的退休之后的一种生活状况。对退休后的生活,根据个人选择退休生活不同方面的不同要求而因人而异。人们对于"衣食住用行"的不同要求,存在四个需求层次,第一层次是退休后基本的生活需求;第二层次是退休后维持与现阶段同水准的生活;第三层次是退休后想过高于目前生活水准的生活;第四层次是想给子女留下较丰厚的遗产。对于不同的需求层次,需要的投资工具也有所不同。例如,第一层次最普通的基本生活需要,可通过基本社保或年金保险来满足,而最高层次想给子女留有更多的遗产,则需要前期选择风险高收益高的投资工具来实现。退休生活的基本目标可以以收入或消费为标准来衡量,退休收入替代率目标(从收入角度),即退休前收入的一定比例,一般经验认为60%~70%;退休生活消费目标(从消费角度),即退休前消费的一定比例,一般经验认为80%左右。以上收入和消费目标与职业、生活方式、个性选择相关,可进行相应调整,但最大不超过根据未来收入确定的持久消费水平。此外还有特殊退休目标,如旅游、补充医疗、社会活动、迁居、抚育第三代、长期护理、购房、购车等。

总之,对退休后的生活,不同人会有不同的退休生活规划,不同退休生活规划下所需要的费用也不尽相同。目标的确定决定了退休后总支出金额和投资工具的选择。

(二)估算退休后收支

根据退休后生活目标估算退休后生活的收支情况,遵循消费支出是以收入为最大限度来源。对于多数退休养老的人来说,收入分为以下几类。

（1）稳定的经常性收入。稳定的经常性收入包括养老金、企业年金以及人寿保险等。

（2）劳务收入。具有特殊技能和才华的人，可能退休后并没有停止工作，收入来源有劳务收入，如返聘、自营收入，这部分收入是主动性收入，并非永久性的，而且随着年龄的增大和精力的有限，这部分收入有可能会逐步减少。

（3）投资收入。投资收入包括储蓄、债券、基金、股票、房租等，投资性收入的多少和稳定与否取决于投资工具的风险和个人投资操作水平，除了房租和储蓄有相对的稳定性，其余类型的投资工具的收益受市场行情以及经济大环境的影响。

（4）其他收入。其他收入来源于子女、亲属的赡养费收入。

总之，退休后收入不是一成不变的，应不断地根据实际情况给予调整。

退休后的支出，首先是基本的"衣食住用行"的生活费用，其次是参与各种社会活动的费用、旅游费用，以及随着年龄的增长逐步增加的医疗费用等。

个人应依据自身的经济状况，在综合考虑家庭收入和支出的情况下，对自己退休后的生活方式和生活质量进行准确的评估和合理的安排，一方面要尽量维持较高的生活水平，不降低生活质量；另一方面还要考虑到自己的实际情况，不能盲目追求超标准的生活水平。在此基础上设定一个切合个人实际的退休计划，在制订个人退休计划时，对退休生活的期望应尽可能详细，并根据各个条目列出大概所需的费用，同时应考虑通货膨胀的因素，据此来估算个人退休后的生活成本。只有在对自己退休以后的生活支出有详细规划的前提下，考虑自身已经准备的养老金，才能判断退休金能否满足自己预期的退休生活。

（三）计算养老金缺口

养老规划的重点就是计算出退休生活的需求和收入之间的差额，具体步骤如下：

（1）计算当前每月日常支出（年度支出分摊到每月），用 A 表示。

$$A = 年度预计总支出 \div 12$$

（2）考虑通货膨胀率以及需要增加的生活费增长率的因素，计算退休时当年每月需要的费用，用 B 表示。

$$B = A \times (1 + 通货膨胀率 + 生活费增长率)^n$$

式中，n 为现在距离退休时的年数。

（3）退休后，由于通货膨胀因素存在，实际上每年的生活费用都是要递增的，但为了计算简单，我们假设退休后的投资回报率能够基本抵消每年通货膨胀的影响，则退休后生活总费用为 C。

$$C = B \times 12 \times 退休年限$$

同时，考虑退休后的大病医疗费用，用 M 表示，那么，退休后所需的费用总和，用 E 表示。

$$E = C + M$$

（4）如果已经有人寿保险、储蓄存款等养老投资工具，可以从退休后费用总和中减去这部分，得到养老金缺口，用 F 表示。

$$F = E - 已准备养老金$$

退休生活总需求 － 已累积之净额 － 退休时可领退休金 ＝ 个人需自筹的退休金

从上面的公式可以看出，退休养老规划的设计关键是明确养老金缺口，也就是需自筹的退休金。根据退休生活设计，确定退休生活总需求，工作生涯规划决定已累积之净额和退休时可领取的退休金，剩余部分即是需要自筹的退休金，同时，应考虑投资报酬率、通货膨胀率、薪资增长率以及尚有工作年限等。

（5）根据个人的投资回报率、投资时间，以及养老金缺口，即可以确定每月投资额。只要能按计划每个月投资额进行投资，并达到预定的投资回报率，就能在预定时间正常退休。

（四）投资工具选择

根据养老金缺口选择不同的投资工具，以期达到预定的投资目的。退休金的筹集渠道主要有四个方面：一是社保养老保险。每月由企业和个人缴纳一定比例的社保养老金，退休后就可以领取一定的退休金；二是企业年金保险。个人与企业固定支付一笔钱用来投资累积养老金，退休后按规定方式领取；三是商业养老保险。商业养老保险是商业保险的一种以人的生命或身体为保险对象，在被保险人年老退休时，由保险公司按合同规定支付养老金；四是自筹退休金。自筹退休金主要是储蓄投资，要想使有限资金发挥更大效用，可以选择合适的投资工具，如股票、债券等。

由于社会养老保险和企业年金保险都属于被动的退休规划，当事人无法自主进行调节，因此，制订退休养老规划的重点应放在商业养老保险、证券投资、基金和股票投资等投资工具的配置上。同时，也可以利用提高储蓄比例、推迟退休延长工作年限、减少退休后的花销、投资高收益率理财产品等途径来实现对退休养老规划的调整。在退休规划的工具选择上，根据个人资金使用情况和风险承受能力的不同进行资产配置组合，按照一定的比例进行合理搭配。对风险偏好保守、安全感需求高的投资者来说，可以选择低风险的投资工具；风险承受能力较高的投资者可以在理财师的指导下进行高风险的投资工具的配置，以满足高品质的生活支出。

（五）动态调整

退休养老规划确定以后，应密切监督、定期评价规划实施的效果，根据实际情况的改变对规划作出相应调整。在对原来规划作出调整时，既不能因市场波动而频繁调整投资工具的配置，增加相应的转换成本，也不能因为不愿意支付调整成本而丧失调整的最佳时机。退休养老规划的时间跨度比较长，最好每隔3～5年对退休规划的收支进行重新估算，并且审视资产配置，以判断能否达到最初确定的退休后的生活目标。因此，退休规划的制订是一个动态执行并调整的过程。

三、退休养老规划案例

王先生今年43岁，和同龄的妻子收入丰厚，每月工资收入合计为22 000元，年终还有总计50万元的奖金。他们的女儿今年上初中，准备6年后出国深造。家庭每月开支约为8 300元，夫妻双方分别投有寿险和意外险，女儿也投有一份综合险，加上家庭财产险等,每年的保费总支出为 7 万元。除去其他各种不确定费用,每年能有约 44 万元的现金流入。

王先生家有一套价值为 150 万元的房产,用于自己居住。王先生夫妇没有投资股票,也没有购买基金或债券,闲置资金基本上投资储蓄,现有活期存款 5 万元,定期存款 40 万元。王先生夫妇对退休后生活质量要求较高,希望至少不低于现在的生活质量,并且由于目前两人身体都不佳,他们希望 10 年后能够提前退休,两人预期寿命约为 80 岁。

(一)退休养老规划分析

进入 40 岁,家庭一般处于稳定期,工作和生活已经步入正轨。对于此前已经通过投资积累了较多财富且净资产比较丰厚的家庭来说,不断增长的子女教育费用不会成为家庭的负担,一般性的家庭开支和风险也完全有能力应对。因此,这类家庭可以拿出较多的闲置资金进行投资,通过多种投资组合使现有资产尽可能地实现增值,不断扩充养老金账户。但是,养老规划整体应以稳健投资为主。针对家庭年龄阶段的特点,应该分三步制订未来的退休养老规划。

第一步,估算需要储备的养老金。

(1) 日常开支。王先生家庭目前每月的基本生活开支为 8 300 元。假定通货膨胀保持年均 3% 的增长幅度,按养老金缺口计算方法,退休后王先生家庭要保持现在的购买力不降低的话,总共需要支付 166 万元的费用。

(2) 医疗开支。由于王先生夫妇的身体都不佳,因此医疗方面的开支将是他们最重要的一项开支。假定他们退休后平均每人每年生病 4 次,每次平均花费 3 000 元,那么退休后医疗的总花销就是 64.8 万元。每月的护理费也是必要的支出,假定每人每月护理费为 1 000 元,那么 27 年总共需要护理费 64.8 万元。因此,王先生夫妇的养老金中仅医疗支出就达到 130 万元。

(3) 旅游开支。假如平均每年旅游 2 次,每次平均花费 1.5 万元,总共需要的旅游费用为 81 万元。

因此,王先生家庭退休后总费用支出大约是 377 万元。

第二步,估算未来能够积累的养老金。

估算王先生夫妇从现在到 80 岁总共积累的养老资产。王先生夫妇的收入来源比较简单,主要来源于以下两个方面。

(1) 工资收入。王先生夫妇目前离退休还有 10 年,10 年中能积累的工资收入为 264 万元,10 年的年终奖 500 万元,总共收入 764 万元。

(2) 存款收入。假定年平均利率为 3%,按照复利计算,王先生的定期存款和活期存款共计 45 万元,存入 37 年后本息总计为 134 万元。

王先生夫妇的收入虽然比较高,但是支出也较大,还有女儿留学费用需要支付。因此,我们假定上述共计 898 万元的总收入中有 30% 可以留存下来用于养老,那么王先生夫妇能够为自己积累的养老金就是 270 万元。另外,王先生夫妇目前居住的房屋虽然市值高达 150 万元,但因为该房屋仅用于自住,并不是投资性房产,所以不计入养老金中。

第三步,估算养老金的缺口。

需要储备的养老金减去能够积累的养老金,计算出王先生夫妇养老金缺口为 107 万元。

(二)退休养老建议

(1)王先生家庭的闲置资金基本上都存在银行。王先生应该利用闲置资金进行适当投资。假如从现在起到退休前每年从闲置资金中提取 10 万元投资,年投资回报率为 7%,10 年以后便能拥有 138 万元的资产积累。如果在以后继续追加投资,王先生家的资产将会达到更高水平。

(2)如果王先生不善于投资金融产品,建议进行房产投资。从长期来看,房产投资比较稳健,收益也较好,退休后"以房养老"也是较好的投资选择。

从上述案例可知,王先生一家虽然资产丰厚,但要满足退休后高质量生活目标,仍有较大的资金缺口。因此,提前做好退休规划,对于家庭来说非常重要。

 即测即练

第十一章

财富传承规划

民间有"富不过三代"的说法,这也说明财富传承是每个家庭都面临的难题,无论是家财万贯的高净值人群,还是普通的工薪阶层,都会面临财富传承的困扰。财富传承不仅要实现家族财富、事业和价值观等的传承及发扬光大,而且要考虑财富对下一代可能带来的正面和负面的影响,这需要合理规划财富传承方案,兼顾未来可能发生的不同状况。

第一节 财富传承规划概述

一、财富传承规划基本概念

财富传承规划可以归纳为:基于委托人的意愿,通过运用相关工具、方法和安排,有效降低债务、税务、财产所有权变更等因素带来的财富损失,以财富保值为目标实施财产分配。一般来说,财富传承规划有以下几个要点。

(一)财富传承规划对象

财富传承规划的对象是客户的资产和负债,甚至包括家族企业经营权、家族精神文化等。财富传承规划通过妥善安排客户的资产和负债,可以使企业的经营权顺利让渡,降低财富损失风险,确保家族财富得到顺利传承。概括来说,财富传承的对象不仅包括财产权,而且包括股权、管理权等。

(二)财富传承规划受益人

财富传承规划要基于特定受益人或继承人,特定受益人或继承人一般是家庭中重要的成员。在确定受益人或继承人时,不仅要考虑财富的安全性,而且要关注由此给家庭成员未来生活带来的影响。因此,财富传承是否顺利,关系到家族成员未来生活是否和谐、幸福。这一特点决定了财富传承规划不可避免涉及大量民事法律关系的协调和处理。

(三)财富传承规划工具

一般而言,财富传承工具包括遗嘱、赠与、家族信托、保险等形式,财富传承工具的选择可以影响财富传承的安全、成本和效率。财富传承工具中,遗嘱方式安排传承是最常见的方法,但遗嘱的执行是以生命终结为条件的。因此,遗嘱是在未来不确定的时点发生财产分配效力,具有很大的局限性,如遗嘱可能面临的遗产税,对遗嘱的争议可能会带来亲人反目、财富缩水、隐私曝光,以及继承人管理财产不当或挥霍遗产,监护人道德风险等。因此,遗嘱只能作为财富传承工具之一或者一个补充,而不是主要工具(尤其对高端、情况复杂的客户而言),更不是全部。此外,财富传承还包括将股权进行有计划的转让、附条件的财产转移约定、策划设立传承子公司、设计购买人寿保险、教育养老年金、设立家族信托、家族有限合伙等,这些都是可供选择的工具(表 11-1)。

表 11-1　财富传承规划工具比较

工　具	优　势	劣　势
遗嘱	简单、被大众熟知	① 办理公证,易失去私密性 ② 不办理公证,容易引起纠纷 ③ 遗产税征缴
人寿保险	无遗产税、无公证和支付遗嘱执行费用;独立账户;可延迟缴纳可能的投资收益税	① 流动性一般 ② 难以实现更多功能
慈善基金会	慈善组织及其取得的收入有税收优惠	缺乏流动性和灵活性
联名账户	① 一方去世后,财产归另一方所有 ② 不用遗产公证 ③ 简单易行	方式欠灵活;不能节税
赠与	在一定限额内可免交赠与税	① 在征税国,免税的额度对富人而言远远不够 ② 我国没有遗产税,不适用 ③ 必须考虑失去控制权问题
家族信托	① 信托财产独立于委托人财产、受托人财产、受益人财产 ② 可以实现资产隔离和传承的功能	门槛高

二、财富传承规划功能

财富传承是人生的必经阶段,进行财富传承规划是理财规划的重要内容。随着客户年龄的增长,除了进行退休养老规划,必然要考虑毕生积累的财富在身后如何分配,以达到照顾不同家庭成员的需要和其他财务目标。根据生命周期理论,在进入退休期之后,客户对财富保障和财富传承的需求会逐渐增大。进行财富传承规划,不仅仅意味着一份简单的遗嘱,更应该是一整套根据传承人特有的财务状况、意愿,结合家庭成员的财务需求而量身定制的周密的法律与财务操作方案。具体来说,财富传承规划主要有以下几方面的功能。

(一)避免遗产继承纠纷

受我国传统文化影响,加之在过去相当长的时间里普通居民财富积累少、身后遗产有限,我国居民在财富继承和财富保障方面的意识并不强,也不习惯通过财富传承规划进行遗产分配。由于没有明确安排身后相关事宜,一旦遭遇疾病等意外去世后,很容易导致相关财富继承纠纷频发,家族财富创造和积累中断,并伴随重大经济损失。因此,未雨绸缪、提前制订财富传承规划有利于解决这一问题,可以有效减少甚至消除亲人反目、争斗的法律风险,维持家庭和睦和社会安定。

(二)维持家庭成员生活质量

一般而言,富裕群体的家庭关系复杂,部分富裕群体的子女数量,尤其需要照顾的亲友和涉及的财务安排数量比较多。在财富传承的过程当中,法律层面的分配方案往往与财富拥有者的个人意愿有较大的分歧。通过选择合理的财富转移工具或方法,如设立不可撤销的信托,通过信托受益权的方式可以保障法律上弱势继承方的权利。通过制订周密的财富传承规划使部分家庭成员未来的生活质量不至于受到影响或相互差距太大,家庭成员的关系也不至于因突发事件而紧张。

(三)降低家族财富损失风险

俗话说,"富不过三代",部分富裕群体的子女成长环境优越,很多情况下不仅不能继续创造财富,而且有可能快速消耗掉家族积累的财富。通过合理的财富传承方案设计,财富拥有者可以保证家族的后代能够持续稳定地获得基本的生活保障以及充足的生活、教育等经费,而不必担心因下一代家族掌舵人的经营失误使得整个家族陷入生活困境。

(四)降低相关税收风险

在税收风险方面,以遗产税和赠与税最为显著。我国经历经济快速发展后,富裕群体中移民已经是普遍现象,虽然我国暂未征收遗产税与赠与税,但是富裕人群移民去向的国家和地区大部分都已经征收了此类税种。其中美国、英国都明确征收遗产税、赠与税,加拿大虽然法律上不直接征收,但对遗产增值部分征收个人所得税或增值税,也是一种变相的遗产税。因此如何在中国和移民国家分配财富是需要谨慎考虑的事宜,通过更多地在免征或低税率遗产税和赠与税的国家和地区托管财富,可以有效地规避税收给财富带来的损害。

遗产税按课征方式的不同可以分为以下三类。

(1)总遗产税制度,即以死者的遗产总额来进行课征,不需要考虑继承人的人数及分配方向。总遗产税制度的主要代表国家为美国。

(2)分遗产税制度,即根据继承人与死者关系的亲疏及继承财产的多少分别确定课征的税额。其主要代表国家为日本。

(3)总分遗产税制度,即对死者留下的遗产先课征一次总遗产税,然后在税后的遗产分配给各继承人时,再就各继承人的继承份额征收分遗产税,也称混合遗产税制。其主要代表国家为意大利。

在遗产税实行的过程中,也有些国家和地区取消了遗产税,澳大利亚于 1978 年取消,新西兰于 1992 年取消,瑞典于 2005 年取消,中国香港地区于 2006 年取消,新加坡于 2008 年取消,挪威于 2014 年取消。这些国家和地区取消遗产税大多因为取消遗产赋税后有利于改善投资环境,许多富裕阶层的人士更倾向于移民至无遗产税的国家或地区,使得自己的财富能够更多地传与子孙后代。

虽然我国目前尚未征收遗产税,但遗产税是我国税制改革的重要内容,未来有可能实施,这就需要富裕群体提前做好相关税收规划。

三、财富传承规划原则

理财规划是一生的事务,理财师的宗旨也是通过自己的专业能力和优异服务让客户信任满意,做客户的终身理财顾问,为客户的一生或其家族几代人提供专业服务。理财师在做财富传承规划时,应力求工作的专业性和有效性,需遵循下列几项原则。

(一)及早着手

理财师应在和客户的沟通过程中,适时提醒客户对于财富传承规划应该予以重视、尽早规划,改变传统观点,譬如不吉利、没多少传承资产或家人可以简单协调处理等,必要时晓之以理、列举发生的社会案例等,一般应建议客户40岁左右筹划遗嘱设立,并通过其他传承方式的安排作为补充。

(二)充分沟通

充分沟通,明确需求、目标,要让客户熟悉财富传承相关概念、法律和可选择工具,从而做到心中有数,明确可传承遗产和分配方案。与投资、税收、养老等板块不同的是,财富传承的分配方案中客户本人的意愿可以起到更多的主导作用。理财师需要和客户进行认真交流,详细记录客户意愿,确定客户目标,必要时在征得客户同意的基础上采用录音、录像等形式,确保方案充分尊重客户的个性化需求。

(三)专业分工

设立遗嘱是律师等专业人士的职责,理财师在处理类似问题时因专业局限性,应提醒客户尽早进行此类规划,并建议客户请合格专业人士协助,或者帮助推荐合适的律师,而非自己参与法律文书等的起草,以免不必要的法律纠纷。

(四)及时提醒

及时提醒和协助客户做好遗嘱执行、遗产分配相关工作。譬如遗嘱存放地要让家人知晓,要有明确的遗嘱执行人,如果家里有未成年孩子要指定监护人等。

(五)定期更新

订立了合法遗嘱也不会从此一劳永逸,在遇到家庭重大变故或每过5年左右,必须提醒客户应该结合当时环境对遗嘱和遗产规划进行重新审阅与修订。

四、财富传承规划内容

财富传承规划的主要内容包括以下三个方面。

(一)计算和评估客户财产价值

国内成熟的家庭一般都有自住房,目前房子的价值往往占普通家庭财富的很大比重。

除去房子之外,大多数家庭拥有存款、股票、汽车等财产,高净值人群还包含公司股权、古玩收藏等多种财产。在进行财富传承规划之前,应当对种类繁多的财产进行全面的梳理。

在梳理可传承财富时,有两种情况需要着重考虑。

(1)在未做公证和特殊约定的情况下,家庭财产属于夫妻双方,个人可分配的财富只有归属于个人自己的一半,处分夫妻共同财产的遗嘱无效。

(2)不能取消或减少法定继承人中缺乏劳动能力又没有生活来源继承人的继承权和继承份额。

(二)确定财富传承具体目标

进行财富传承规划的目标不是简单按照法定继承来分配财产,而是通过有艺术、有技巧地分配财产,体现财富持有人意志,如确保家族成员的生活质量、保障下一代教育等。

(三)制订财富传承规划方案

理财师应在了解《民法典》的相关规定基础上,根据客户的意愿,通过法定继承和遗产继承、家族信托、人寿保险等工具的应用,帮助客户制订财富传承规划,必要时还可咨询法律专业人士。

第二节 遗产继承

现阶段最常用的财富传承方式包括遗产继承、家族信托、人寿保险等。其中,遗产继承是财富传承的一项重要内容,在制订财富传承规划中,遗产继承由于涉及复杂的法律关系,理财师有必要向客户介绍各类遗产继承的法律规定和对客户及其家庭的影响。目前,在我国现行法律框架下,法定继承和遗嘱继承是遗产继承的两种重要形式。

一、遗产的法律界定

遗产指被继承人死亡时遗留的个人所有财产和法律规定可以继承的其他财产权益,可以分为积极遗产和消极遗产两种。积极遗产指死者生前个人享有的财物和可以继承的其他合法权益,如债权和著作权中的财产权益等。消极遗产指死者生前所欠的个人债务。在中华人民共和国,遗产范围主要是生活资料,也包括法律允许个人所有的生产资料。

(一)遗产的特征

根据《民法典》的有关规定,遗产必须具有三个特征:一是必须是公民死亡时遗留的财产;二是必须是公民个人所有的财产;三是必须是合法财产。这三个条件必须同时具备,才能称为遗产。

遗产包括以下几项。

(1)公民的合法收入。如工资、奖金、存款利息、从事合法经营的收入、继承或接受赠与所得的财产。

(2)公民的房屋、储蓄、生活用品。

（3）公民的林木、牲畜和家禽。林木，主要指公民在宅基地上自种的树木和自留山上种的树木。

（4）公民的文物、图书资料。公民的文物一般指公民自己收藏的书画、古玩、艺术品等。如果上述文物之中有特别珍贵的文物，应按《中华人民共和国文物保护法》的有关规定处理。

（5）法律允许公民个人所有的生产资料，如农村承包专业户的汽车、拖拉机、加工机具等；城市个体经营者、华侨和港澳台同胞在内地投资所拥有的各类生产资料。

（6）公民的著作权、专利权中的财产权利，即基于公民的著作被出版而获得的稿费、奖金，或者因发明被利用而取得的专利转让费和专利使用费等。

（7）公民的其他合法财产，如公民的国库券、债券、股票等有价证券，复员、转业军人的复员费、转业费，公民的离退休金、养老金等。

（二）遗产的分配原则

1. 遗嘱优先于法律规定

法定继承和遗嘱继承是两种不同的继承方式，从效力上说，法定继承的效力低于遗嘱继承，遗嘱的效力优先于法定继承。《民法典》第 1123 条规定："继承开始后，按照法定继承办理；有遗嘱的，按照遗嘱继承或者遗赠办理；有遗赠扶养协议的，按照协议办理。"因此，如果留有遗嘱，首先应按遗嘱继承方式分割被继承人的财产。依照《民法典》第 1154 条的规定，虽有遗嘱，但有下列情形之一的，遗产中的有关部分按照法定继承办理：①遗嘱继承人放弃继承或者受遗赠人放弃受遗赠；②遗嘱继承人丧失继承权或者受遗赠人丧失受遗赠权；③遗嘱继承人、受遗赠人先于遗嘱人死亡或者终止；④遗嘱无效部分所涉及的遗产；⑤遗嘱未处分的遗产。

2. 法定继承中实行优先顺位继承

《民法典》明确规定了法定继承人的继承顺序。其中，第一顺序：配偶、子女、父母；第二顺序：兄弟姐妹、祖父母、外祖父母。依照继承顺序的规定，第一顺序的继承人排斥第二顺序的继承人。当被继承人有第一顺序继承人存在时，先由第一顺序继承人继承，只有在没有第一顺序继承人时，或者他们全部放弃或丧失继承权时，第二顺序继承人方能继承。对于同一顺序继承人的分配问题，规定如下。

（1）同一顺序继承人继承遗产的份额，一般应当均等。所谓"一般"是指同一顺序的各个法定继承人，彼此在生活状况、劳动能力以及对被继承人所尽抚养、扶养或赡养义务等方面，情况基本相同，条件大致相近。所谓"均等"是指同一顺序的各个法定继承人所取得的被继承人遗产数额比例相同，没有明显差别。

（2）照顾分配的原则。对生活有特殊困难又缺乏劳动能力的继承人分配遗产应当予以照顾。属于应予以照顾的继承人须同时具备两个条件：其一是生活有特殊困难；其二是缺乏劳动能力，而不是劳动能力不强。继承人虽生活有特殊困难（如发生天灾、意外事故等）但有劳动能力，或者虽因年老、病残等原因缺乏劳动能力但生活并无特殊困难，都不在照顾之列。

（3）鼓励家庭成员及社会成员间的扶助的原则。《民法典》第 1129 条规定："丧偶儿媳对公婆,丧偶女婿对岳父母,尽了主要赡养义务的,作为第一顺序继承人。"

(三)遗产的处理方式

怎样处理继承积极遗产和消极遗产、清偿死者遗留的债务,现代各国一般有两种做法:一种是完全实行限定继承的原则,偿还死者遗留的债务,一律只以积极遗产的实际价值为限,对超出遗产中财产权利的债务有权拒绝偿还。另一种是可由继承人在法定时间内依法定程序主张实行限定继承,或放弃继承;否则即实行无限继承。无限继承,亦称为包括继承,即无条件地继受被继承人财产上的地位,既继承全部积极遗产,又接受全部消极遗产;无限制地清偿死者遗留的债务,即继承人以继承的遗产及固有财产清偿遗产债务,即使债务比所继承财产多也应无条件承认。

中国实行限定继承,但不限制继承人自愿偿还超过遗产实际价值部分的税款和债务。《民法典》第 1161 条规定:"继承人以所得遗产实际价值为限清偿被继承人依法应当缴纳的税款和债务。超过遗产实际价值部分,继承人自愿偿还的不在此限。继承人放弃继承的,对被继承人依法应当缴纳的税款和债务可以不负清偿责任。"司法实践中一般先偿还死者遗留的债务,然后再就余额协商分割遗产。在按限定继承方式处理遗产时,则应将死者个人债务和家庭共同债务,以及扶养人未尽义务而遗留的债务(如医疗费)区别开,后者不应列为消极遗产,而应由有关当事人承担。

二、法定继承

(一)法定继承的解释及特征

法定继承和遗嘱继承是《民法典》中的两种基本继承制度。法定继承又称为无遗嘱继承或非遗嘱继承,是指全体继承人按照《民法典》规定的继承人范围、继承人顺序、遗产分配原则等继承遗产的一种继承方式。当被继承人生前未立遗嘱处分其财产或遗嘱无效时,应按法定继承的规定继承。法定继承制度直接体现了国家意志,而不直接体现被继承人的意志,只是依推定的被继承人的意思进行继承。法定继承的特征包括以下方面。

(1)法定继承是遗嘱继承的补充。目前,《民法典》中,法定继承与遗嘱继承同为继承方式,是两种主要的继承方式。

在适用效力上,法定继承的效力低于遗嘱继承,遗嘱继承的效力优于法定继承。在继承开始后,被继承人如果留有合法有效的遗嘱,则优先适用遗嘱继承。不适用遗嘱继承时,才适用法定继承。因此,法定继承是对遗嘱继承的补充。

(2)法定继承是对遗嘱继承的限制。在法定继承中,法律的规定是对被继承人意志的推定,但在遗嘱继承中,遗嘱不能违背法律的限制性规定。

(3)法定继承中,法定继承人是基于一定的身份关系而确定的,法定继承是以身份关系为基础的。

(4)法定继承中有关继承人的范围、继承的顺序以及遗产的分配原则的规定具有强行性。

被继承人死亡后,有遗赠抚养协议的,先执行遗赠抚养协议,其次是遗嘱,最后是法定继承。

(二)法定继承人的范围及顺位

法定继承人是指由法律直接规定的可以依法继承被继承人遗产的人,其范围即在法律上规定哪些人可以继承遗产。

各国法律规定的法定继承人,一般都是以血缘关系和婚姻关系为基础的。《民法典》考虑到我国的传统习惯以及现实的家庭关系的实际情况,虽然也是以由婚姻关系和血缘关系而产生的亲属关系为基础来确定法定继承人的范围的,但是其确定的法定继承人范围相对狭窄,仅限于近亲属。

(1)配偶,即处于合法婚姻关系中的夫妻的相互间的称谓。依据《民法典》的规定,男女双方依婚姻法的规定履行结婚登记手续,办理了结婚登记之后即确立了互为配偶的夫妻关系。夫妻是最初的和最基本的家庭关系。夫妻双方有相互扶养的义务,对夫妻共同财产有平等的权利,有相互继承遗产的权利。注意:依照有关司法解释,如男女双方被确定为事实婚姻关系的,则互为配偶,有相互继承遗产的权利。

在离婚诉讼的过程中,或者在法院已经作出了双方离婚的判决但尚未发生法律效力前,双方婚姻关系并未解除,如果在此期间发生一方死亡,另一方仍享有以配偶身份继承对方遗产的权利。

(2)子女(包括非婚生子女、养子女、继子女)。父母子女有着极为密切的人身关系和财产关系。《民法典》也规定:父母有抚养教育子女的义务,父母子女有相互继承遗产的权利。

婚生子女是指具有合法婚姻关系的男女双方所生育的子女。婚生子女有权继承父母的遗产。不仅于父母死亡前出生的子女享有继承权,而且于父亲死亡后活着出生的子女也有继承权。

非婚生子女是指没有合法婚姻关系的父母所生的子女。《民法典》规定,非婚生子女与婚生子女具有相同的法律地位。非婚生子女不仅有权继承其母亲的遗产,而且有权继承其生父的遗产,而不论其生父是否认领该非婚生子女。

养子女是指因收养关系的成立而与养父母形成父母子女关系的子女。养子女与亲生子女享有同等的继承权。收养关系一旦成立,养子女与生父母间的权利义务关系即消除,因此,养子女无权继承生父母的遗产。

(3)父母(包括生父母、养父母和形成抚养教育关系的继父母)。父母是子女最近的直系尊亲属,互相扶养的关系极为密切,父母子女之间具有最密切的人身关系和财产关系。

(4)兄弟姐妹,最近的旁系血亲,包括同父母的全血缘的兄弟姐妹,同父异母或同母异父的半血缘的兄弟姐妹、养兄弟姐妹和有扶养关系的继兄弟姐妹。

(5)祖父母、外祖父母。

(6)对公、婆尽了主要赡养义务的丧偶儿媳和对岳父、岳母尽了主要赡养义务的丧偶女婿。

法定继承人的继承顺序是指法律直接规定的法定继承人参加继承的先后次序,又称为法定继承人的顺位。继承顺序的特征有:①法定性。由法律依据继承人与被继承人间关系的亲疏程度、密切程度直接规定。②强行性。法律规定继承顺序的目的是保护不同情况继承人的继承利益，任何人、任何机关不得擅自更改。③排他性。法定继承中，继承人只能依法定的顺序依次参加继承，前一顺序的继承人总是排斥后一顺序继承人继承的。④限定性。只适用于法定继承。《民法典》依据国情和《民法典》的原则，将法定继承人的继承顺序分为两个，其根据有二：一是婚姻关系和血缘关系为基础的亲属关系的远近；二是相互间扶养关系的亲疏。

第一顺序：配偶、子女及其晚辈直系血亲、父母以及对公婆、岳父母尽了主要赡养义务的丧偶儿媳和丧偶女婿。夫妻关系是家庭关系的核心和基础关系。夫妻之间有着最密切的人身关系和财产关系，有相互扶养的义务。无论从血缘关系上还是从扶养关系上看，子女都应为第一顺序的法定继承人。子女先于被继承人死亡的，由子女的晚辈直系血亲代位继承，所以子女及其晚辈直系血亲均为第一顺序继承人。法律是根据丧偶儿媳或丧偶女婿与公婆、岳父母之间存在事实上的扶养关系而确认其为第一顺序法定继承人的。

第二顺序：兄弟姐妹、祖父母、外祖父母。继承开始后，应由第一顺序人继承，第二顺序的继承人不能继承。只有在没有第一顺序法定继承人，或者第一顺序继承人全部放弃继承权或丧失继承权的情况下，第二顺序继承人才可以继承遗产。

（三）代位继承和转继承

代位继承又称间接继承，是指被继承人的子女先于被继承人死亡时，由该先于被继承人而死的晚辈直系血亲代替其位继承被继承人遗产的一种法定继承方式。于继承开始前死亡的被继承人的子女称为被代位继承人，简称被代位人；代位继承被继承人遗产的继承人的子女及其晚辈直系血亲为代位继承人，简称代位人。

1. 代位继承的条件

根据《民法典》的规定，代位继承作为法定继承制度的一个不可分割的组成部分，其构成条件如下。

（1）需有被继承人的子女先于被继承人死亡这一法律事实。死亡包括自然死亡和宣告死亡。宣告死亡应以人民法院的确定判决宣告的时间为死亡时间。继承人如果与被继承人同时死亡，互有继承权的人同时死亡，互不继承遗产，不会发生代位继承。

（2）被代位人需是被继承人子女及其直系血亲。被继承人的子女，包括非婚生子女、养子女、有扶养关系的继子女。根据《民法典》的有关规定，被继承人的养子女、已形成扶养关系的继子女的生子女可代位继承；被继承人亲生子女的养子女可代位继承；被继承人养子女的养子女可代位继承；与被继承人已形成扶养关系的继子女的养子女也可以代位继承；丧偶儿媳对公婆、丧偶女婿对岳父母，无论其是否再婚，依据《民法典》第 1127 条规定作为第一顺序继承人时，不影响其子女代位继承。

代位继承不受辈数的限制，根据《民法典》的规定，被继承人的直系血亲中有子女、子女的子女，即孙子女、外孙子女也可以代位继承。如孙子女、外孙子女也先于继承人死亡的，其曾孙子女、外曾孙子女可以成为代位继承人。被继承人的配偶、父母、兄弟姐妹等被继承人的旁系血亲或长辈直系亲属均没有代位继承权。

（3）被代位人需具有继承权。被代位人丧失继承权的，其晚辈直系血亲没有代位继承权。如该代位继承人缺乏劳动能力又没有生活来源，或对被继承人尽赡养义务较多的，可适当分给遗产。

（4）代位人需为被代位人的晚辈直系血亲。代位继承的顺序以亲等近者为先，即按子女、孙子女、外孙子女，曾孙子女、外曾孙子女等辈分先后为顺序。

应继份额：根据《民法典》第1128条的规定，代位继承人一般只能继承被代位继承人有权继承的遗产份额。即使有几位代位继承人，也是如此。

代位继承人缺乏劳动能力又没有生活来源，或者对被继承人尽过主要赡养义务的，分配遗产时，可以多分。代位继承只适用于法定继承，不适用于遗嘱继承。

2. 转继承

（1）转继承的概念。转继承又称为转归继承、再继承或者连续继承（即第二次继承），是指继承人在继承开始后实际接受遗产前死亡时，继承人有权实际接受的遗产转归其法定继承人承受的一项法律制度。即被继承人死亡后，继承人在尚未实际取得遗产之前就死了，其应继承的份额转由他（她）的法定继承人承受的继承。

未能实际接受遗产而死去的人，称为被转继承人；实际接受遗产的继承人的法定继承人，称为转继承人。

关于转继承，《民法典》1152条规定：继承开始后，继承人于遗产分割前死亡，并没有放弃继承的，该继承人应当继承的遗产转给其继承人，但是遗嘱另有安排的除外。

（2）转继承的性质。转继承只是将被转继承人应继承的遗产份额转由其继承人承受。转继承所转移的不是继承权，而是遗产所有权，因此，应将转继承人应继承的遗产份额视为其同配偶的共同财产，转继承的客体即转继承人承受的是被转继承人应取得的遗产份额，但不是被转继承人应取得的全部遗产份额。

在遗产分割前继承人死亡的，不是由死亡的继承人的法定继承人代其参加继承被继承人的遗产，而是由其法定继承人直接参加遗产的分割，其性质类似于其他共有关系中共有人死亡后，由其继承人参与分割其共有财产，所以，转继承是发生了又一次继承，称为连续继承或者二次继承更为恰当。

3. 转继承与代位继承的区别

（1）性质不同。转继承是连续发生两次继承，在针对前一次继承来说，转继承人享有的是实际分割遗产的权利，在第二次继承中，转继承人正是基于对被转继承人的遗产的继承权才得以直接承受被继承人的遗产。

代位继承是一次继承，代位继承人是基于其代位继承权而直接参加继承被继承人遗产的继承，从而取得遗产。

转继承具有连续继承的性质，而代位继承具有替补继承的性质。

（2）发生的时间和条件不同。转继承只能发生于继承开始后、遗产分割前，且任何一个法定继承人都可以成为被转继承人。

而代位继承只能是在享有继承权的被代位继承人于继承开始前死亡的情形下发生。并且只有被继承人的子女先于被继承人死亡的，才会发生。

（3）主体不同。在转继承中，享有转继承权的人是被转继承人死亡时生存的所有法定继承人。

而在代位继承中,代位继承人只能是被代位继承人的晚辈直系血亲,而不能是其他的法定继承人。

(4)适用的范围不同。转继承可以发生于法定继承中,也可以发生于遗嘱继承中。

而代位继承只能发生在法定继承方式中。代位继承属于法定继承方式中的一个内容,从代位继承人范围到代位继承时的遗产分配原则,无一不受法律的直接约束,他人无权任意变更。

【例 11-1】 单身的张女士收养了养子小王。多年后,小王不幸病逝,留下了妻子小李和女儿小小王。又过了几年,张女士也因意外事故身亡,留下一处房产与现金十多万元,并没有设立遗嘱。已知张女士的父母早已不在,除了养孙女小小王外,就只有弟弟一个亲人了。那么这种情况下,该由谁来继承张女士的遗产呢?

在没有遗嘱的情况下,遗产继承将按照法定继承办理。而继承是有先后顺序的,第一顺序继承人包括配偶、子女、父母;第二顺序继承人包括兄弟姐妹、祖父母、外祖父母。在这个案例中,张女士的第一顺序继承人都已不在了,要是简单地从继承顺序来看,理应是由弟弟继承张女士的遗产。但是《民法典》中还有一条关键的条文:"被继承人的子女先于被继承人死亡的,由被继承人的子女的直系晚辈血亲代位继承。"也就是说,小王虽然不在了,但是他的亲生女儿小小王还是有继承权的,小小王可以代位继承奶奶张女士的遗产。如果丧偶儿媳对公婆、丧偶女婿对岳父岳母尽了主要赡养义务的,也可以作为第一顺序继承人。所以,在《民法典》中可不是简单地按继承顺序进行。

(四)法定继承的遗产分配

1. 法定继承的遗产分配原则

其指在按照法定继承方式继承被继承人遗产时,应当如何确定各参加继承的法定继承人应继承的遗产份额(应继份)。

在法定继承人为多人的情况下会发生每个继承人应继承多少遗产的问题,这就涉及遗产的分配原则。

依照《民法典》第 1130、1153、1155 条的规定,法定继承人遗产的分配应遵循如下的原则。

(1)分割遗产,应当先将夫妻共同所有的财产的一半分出为配偶所有,其余的作为被继承人的遗产。

(2)同一顺序继承人继承遗产的份额,一般应当均等。

(3)遗产分割时,应当保留胎儿的继承份额。胎儿出生时是死体的,保留的份额按照法定继承办理。

(4)按照《民法典》第 1130 条第 2 款至第 5 款的规定,下述几种情况在分配遗产份额上可以不均等:

① 对生活有特殊困难又缺乏劳动能力的继承人,分配遗产时,应当予以照顾。

② 对被继承人尽了主要扶养义务或者与被继承人共同生活的继承人,分配遗产时,可以多分。

③ 有扶养能力和有扶养条件的继承人,不尽扶养义务的,分配遗产时,应当不分或者

少分。

④ 继承人协商同意的,也可以不均等。

2. 非继承人对遗产的取得

《民法典》第 1131 条规定:"对继承人以外的依靠被继承人扶养的人,或者继承人以外的对被继承人扶养较多的人,可以分给适当的遗产。"这一类人又称为继承人以外的遗产取得人、可分得遗产的人。

可分得遗产的人是基于法律规定的可以取得遗产的特别条件,而不是基于继承权。法律之所以赋予这些人以可分得遗产的权利,是基于他们与被继承人之间存在特别的扶养关系。此有两种情况:继承人以外的依靠被继承人扶养的人;继承人以外的对被继承人扶养较多的人。

扶养,包括经济上的扶助、劳务上的扶助、精神上的慰藉,只有对被继承人扶养较多的人,才可以分得适当的遗产,有量上的比较,也有时间上的比较。

一般来说,可分得遗产的人应当酌情分给适当的遗产。

对于对被继承人扶养较多的人,应依其对被继承人扶养的情况而定其应得的遗产份额,但也可以多于继承人所继承的遗产份额。

可分得遗产的人的分得遗产的权利受法律的保护。在其权利受到侵害时,可请求司法保护。

三、遗嘱继承

遗嘱继承是法定继承的对称,是指于继承开始后,继承人按照被继承人生前所立的合法有效的遗嘱进行继承的一种继承制度。遗嘱中所指定的继承人根据遗嘱中对其所应当继承的遗产种类、数额等规定,继承被继承人遗产。其中,立遗嘱的人叫遗嘱人,根据遗嘱规定有权继承被继承人遗产的法定继承人叫遗嘱继承人。

(一)遗嘱继承的特征

遗嘱继承的特征主要有以下几点。

(1) 发生遗嘱继承的法律事实构成包括两个方面,即被继承人的死亡和被继承人生前立有合法有效的遗嘱。遗嘱是一种单方法律行为,只要有遗嘱人一方的意思表示即可成立,不需征得他方的同意。遗嘱继承还需有被指定的遗嘱继承人接受继承的意思表示。

(2) 遗嘱直接体现了被继承人的意愿。在遗嘱继承中,继承人、继承人的顺序、继承人继承的遗产份额或者具体的遗产都由被继承人在遗嘱中指定,按照遗嘱进行继承也就是充分体现尊重被继承人对自己财产的处分的自由。

(3) 遗嘱是遗嘱人独立的民事行为。遗嘱是被继承人生前对自己财产的处分,只能由被继承人亲自设立,既不需征得他人的同意,也不能由他人代为设立。只有反映遗嘱人真实意愿的遗嘱才具有法律效力。

(4) 遗嘱是于遗嘱人死亡后才发生法律效力的民事行为。遗嘱是否合乎法律规定的条件,能否有效,一般应以遗嘱人死亡时为准,遗嘱人死亡前,遗嘱继承人不享有主观意义上的继承权。

遗嘱人可以随时变更或者撤销遗嘱,即遗嘱的撤回性。

(5)遗嘱继承实际上是对法定继承的一种排斥。在遗嘱继承中,被继承人在遗嘱中指定的遗嘱继承人只能是法定继承人中的一人或数人。

(6)遗嘱是一种要式民事行为。遗嘱虽然是单方法律行为,但涉及继承人、继承人以外的人以及国家和社会的利益,所以,各国法律都对遗嘱的形式予以严格的限制,规定了遗嘱所必须采用的方式。

(7)遗嘱是须依法律规定作出的民事行为。遗嘱人立遗嘱,是自由处分自己财产的意思表示,但遗嘱人处分财产的自由受到法律的限制,不得违反法律和社会公德。

(二)遗嘱继承的适用条件

在被继承人死亡后,只有具备以下条件,才按遗嘱继承办理。

(1)被继承人立有合法有效的遗嘱。遗嘱继承应有合法有效的遗嘱存在。设立遗嘱是遗嘱继承得以运转的前提,没有被继承人合法有效的遗嘱就不存在遗嘱继承。有效的遗嘱应当由具有遗嘱能力的被继承人作出真实的意思表示,且受益人应当具有遗嘱继承的受益资格;而在形式意义上来讲,遗嘱应当有有效的存在方式以及适合的见证人。

(2)遗嘱中指定的遗嘱继承人未丧失继承权,也未放弃继承权,具有继承资格。被继承人设立遗嘱并不必然地发生遗嘱继承。如果遗嘱所指定的继承人放弃继承,遗产则需按照法定继承来办理。

(3)遗嘱继承不能对抗遗赠抚养协议中约定的条件。遗赠是公民以遗嘱方式将个人财产赠给国家、集体或者法定继承人以外的人,而于其死亡时发生法律效力的民事行为。遗赠与遗嘱继承都是通过遗嘱方式处分财产,区别主要体现在以下两方面。

第一,遗嘱继承人与受遗赠人的范围不同。遗嘱继承人只能是法定继承人范围以内的人,而受遗赠人可以是法定继承人以外的公民,也可以是国家或集体单位。

第二,遗嘱继承人在继承开始后遗产分割前未明确表示放弃的,即视为继承。而受遗赠人在知道或应当知道受遗赠后两个月内未作出接受遗赠表示的,视为放弃,即丧失受遗赠权。

(三)遗嘱的形式与见证

依据《民法典》的规定,遗嘱的法定方式有以下几种。

1. 公证遗嘱

公证遗嘱由遗嘱人经公证机构办理。这是最为严格的遗嘱方式,更能保障遗嘱人意思的真实性,是证明遗嘱人处分财产的意思表示的最有力最可靠的证据。办理公证遗嘱的程序如下。

(1)遗嘱人亲自申请办理公证。公民应带身份证明到公证机关以书面或口头形式提出办理遗嘱公证的申请。如果确有困难,可以要求公证人员到其住所地办理,不能由他人代理。

(2)遗嘱人于公证人员面前亲自书写遗嘱或者口授遗嘱。办理公证遗嘱应有两个以上的公证人员参加。遗嘱人亲笔书写遗嘱的,要在遗嘱上签名或者盖章,并注明年、月、日。

遗嘱人口授遗嘱的,由公证人员作出记录,然后公证人员向遗嘱人宣读,经过确认无误后,由在场的公证人员和遗嘱人签名、盖章并应注明设立遗嘱的地点和年、月、日。

（3）公证人员依法作出公证。公证人员审查遗嘱的真实性和合法性,认为遗嘱人有遗嘱能力、遗嘱确属遗嘱人的真实意思表示,遗嘱的内容不违反法律规定的,由公证人员出具《遗嘱公证书》。公证书由公证机关和遗嘱人分别保存,公证人员在遗嘱开启前,有为遗嘱人保守秘密的义务。

2. 自书遗嘱

自书遗嘱指遗嘱人亲笔书写的遗嘱。这种方式简便易行,而且可以保证内容真实。便于保密。其制作应符合如下要求。

（1）须由遗嘱人亲笔书写下其全部内容,要用笔写下来。

（2）须是遗嘱人关于死后财产处置的真实意思表示。

（3）须由遗嘱人签名。这是自书遗嘱的基本要求。盖章、捺指印无效。

（4）须注明年、月、日。遗嘱中时间的记载是确定遗嘱人的遗嘱能力的依据。地点,一般与遗嘱的真实性、合法性无关。

3. 代书遗嘱

代书遗嘱指遗嘱人自己不能书写遗嘱或者不愿亲笔书写遗嘱,可由他人代笔制作书面遗嘱。

《民法典》第1135条规定:"代书遗嘱应当有两个以上见证人在场见证,由其中一人代书,并由遗嘱人、代书人和其他见证人签名,注明年、月、日。"要求:

（1）须有遗嘱人口授遗嘱内容,而由一名见证人代书。代书人忠实记载遗嘱人的意思,只是遗嘱的文字记录者。

（2）须有两个以上的见证人在场见证,其中一人可作代书人。只有代书人一人在场的代书遗嘱不具有法律效力。

（3）遗嘱人、代书人和其他见证人须在遗嘱上签名,并注明年、月、日。

代书人在代书完遗嘱后,应向遗嘱人宣读遗嘱,在其他见证人和遗嘱人确认无误后,在场的见证人和遗嘱人都须在遗嘱上签名。签名的见证人不少于两人。

4. 录音遗嘱

录音遗嘱指以录音方式录制下来的遗嘱人的口述遗嘱。这种形式的遗嘱较口头遗嘱更为可靠,且取证方便,不需他人的复述。但是,录音带、录像带也容易被人剪辑、伪造。

《民法典》第1137条规定:以录音录像形式立的遗嘱,应当有两个以上见证人在场见证。

5. 口头遗嘱

口头遗嘱指由遗嘱人口头表述而不以任何方式记载的遗嘱。法律对这种遗嘱方式给予了严格的限制。

（1）这是一种特殊方式的遗嘱,立遗嘱人只有处在危急的情况下,不能以其他方式设立遗嘱,才允许立口头遗嘱。所谓"危急的情况下"一般是指立遗嘱人的生命处于危笃之际,如遇险、病危、前线战场等生死未卜的情况下,随时都有生命危险,而来不及或者无条件设立其他形式的遗嘱的情况。

（2）口头遗嘱应当有两个以上见证人在场见证。危急情况解除后，遗嘱人能够用书面或者录音录像形式立遗嘱的，所立的口头遗嘱无效。

【例 11-2】 李大爷育有一子一女，丧偶后再婚，再婚时有婚前房产一套及存款若干。再婚后，李大爷患病，老伴一直陪伴尽心照顾，为了感谢老伴，他亲笔写了一份遗嘱（第一份遗嘱），声明自己去世后婚前房产和存款都归老伴所有。此后，由于李大爷病情恶化，长年卧床，老伴变了态度。李大爷的儿子得知后，便把李大爷接到自己家里照顾。为了感谢儿子，李大爷又决定把所有财产都留给儿子，便做了遗嘱（第二份遗嘱），并进行了公证。好景不长，李大爷因和儿媳产生矛盾，又给女儿打电话要求住到医院疗养。住院期间，女儿每日看望照顾。弥留之际，李大爷在两个医生面前做了口头遗嘱（第三份遗嘱），将财产全部留给女儿。李大爷去世后，李大爷的财产应该由谁继承呢？

案例分析：遗嘱共有五种形式，包括公证遗嘱、自书遗嘱、代书遗嘱、录音遗嘱和口头遗嘱，其中，公证遗嘱的法律效力最高，也就是说，有多份遗嘱存在时，内容不一致的，以最后一份遗嘱为准；但在有公证遗嘱的情况下，以最后一份公证遗嘱为准。当然，遗嘱有效的前提是：在立遗嘱时，遗嘱人要有行为能力，遗嘱必须是遗嘱人的真实意思。因此，在这个案例中，李大爷的遗产应该由儿子继承。

第三节　家族信托

家族信托是一种信托形式，它是指机构受个人或家族的委托，代为管理、处置家庭财产的财产管理方式。家族信托是实现财富规划及传承目标的一个重要手段。作为一种信托形式，信托资产的所有权与收益权相分离，客户一旦把资产委托给信托公司打理，该资产的所有权就不再归他本人，但相应的收益依然根据他的意愿收取和分配。近年来，家族信托因其能实现高净值人群的财富传承规划需求，也逐渐被客户认可。

一、家族信托概述

（一）家族信托的定义

家族信托最早可追溯到古罗马帝国时期。当时的《罗马法》将外来人、解放自由人排斥在遗产继承权之外。为规避这些规定，罗马人将财产委托交给其信任的第三方，并要求其为子女或妻子利益而代行对遗产的管理和处分，从而实现遗产继承权。

根据《中华人民共和国信托法》的规定，信托是指委托人基于对受托人的信任，与受托人签订信托合同，将其财产所有权委托给受托人，由受托人按照委托人的意愿以自己的名义管理信托财产，并在指定情况下由受益人获得收益。2018 年 8 月 17 日，中国银行保险监督管理委员会信托监督管理部发布《信托部关于加强规范资产管理业务过渡期内信托监管工作的通知》（信托函〔2018〕37 号），进一步界定了家族信托的基本概念和权责边界。家族信托是指信托公司接受单一个人或者家庭的委托，以家庭财富的保护、传承和管理为主要信托目的，提供财产规划、风险隔离、资产配置、子女教育、家族治理、公益（慈善）事业等定制化事务管理和金融服务的信托业务。家族信托财产金额或价值不低于 1 000 万元,受益人应包括委托人在内的家庭成员,但委托人不得为唯一受益人。单纯以追求信托财产保值增值为主要信托目的,具有专户理财性质和资产管理属性的信托业务不属于家族信托。

(二)家族信托的要素

设计一个家族信托需要考虑诸多因素,比如选择受托人(个人或机构)、确定家族信托的设立地点、信托财产的存在形式等各个要素。家族信托基本架构如图 11-1 所示。

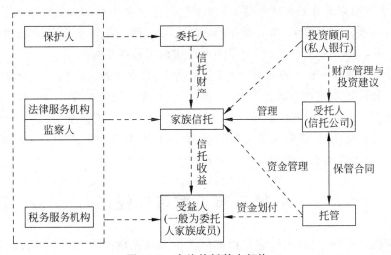

图 11-1　家族信托基本架构

1. 委托人

委托人是信托的创立者,可以是自然人,也可以是法人。委托人提供财产,指定和监管受托人管理和运用财产。家族信托的委托人一般是自然人。

2. 受托人

受托人承担管理、处置信托财产的责任。受托人根据信托合同为受益人的利益持有管理"信托财产"。受托人必须对信托相关资料保密,履行尽责义务,遵照相关法律,为受益人的最大利益处理信托事务。机构和个人都可以单独成为受托人,也可以选择几个人或者机构共同担任。一般受托人都由独立的信托公司担当。

3. 受益人

受益人由委托人指定,根据委托人意愿获得相关资金和收益的分配。委托人在某些条件下,也可成为受益人。在家族信托中,受益人一般都是委托人的家族成员。

4. 监察人

为了使家族信托能够更好地依照委托人意愿执行,家族信托的委托人可以指定可靠的人作为家族信托的监察人,监察人被委托人授予各项权利,如变更或监管受益人。监察人可以是会计师、律师或第三方机构等。

5. 投资顾问

根据信托财产的类别,家族信托可以聘请不同的投资顾问打理信托财产,使信托财产保值增值。投资顾问可以是银行、资产管理公司等。

6. 信托财产

家族信托中可持有的财产没有限制,只要该信托财产的所有权能够被转移即可。可持有的资产可以是房产、保单、股票、家族企业的股权、基金、版权和专利等。

7. 家族信托设立地点

设立地点非常重要,境内和境外都能够作为信托设立地,我国目前家族信托财产登记制度的原因使得能接受的信托财产类别很少,所以,一般实操过程中都将家族信托设立在境外,尤其是全球著名的避税胜地,如英属维尔京群岛、开曼群岛等地。委托人应先清楚了解各地法律法规,再选择适合自己的地点。

(三)家族信托的优势

1. 财富传承灵活

家族信托可以根据实际需求灵活地约定各项条款,包括信托期限、收益分配条件和财产处置方式等,如可约定受益人获取收益的条件:"年满18周岁""结婚"等。

2. 财产安全隔离

现实中很多私人银行客户都是多家企业的实际控制人,而且个人资产和企业资产并不能清楚区分,当企业面临债务危机时,其个人资产往往也成了债权人追偿的对象。而家族信托财产是独立的,家族信托的所有权与受益权严格区分,信托财产名义上是属于受托人的,与委托人、受托人和受益人的其他财产隔离。因此委托人的任何变故,都不会影响信托财产的存在,受益人是通过家族信托的受益权获得利益。这样,债权人也无法对信托财产进行追索,降低了企业经营风险对家族财富的影响。

3. 节税避税

某些西方国家的遗产税税率高达50%,虽然目前我国内地还暂未开始征收遗产税和赠与税,但一旦开征,用遗产继承的方式进行财富传承,就可能缴纳巨额的遗产税及赠与税。而如果设立家庭信托将财富通过信托收益的方式传承给下一代的话,因信托财产的独立性(家庭信托资产不列入委托人的遗产),就可以合法规避遗产税和赠与税。此外,信托资金委托专业的信托公司(受托人)管理、运用及分配,也可以对财富起到保值、增值的作用,从而为家人留下更多资产。

4. 信息严格保密

家族信托设立后,信托财产管理和运用都以受托人的名义进行,除特殊情况外,受托人没有权利向外界披露信托财产的运用情况。而且使用家族信托时,在委托人去世前,财产已完成转移,避免了遗产认证的过程。

二、国内家族信托的发展现状

(一)家族财富管理和传承业务蓬勃发展

家族财富管理和传承业务正吸引信托公司、商业银行的私人银行部门和第三方财富等众多机构争相试水。平安信托率先在深圳推出了首单中国版家族信托。随后,招商银行与外贸信托合作,首推境内私人银行家族信托产品;北京银行与北京国际信托合作推出面向双方顶级客户的家族信托服务;建设银行也与建信信托合作推出家族信托业务;中国银行则在北京、上海、深圳、广州和南京五地启动"家族理财室"服务。

律师事务所、第三方财富管理机构也看到了这片蓝海的广阔机遇,介入并成为家族信托领域的参与者。2014年,国内首家专门从事家族信托法律事务研究与服务的机构"京都家族信托法律事务中心"成立,该中心将与境内外信托机构、私人银行、家族办公室一起,为高净值财富人群客户提供量身定做的境内外家族信托架构设计、投资基金与慈善基金架构设计、税收筹划等专业法律服务,帮助客户实现家族财富增值、风险隔离和永续传承。一些海外机构也"盯上"这块未来的热点业务:ILS集团已与我国金融机构签订了合作备忘录;国际家族基金协会(IFOA)则在北京正式设立了中国地区办公室。中国境内主要家族信托品牌见表11-2。

表 11-2　中国境内主要家族信托品牌

信托公司	家族信托品牌	类型	门槛/万元	主要模式和特点
平安信托	"鸿承世家"	定制	5 000	信托主导、自主管理
外贸信托	"财富传承"系列	定制	5 000	银行主导(招商银行)、自主管理
北京信托	"家业恒昌"	定制	3 000	银信合作(北京银行)
中信信托	"中信信托·家族信托" "传世系列"(标准化) "信诚'托富未来'终身寿险"(信保合作产品)	定制/标准化	3 000(定制化) 600(标准化)	银信合作(中信银行) 信保合作(信诚人寿)
紫金信托	"紫金私享"	定制	5 000	信托主导
上海信托	"信睿家族管理办公室"	定制	1 000	国内首家在海外设立信托公司,并从事离岸信托业务
中融信托	"承裔泽业"	标准化	1 000	信托主导、家族办公室
长安信托	"长安家风"	定制/标准化	3 000(定制化) 300(标准化)	与盈科律师事务所联合推出"迷你型"家族信托产品
建信信托		定制	5 000	银信合作(建设银行)
华宝信托	"世家华传"(标准化) "基业宝承"(定制化)	定制/标准化	2 000(定制化) 1 000(标准化)	信托主导、自主管理

(二)家族信托成为富豪阶层的守财利器,门槛较高、业务较为单一

国内家族信托还处于起步阶段,主要针对现金和金融资产展开,股权、不动产等非现金资产并未被引入。这意味着净资产至少过亿元才有资格设立家族信托,受托金额门槛大多设定在5 000万元以上,少则3 000万元。例如:招商银行与外贸信托合作的受托金额门槛为5 000万元,家庭总资产5亿元以上;建设银行与建信信托合作的受托金额门槛为5 000万元;北京银行与北京国际信托合作的受托金额门槛为3 000万元;紫金信托亦针对5 000万元以上的客户推出"紫金私享"系列信托产品;中国银行则为金融资产两亿元以上的客户提供家族资产管理、传承方案、税务规划以及法律顾问等服务。而信诚人寿和中信信托合作推出的保险金信托,则变相降低了家族信托进入门槛,兼具事务管理和资

产管理功能,实现了"升级版遗嘱"。

三、家族信托业务模式

家族信托作为一种传承工具,必须整合相关业务资源,对其有效赋能。国内家族信托主要分为信托公司主导、私人银行主导、信托公司和私人银行合作、信托公司和保险公司合作、离岸家族信托等五种模式。鉴于信托公司的"私募投行"牌照功能,在家族信托展业过程中,除提供架构设计的咨询顾问服务外,还应重点关注信托财产的支付管理及投资管理,以实现家族财富的保值增值。

(一)信托公司主导模式

信托公司在开展家族信托业务中作为受托人,既提供专业服务,又忠实勤勉地履行受托职责,具有天然优势。信托公司主导模式是指在家族信托展业过程中,信托公司主导客户拓展、方案设计和产品管理等关键环节,具体来看:一是客户导入和开拓方面,以信托公司直销模式为主,与客户沟通需求,进行客户维护等;二是产品方案设计方面,由信托公司自主进行家族信托产品方案的设计、信托合同拟定等;三是资产投资管理方面,信托公司组建专门的投资团队,负责对信托财产进行资产配置、投资组合、风险管控、绩效评价等;四是家族事务处理方面,根据委托人要求和信托文件约定,信托公司进行多元化财富分配,以及公益慈善、家族治理等综合性事务处理。图 11-2 展示了平安信托开展的"鸿承世家"家族信托模式,是信托公司主导模式的典型案例。

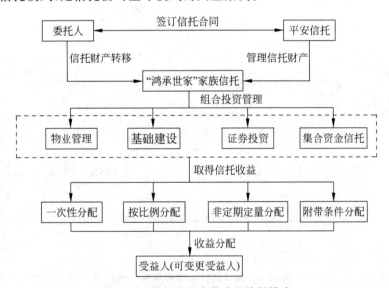

图 11-2　信托公司主导家族信托模式

平安信托采取开放式的平台化运作模式开展家族信托业务,组建专业团队对接客户需求以及产品供应商;将客户渠道外包给公司财富中心,由其负责客户的搜寻、筛选、获取、维护等;产品创设外包给公司业务部门或由外部直接购入。近年来,平安信托相继设立了鸿福系列、鸿睿系列、鸿晟系列、鸿图系列等。其中,鸿福系列 100 万元起,门槛较低,实现保险赔付金按合同设定的条件分配,激励和约束后代行为等;鸿睿系列600万元起,提供标准化服务,可用现金、保险金请求权、资管产品份额等多类别资产委托成立;鸿晟系列3 000万元起,提供定制化服务,根据客户家族特点,设计专享传承与资产配置方案,还可设定保护人,受益人可约定为未出生的家族后代;鸿图系列1亿元起,提供定制化服务,进行全市场开放式金融产品投资,客户主导资产配置和投资决策,并保留决策权。

（二）私人银行主导模式

商业银行私人银行部门具备客户、渠道优势以及完备的产品服务体系。在现有分业经营、分业监管格局下,私人银行无法为客户提供信托架构安排,需引入信托公司共同搭建信托架构。从实际运作看,私人银行在客户开拓、尽职调查、需求甄别、产品方案设计、信托财产管理、家族事务处理等方面均占主导地位,而信托公司在此类模式中一定程度上仅扮演"通道"角色。2013年5月,招商银行与外贸信托合作开发的家族信托产品落地,是私人银行主导模式的典型案例,如图11-3所示。

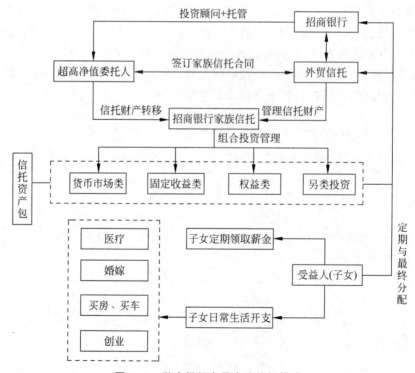

图 11-3　私人银行主导家族信托模式

（三）信托公司和私人银行合作模式

信托公司和商业银行私人银行部合作模式中,二者形成战略合作关系,信托公司主要承担资产管理的职能,私人银行主要承担托管人与财务顾问的职能,双方通过利益平衡寻求新的利润增长点。信托财产大多来源于委托人自有资金或合法获得的过桥资金,在展业过程中,信托资金根据风险预期进行结构化配比,最大限度地实现客户资产保值增值。北京银行私人银行部与北京信托合作推出的家族信托属于典型的信托公司和私人银行合作模式,如图 11-4 所示。

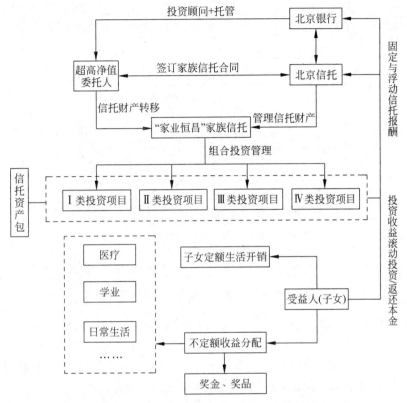

图 11-4 信托公司和私人银行合作家族信托模式

(四) 信托公司和保险公司合作模式

信托公司和保险公司合作模式中,信托与保险、财产管理与事务管理有效整合,充分发挥出家族信托资产配置、风险隔离、财富传承的功效,既提升了保单传承的灵活性,也降低了家族信托的资金门槛。保险投保人作为信托委托人,事前指定信托受益人;信托公司则以其持有的保单在未来获得的保险赔偿金作为信托财产,在发生赔付后直接进入信托,并由信托公司按信托合同约定进行财产的管理、运用与处分。其灵活性在于:在发生理赔前,保单作为信托财产以财产权信托形式托管在信托公司;在发生理赔后,财产权信托转换为资金信托,此时保险金变成信托财产。2014 年 5 月,中信信托和信诚人寿推出一款家族信托产品,属于典型的信托公司和保险公司合作模式,如图 11-5 所示。

该款产品以保险的资产保全功能为基础,保额起售点为 800 万元,信托公司根据委托协议作为保险金受益人,并根据客户意愿管理和分配信托资金,为客户打造具有独立性、保密性、个性化的解决方案。管理费方面,按照比例提成和业绩报偿两种形式收取。资金

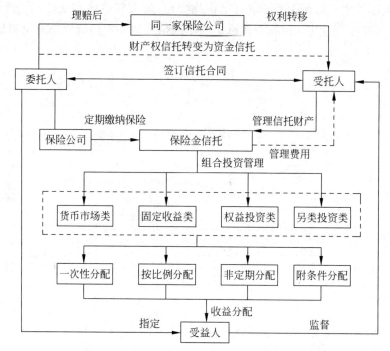

图 11-5   信托公司和保险公司合作家族信托模式

运用方面,委托人交付的初始信托资金、受托人获得的身故保险金、生存保险金及其现金红利的管理运用方式,均由委托人和受托人自行约定。信托架构方面,设置风险隔离,避免未来受益人年龄、婚姻、负债等变动导致包括保险金在内的保险财产被滥用、篡夺、操控、分割或追索,让包括保险金在内的信托财产真正归属受益人本人。

(五)离岸家族信托模式

离岸家族信托是指在离岸地,依据离岸地信托法设立的家族信托。这些离岸金融中心,一般具有政治环境稳定、法律制度完善、税收环境良好、金融制度发达的特点。离岸家族信托的管理位于其他法域,在税收、外汇监管、财产保护制度等方面相较境内家族信托颇具优势。境内家族信托倾向于加强受托人的信义义务,并使受益人监督执行信托,而离岸家族信托则往往限制受益人干涉信托管理,大多通过设置保护人达到监督制衡的目的,并对受益人的信息严格保密。

离岸家族信托必须持有境外资产,境内部分的资产也须先变成境外控制后才能装入。由于离岸家族信托受托人资质相当宽泛且酌情权很大,委托人可能面临来自受托人的道德风险。境内家族信托虽然财产类型相对单一,但在监管政策、权利保留、可预期性等方面存在一定优势,并主要表现为信托公司作为受托人,为家族信托在银行开立信托专户,而信托财产在这个专户里进行保管运作、独立核算。离岸金融中心税收制度较为宽松,以中国香港、英属维尔京群岛(BVI)、开曼群岛为例,中国香港是国际著名的低税地区之一,主要税种包括利得税、薪俸税、物业税、印花税等,并实行单一的所得来源地税收管辖原则。BVI 的税种有关税、印花税、房地产税、社会保障税、预提所得税等,不征收企业及个人所得税,且拥有高度保密性及较少的外汇管制。在 BVI 注册的离岸公司可享受极低甚至免税的税收优惠,多数投资会豁免利得税,从而为企业节省大量现金流。BVI 还加入《金融账户涉税信息自动交换》(CRS),与我国税务机关间有金融账户的自动信息交换机制。开曼群岛的税种有土地交易税、印花税等,不征收利息税、遗产税、不动产税、资本增值税、企业及个人所得税。开曼群岛还是《多边税收行政互助公约》成员国,也加入"G5 多边税务信息交换计划",并且未与任何国家签订避免双重征税协定,被视为真正的"避税天堂"。国内高净值客户出于资产保护和转移、遗产规划和避税等目的,通常会选择设置离岸家族信托。这样可根据个人意志向继承人转移财富,而不受所在居住地法律的限制。但离岸家族信托不得以逃避债务或其他法定义务,或者出于其他不合法的目的而设立。离岸家族信托的信托财产一般是委托人的境外财产,受托人需满足设立地信托法的要求,并与设立地律师事务所、会计师事务所等中介机构合作,为家族信托提供充分的司法保护。离岸家族信托中,受托人对于财产的投资、管理权限较大,通过 PTC、VISTA、STAR 条款等工具的灵活运用,实现永久存续、稳定控制权、资产保护等多重功能。由于设立地为离岸地,离岸家族信托需引入熟悉离岸地相关法律环境的保护人来对受托人有效监督,以规避风险。

近几年,中国内地富豪纷纷设置离岸家族信托。马云、刘强东、孙宏斌、雷军等 10 位设立离岸家族信托的内地富豪,装入信托内资产高达 5 000 多亿元人民币,如表 11-3 所示。

表 11-3　中国内地富豪设立离岸家族信托统计

信托设立人	信托资产标的/上市公司名称	信托内的股份价值/亿元人民币	信托设立/变更时间
马云	阿里巴巴	1 119.36	2014 年上市时/前设立
黄峥	拼多多	882.05	2018 年上市时/前设立
雷军	小米	560.00	2018 年上市时/前设立
张勇舒萍夫妇	海底捞	558.22	2018 年上市时/前设立
吴亚军	龙湖集团	511.72	2018 年 11 月变更
刘强东	京东	333.49	2014 年上市时/前设立
孙宏斌	融创中国	458.95	2018 年 12 月
许世辉	达利食品	286.63	2018 年 12 月
林斌	小米	212.08	2018 年上市时/前设立
王兴	美团	188.76	2018 年上市时/前设立
合计		5 111.26	

通过在离岸法域设立离岸控股公司,我国众多国有企业、民营企业、风险投资与私募并购基金实现了 IPO(首次公开募股)上市、跨国并购重组、离岸股权控制等。目前,很多内地到境外上市公司的顶层信托安排,并非完全属于家族信托,这类信托设立时更多是持股工具,主要服务于创始人持股或者股权激励。表 11-4 统计了我国上市公司所设置的离岸家族信托。

表 11-4　上市公司离岸家族信托

企业名称(委托人公司)	离岸信托公司(受托人)	家族信托委托人/受益人
开曼群岛设立家族信托,设立期限可达 150 年		
SOHO 中国	Capevale Limited,Boyce Limited(64%)	张欣、潘石屹
长江实业	The Li Ka-Shing Unity Discretionary Trust(40.43%)	李嘉诚、李泽钜
恒基兆业	Hopkins(Cayman)Limited(100%)	李兆基、李家杰、李家诚、李宁
泽西岛设立家族信托,设立期限可达 100 年		
玖龙纸业	刘氏家族信托、张氏家族信托以及金巢信托(64.17%)	张茵儿子等
英属维尔京群岛(BVI)设立家族信托,设立期限可达 100 年		
龙湖地产	吴氏家族信托(45.57%)和蔡氏家族信托(30.25%)	吴亚军在内及其若干其他家族成员
永达汽车	丽晶万利(26%)	张德安在内及其若干其他家族成员
新鸿基	郭氏家族基金 Adolfa、Bertana、Cyrie 等 6 家信托公司	邝肖卿、郭炳江、郭炳联及其家人

此外,在前文中介绍的人寿保险也是财富传承规划的重要工具,其作用主要体现在以下几个方面。

(1) 人寿保险赔款免纳个人所得税。合理避税是现阶段高资产人群投保高额保单的驱动因素之一。在世界大多数国家和地区,投保寿险所取得的保险金不计入应征税遗产总额。

(2) 人寿保险金不得用于偿还被保险人破产债务,债权人不能要求债务人变现还债;人寿保单未经被保险人书面同意,不得转让或者质押。被保险人身故后,寿险的保险金直接归受益人所有,不属于被保险人的遗产,受益人无须清偿被保险人生前所欠的税款和债务。即通过合理安排为投保人及受益人构建了一层保护膜,从而让保额及保单里的现金值不能被第三方随意侵占。

(3) 人寿保险可实现遗嘱的部分功能。保单可以指定多名受益人,同时还可以指定受益份额和受益顺序。即便被保险人离世时未留下遗嘱,也可在一定程度上避免家庭内部的纷争。

(4) 人寿保险的给付可防止财产变现带来的损失。保险理赔为现金,对于财产集中在流动性差的企业资产或不动产上的人群,人寿保险理赔的方式可有效减少因资产变现时发生减值所带来的损失。

除了遗产继承、家族信托和寿险外,在国际上,税收递延、基金会、联名账户等也可作为财富传承的工具。

即测即练

第十二章

综合理财规划

单项理财规划难以实现个人或家庭的全生涯理财目标,理财师需要综合考虑个人全生涯不同阶段的理财目标需求和各种影响因素,以及不同专项理财规划的功能特点,帮助客户制订综合理财规划方案,为客户提供全面综合理财规划服务。

第一节 综合理财规划概述

根据提供服务内容不同,可将理财规划分为综合理财规划和单项理财规划。单项理财规划前几章已经述及,如果理财师接受客户全生涯全面理财规划服务委托,这就涉及综合理财规划。

一、综合理财规划的概念与内容

综合理财规划是指在对客户的家庭状况、财务状况、理财目标及风险偏好等方面详尽了解的基础上,通过与客户的充分沟通,运用科学的方法,利用财务指标、统计资料、分析核算等多种手段,对客户的财务现状进行描述、分析和评议,并对客户理财规划提出综合方案和建议。综合理财规划具有以下特点。

(1) 理财服务专业化。这主要体现在对参与人员的专业要求、分析方法的专业要求以及建议书行文语言的专业要求上。理财规划往往由专业的金融机构或第三方理财咨询机构为客户提供专业化的理财服务。

(2) 定性定量分析。综合理财规划不仅需要定性分析,还需要定量化分析和对比以明确客户理财目标,比较不同理财方案的优劣。

(3) 理财目标多样性。在分析客户一定时期的财务状况的基础上,根据现状及问题,为客户提供有针对性的综合理财规划服务,以满足客户多重理财目标。

(4) 理财内容综合性。与专项理财规划不同,综合理财规划涉及融资、投资、子女教育、退休养老、财富传承、风险管理等多方面内容,综合理财规划服务的目的是帮助客户实现人生不同阶段的理财目标。

如果说理财规划服务就是这样一个"过程",那么专业的综合理财规划服务要做的工作包括了解和告诉客户他"现在在哪里,要去哪里""能不能去成和如何去",这就形成了综合理财规划服务的以下四项主要内容。

第一,了解和分析家庭财务状况(现在在哪里)。

第二,评估、选择和确立理财目标(去哪里,能不能去成? 选择、取舍、备选方案,后续跟踪及服务调整）。

第三,制订综合理财规划方案(如何去)。

第四,执行理财规划方案(计划执行的细节和注意事项等)。

要完成上述四项核心服务内容,理财师需要熟练掌握全面的理财规划相关的知识和技能,包括家庭财务信息收集和分析、现金管理、债务管理、遗产传承、投资规划、保险规划等家庭理财必备的专业技能。

二、综合理财规划流程

(一) 收集客户信息

理财师在获得客户的初步信任的基础上,通过安排进一步面谈,实现收集客户理财信息、挖掘需求的目的,最终帮助客户确定理财目标。

1. 需收集的客户信息

1) 客户基本信息

客户基本信息包括:客户本人的基本信息,家庭成员年龄、关系、职业、健康状况等;客户的财务信息,即家庭资产负债信息、家庭收入支出的现金流量信息、投资组合明细,社会保险和商业保险信息,以及税负状况等,具体如表 12-1 所示。

表 12-1　收集客户的基本资料与理财属性信息

收 集 项 目	包 含 内 容
基本资料	客户与家庭成员年龄、职业与健康状况,家庭收支与资产负债资料,投资组合明细、社会保险与商业保险信息,以及税负状况等
理财性格	赚钱与用钱的态度,量入为出或量出为入,私密性、纪律性、冲动型或理智型消费者
理财目标	目标名称、何时实现、目标现金流支出现值、现金流增长率、目标的优先顺序
对风险的看法	纯粹风险——是否愿意买保险来转移风险损失
	投资风险——风险承受能力与容忍程度的高低
理财知识与投入时间	依客户的理财知识水平,安排适当沟通模式; 依客户可投入时间建议后续资产管理模式

2) 客户理财属性信息

客户理财属性信息包括理财目标(何时达成、目标现值)、理财价值观(各目标优先顺序)、风险偏好(可接受最大损失),具体如表 12-1 和表 12-2 所示。

表 12-2　家庭财务定量定性信息

收 集 项 目	考 虑 因 素
定量信息	家庭资产、负债、收入、支出分类与金额,已有保单和投资组合
家庭财务决策管理	夫妻在财务决策中的角色、家庭支出分摊方式、用钱价值观的沟通
对负债的态度	是否尽量避免负债,积极管理债务以降低利息负担
对目前工作的看法	收入的稳定性与成长性如何,是否考虑更换工作或自行创业
预算的约束性	跟踪预算,对预算的差异进行分析

理财目标信息包括目标名称、何时实现、目标现金流支出现值、现金流增长率、目标的优先顺序。

对风险的看法包括风险承受能力与容忍程度的高低，以及是否愿意买保险来转移风险损失。

2. 发掘需求

收集客户信息是下一步了解客户需求的前提，可以通过需求面谈，了解客户想得到什么，我们能提供什么，客户想得到的与我们能提供的是否契合。

1）了解客户的动机

有效的需求发掘从了解动机开始，动机来自目前状况与期待的落差，如希望过更好的生活、解决目前家庭的财务困境、针对重要的财务决策寻求咨询。

2）发掘需求的步骤

发掘需求从征求客户同意开始，根据所收集到的客户信息，了解其主观想法，反复沟通，取得客户认同，最终提出可行性方案。

3）客户需求层次分析

理财师应根据收集的客户信息，帮助客户制订未来希望达到的理财目标。由于不同客户拥有的家庭财务资源存在差异性，理财目标的侧重点也会有所差异。因此，理财师一定要进行客户理财需求层次分析，方能制订出适合客户的理财方案。

通常家庭的生活水准大体可以划分为四个层级：基本生活水准、平均生活水准、满意生活水准和富足生活水准，具体如图 12-1 所示。

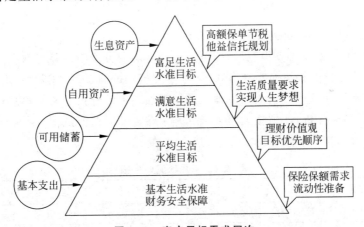

图 12-1　客户目标需求层次

如果客户的资产已经达到一辈子都花不完的层次，也就是说，已经达到金字塔顶端——富足生活水准，那么理财规划的侧重点是财富传承；如果客户目前处于满意生活水准，但未来会达到富足生活水准，则理财规划主要考虑财产保护，并前瞻性地进行财富传承规划；如果客户目前处于平均生活水准，而未来希望达到满意生活水准，那么理财规划的重点是实现资产稳定增长；如果客户目前还处在基本生活水准，则提高人力资本和基本风险保障能力是当务之急。

3．了解理财目标

理财师应充分了解客户的理财目标及优先顺序,并请客户分别量化确认各项目标的理想值与可接受值。确定目标必须遵循"SMART"原则,即目标要明确(specific)、可量化(measurable)、能达到(attainable)、具有现实性(realistic)、有时限性(time-binding)。具体可参见表 12-3 详尽列出客户理财目标的理想值和可接受值,理想值达不到目标时,可测试可接受值能否达到。

表 12-3　理财目标的理想值与可接受值

目　　标	理　想　值	可　接　受　值
生活支出	期待的生活水平	不低于当地的生活水平
购房	理想面积×期望居住地区单价	人均 30 平方米×家庭人数×当地平均房价
子女教育	出国留学费用	国内大学费用
购车	30 万元以上的进口车	10 万元左右的国产车
退休	维持目前生活水平+退休后旅游	目前生活水平×70%

（二）分析评估客户的财务状况

在收集、整理客户理财信息的基础上,理财师需要对客户的财务状况进行分析和评估,包括：诊断目前的财务状况,提出改善建议；根据宏观经济状况,设定合理的基本假设和参数；分析客户的行为特性和风险属性；基于参数假设,分析评估如何由现状达到目标。

1．诊断目前的财务状况,提出改善建议

帮助客户制作家庭财务报表后,即可进行初步的财务诊断。除可对资产结构、收入结构、负债结构和支出结构进行总体分析外,也可对资产的流动性、风险性,负债的财务负担率,收入的稳定性和各项支出的调整弹性进行更加细致的分析。通常,理财师应对客户的财务状况进行指标分析,评估相关财务指标是否在合理的取值范围,并得出相应评估结果和提出改善建议,如表 12-4 所示。

表 12-4　常用家庭财务指标

家庭财务指标	定　义	合理范围	实　际　值	改善建议
流动比率	流动资产/流动负债	1～2	(略)	(略)
资产负债率	总负债/总资产	20%～60%		
紧急预备金倍数	流动资产/月支出	3～6		
财务自由度	年理财收入/年支出	20%～100%		
财务负担率	年本息支出/年收入	20%～40%		
平均投资报酬率	年理财收入/生息资产	3%～10%		
净值成长率	储蓄/期初净值	5%～20%		
储蓄率	储蓄/总收入	20%～60%		
自由储蓄率	(储蓄－支出)/总收入	10%～40%		

2. 基本假设与参数设定

（1）利率。应当关注长期利率水平的波动趋势，及其对理财目标所产生的影响。通常参考 10 年期国债利率变化来设定长期利率水平。

（2）汇率。应当关注长期汇率水平的波动趋势，及其对跨境资产配置和家庭理财目标所产生的影响。通常通过远期汇率交易水平来设定未来的汇率水平。

（3）通货膨胀率。规划时依照生活费用支出的类别考虑通货膨胀因素，可估算未来的生活费用水平。

（4）学费增长率。依照经验统计数据与未来趋势，学费增长受通货膨胀率影响，且其增长水平往往会高于通货膨胀率。因此，应估算与客户需求对应的公、私立学校与留学的费用增长率。

（5）收入成长率。根据客户年龄与职业，从稳健的角度考虑，通常收入成长率设置较为保守。

（6）房屋折旧率与房价增长率。房屋未来价值＝当前房价×（1－折旧率×n）×（1＋房价增长率）^{n}（n＝居住年数或投资年数）。

（7）投资报酬率。根据建议的资产组合，推算预期投资报酬率。

（8）折现率。将未来目标值折算为当前现值时，可用通货膨胀率调整后的投资报酬率作为折现率进行测算。

（9）退休生活消费替代率。退休后的消费水平占退休前消费支出的比例，一般经验认为是 70%～80%，如客户未明确其退休后所期望的生活消费水平，则可以此经验值进行估算。

（10）保险事故发生后家庭支出调整率。如客户未明确表示，可按保险事故发生前标准的 80% 估计。

需要注意的是，在每年对理财规划方案进行检视时，应对这些数据假设的合理性重新判断并相应调整。

3. 分析客户的行为特性和风险属性

理财规划是针对客户一生提供的综合金融服务。因此，理财师需要针对客户的一般需求和特殊需求，并结合客户的个人生涯规划、家庭生命周期、理财价值观、客户类型及客户的风险属性制订理财规划。

1）客户的一般需求与特殊需求

一般需求包括生涯规划（事业、退休、家庭、居住）、理财计划（投资、保险、债务、节税）、家庭生命周期规划。特殊需求包括家庭结构改变（结婚、离婚、再婚）、事业发展变化（就业、失业、创业）、居住环境变化（迁居、移民）、意外收支处理（遗产、保险金、中奖）等。

2）个人生涯规划

生涯规划就大多数个人而言，重要的抉择包括学业规划、事业规划、退休规划；就大多数家庭来说，组成家庭、养育儿女以及伴随着家庭成员成长的居住需求是规划的重点。在此基础上确定的理财目标，必须通过投资、保险、信贷和税务筹划等方面的综合运用，形成具体的实施方案，用投资来累积资产；用贷款来提前实现置产的愿望；用保险来保障收入中断或身患重大疾病时的风险；税务筹划旨在增加可支配收入。

根据年龄可以把个人生涯规划分为六个阶段,不同阶段的理财活动重点如表 12-5 所示。

表 12-5　个人生涯规划不同阶段理财重点

阶段	学业事业	家庭形态	理财活动	投资工具	保险计划
探索期 (18~24 岁)	升学或就业 职业选择	以父母家庭 为生活重心	提升专业 提高收入	活期存款 定期存款 基金定投	意外险、寿险 受益人——父母
建立期 (25~34 岁)	在职进修 确定方向	择偶结婚 有学前小孩	量入为出 攒首付款	活期存款 定期存款 基金定投	寿险、子女教育金 受益人——配偶、 子女
稳定期 (35~44 岁)	提升管理技巧 进行创业评估	小孩上小学、 中学	偿还房贷 筹教育金	自用房产 股票、基金	依房贷余额保额 递减的寿险
维持期 (45~54 岁)	中层管理 建立专业声誉	小孩上大学 或出国深造	收入增加 筹退休金	建立多元 投资组合	养老险或投资性 保单
高原期 (55~64 岁)	高层管理 专家顾问	小孩已独立 就业	负担减轻 准备退休	降低投资 组合风险	养老险或长期看 护险
退休期 (65 岁后)	名誉顾问 传承经验	儿女成家 含饴弄孙	享受生活 规划遗产	固定收益 投资为主	领终身年金至 终老

3)家庭生命周期阶段理财重点

家庭生命周期是多数家庭必然要经历的过程,家庭生命周期包括形成期、成长期、成熟期和衰老期。一对夫妻从结婚建立家庭生养子女(家庭形成期)、子女长大就学(家庭成长期)、子女独立和事业发展到巅峰(家庭成熟期)、夫妻退休走向终老(家庭衰老期),形成了一个家庭的生命周期。

以上家庭生命周期的四个阶段,是以一个独立的家庭历程来划分的,但不同世代家庭的周期阶段会交织在一起。例如当自己的家庭处于形成期时,父母的家庭已到成熟期;自己的家庭处于成长期时,父母的家庭则进入衰老期;当夫妻中一人过世后,若生存独居则回归为个人,若和子女同住,则并入子女的家庭生命周期中。

了解客户在不同周期的需求有助于理财师帮助客户作出专业、恰当的理财规划方案,理财师可以帮助客户根据其家庭生命周期资产配置的流动性、收益性和安全性需求提出建议。不同家庭生命周期的理财重点具体如表 12-6 所示。

表 12-6　不同家庭生命周期的理财重点

周期	夫妻年龄	保险安排	信托安排	核心资产配置	信贷运用
形成期 (筑巢期)	25~35 岁	随家庭成员增加 提高寿险保额	购房置产信托	股票 50%~60% 债券 20%~30% 货币 10%~30%	信用卡 小额信贷
成长期 (满巢期)	30~55 岁	以子女教育年金 储备高等教育金	子女教育金 信托	股票 40%~50% 债券 30%~40% 货币 10%~30%	房屋贷款 汽车贷款

续表

周　　　期	夫妻年龄	保险安排	信托安排	核心资产配置	信贷运用
成熟期 （离巢期）	50～65 岁	以不同养老险或 年金产品储备退 休金	退休养老信托	股票 20%～40% 债券 40%～50% 货币 10%～40%	还清贷款
衰老期 （空巢期）	60～90 岁	投保长期看护险 受领即期年金	遗产信托	股票 0%～20% 债券 50%～60% 货币 20%～50%	无贷款

4）客户风险属性分析

在理财规划方案设计中，投资规划及投资工具的选择与客户风险属性密切相关。客户风险属性一般分为风险承受能力与风险容忍态度两个层面，理财师需对客户的风险属性进行分析评估。

首先，分析影响客户客观风险承受能力的因素。风险承受能力与客户的年龄呈反向关系，年龄越大，过去储蓄积累越多，未来收入预期越少，风险承受能力则随年龄增加而逐渐降低。与资金可用时间呈正向关系，资金可用时间越长，复利效应越明显，抵抗经济波动风险的能力就越强。与理财目标弹性呈正向关系，能够承受理财目标金额及实现时间变化的弹性越大，客户的风险承受能力越强。与家庭财富和收入呈正向关系，财富越多、收入越高，风险承受能力越强。

其次，分析主观风险容忍态度。根据客户对于风险的态度，可以将客户划分为风险厌恶型、风险中性型和风险偏好型。每个人主观上可以承受本金损失的程度往往不同，客户的主观风险偏好是决定投资工具选择或投资组合配置的关键因素之一。

最后，分析客户风险资产投资比例。对投资者客观风险承受能力起重要作用的是年龄因素，在只考虑年龄和三种不同的主观风险偏好的基础上，结合以股票为代表的风险资产和以存款为代表的无风险资产，可以用"100－年龄"作为风险资产的投资比例，再根据主观风险偏好进行调整。例如，30 岁的投资者可以投资 70%股票和 30%存款；50 岁的投资者可以投资 50%股票和 50%存款。风险偏好型投资者可以在依照年龄算出的股票比率的基础上加 10%～20%，风险厌恶型投资者可以在依照年龄算出的股票比率的基础上减 10%～20%，风险中性型投资者则可以维持依照年龄算出的股票比率。

（三）编制并提交理财规划报告

1．设计备选方案

在实务中，理财师在进行规划分析时，可采用树形图罗列出所有可能方案，进而筛选出各年度的现金流量能够满足客户理财目标者作为备选方案，并择优选出三个方案推荐给客户，供客户决策选择。

2．比较不同方案

（1）单一决策。单一决策即只考虑该决策所涉及的现金流量，还原为净现值，净现值高者优先考虑。

（2）生涯决策。生涯决策即把所有的理财目标涉及的现金流一起考虑，内部报酬率越低者,则达成所有理财目标所需要的投资报酬率越低,达成的可能性就越高,应优先考虑。在设定同一个折现率的情况下,应优先考虑净现值高的方案。

3. 个人理财规划方案要点

(1)理财方案必须先解决客户当前面临的急迫问题,再协助客户达成全生涯的理财目标。

(2)应提出主要方案与备选方案,分别做定性分析与定量分析。

(3)对于一般的全生涯规划,可以从全生涯现金流的角度判断目标可行性,并借助情景分析与敏感度分析提出调整方案。

4. 理财规划报告

理财规划报告是理财师与客户关于理财规划方案最终达成一致意见后,由理财师出具的关于客户委托理财服务全套方案的详细说明。其一般包括声明、摘要、理财规划分析、理财行动方案和理财产品推荐等几个方面。

(1)理财规划分析。其主要包括:客户家庭资产负债表及财务结构;客户家庭现金流量表及收支储蓄结构;对客户目前财务状况的诊断与建议;依照客户风险承受度设定合理的投资报酬率;根据设定的投资报酬率与理财目标达成年限,构建最有机会实现理财目标的投资组合方案;用各个时期的净现金流测算当期的资金缺口,提出应提高收入、降低支出或调整理财目标金额与年限的建议;依照生命价值法或遗属需求法,估算寿险保额需求。

(2)理财行动方案。其主要包括解决客户特殊需求的行动方案、投资调整方案与保险调整方案。第一,解决客户特殊需求的行动方案。当客户面临移民、离婚或分配财产,以及在现金流量非正常变化(大额流入或借贷需求)时,或者出于税收上的特别考虑,需要作出相应的特殊规划安排。第二,投资调整方案。比较现有的投资组合及建议的投资组合,列出可行的投资组合调整比率、金额及调整时机。第三,保险调整方案。评估客户目前已有的保险安排是否充分,评估家庭是否存在收入中断、费用激增等可能改变生涯现金流量的风险。以保费占收入的比例、保额为年支出的倍数等指标来衡量保险规划的合理性,提出保险规划调整方案。

(3)理财产品推荐。独立客观的理财师应该把理财规划与产品推荐严格分开,只有当客户要求理财师协助其执行规划方案时,理财师才能进行理财产品推荐。理财师可以在本机构提供或者代销的产品中寻找满足客户需要的产品,配置客户的投资资产。如果本机构没有满足客户需求的产品,本着以客户为中心的原则,应该尽可能客观地推荐其他金融机构的理财产品。

(四)实施理财规划方案

理财规划方案只有付诸实施,才能产生应有的效果并达到预期的目的。理财师可根据双方达成的协议约定服务范围。

1. 针对理财规划方案实施的职责达成一致

(1)确定方案的执行计划和内容。

(2)恰当和正确地划分理财师和客户在方案执行过程中的责任。

(3) 在需要时,寻求其他相关专业人员的帮助,或向其他专业人员咨询。

(4) 协调其他相关专业人员的工作。

(5) 在授权范围内可与其他相关专业人员共享信息。

2. 选择金融产品和服务

理财师应在其服务范围内为客户寻找并推荐与其确认的理财规划方案相符的产品及服务。理财师负责研究并推荐适合客户财务状况并能合理实现客户目标、需求及优先顺序要求的产品或服务。理财师在寻找上述产品和服务的时候应从客户利益出发并使用专业判断。专业判断包括定性信息和定量信息。由于符合客户需求的产品和服务不止一种,理财师设计的方案可能不同于其他专业人士。理财师应根据适用法规向客户披露所有相关信息。在推荐相关的产品和服务的同时,应展示理财规划策略及方案。

(五) 监督客户理财规划状况

随着环境的变化,可能出现影响客户理财目标实现的因素,理财师应建议客户定期检查并重新评估理财规划报告,以便适时作出调整。

1. 检查应有储蓄与实际储蓄之间的差异

应有储蓄是为了实现理财目标,必须牺牲现有消费而换取未来消费的份额。应有储蓄可以根据理财目标测算出来。例如王先生 30 岁,预计 65 岁退休,退休后生活 25 年,要实现购车 5 万元、购房 50 万元与退休后年生活费 3 万元的理财目标,不考虑货币时间价值,可计算出每年应有储蓄 3.71 万元,目前每年生活费 4 万元,则每年应有收入 7.71 万元。应有收入是王先生努力的目标。如果收入无法达到 7.71 万元,那么可以通过削减支出来达到。如果王先生年收入只有 7 万元,应有年储蓄为 3.71 万元,那么年储蓄率为 53%,每个月的支出预算为 2 742 元。目前月支出为 3 333 元,即每月支出要削减 591 元。如果削减支出不能一蹴而就,可以采取逐月降低开支的办法。

2. 检查应累积生息资产与实际累积生息资产之间的差异

在王先生的简单示例中,没有考虑货币的时间价值。然而货币的时间价值对理财来说非常重要。在实际运作时,生息资产的价值会随着时间的变化而变化。通常每个季度或每半年需要检查应累积生息资产与实际累积生息资产之间的差异。当两者之间差异过大且超过预期范围时,理财师应考虑是否需要调整原来制订的理财目标。例如,期初生息资产为 100 万元,预期收益率为 10%,半年后应到 105 万元。事实上客户将生息资产的 50% 投资于股市,50% 以现金形式保留,而股市这半年下跌了 20%,生息资产的价值也随之降到了 90 万元,与原来设定的累积目标之间相差 15 万元。在这种情况下,可以考虑通过降低理财目标金额、推迟目标实现年限或者增加储蓄额等方式来弥补缺口。

3. 理财目标未能达成时的调整

为实现预期理财目标,对理财方案进行调整时,可按以下顺序调整。

(1) 在收入能力范围内提高每月储蓄金额,用来定期定额投资国内外基金。

(2) 延后退休或延后购车、购房、创业等,让资产有更长时间进行财富积累。

(3) 降低原定理财目标需求水准,使未来目标与当前能力匹配。

(4) 提高投资报酬率假设,调整至积极型的投资组合来增加目标达成的可能性。

在调整理财方案时应注意以下事项。

(1) 调整后储蓄率一般不超过 50%。

(2) 子女教育无时间弹性,相比之下退休有一定的时间弹性,可根据客户具体情况而定。

(3) 理财目标需求水准可降低空间有限,应充分与客户沟通。

(4) 提高预期投资报酬率应以客户的风险属性为前提。

4. 意外收支与到期资产处理

1) 意外收支的处理

在定期检查期间,如果存在预料之外的大额收入,产生了资产配置需求,或者出现大额支出,致使储蓄计划无法实现,那么理财师就要对这些情况进行调整并制订相应计划。

2) 到期资产的配置

在初次规划时,对于有些没有到期的资产,如定期存款、两全保险、大额应收账款,都要事先制订规划,安排这些资产在到期之后如何进行重新配置。在定期检查时,要检视这些资产是按原计划实施,还是需要与客户商讨再做新的安排。

第二节　家庭财务状况分析与评价

了解、分析客户的家庭财务状况,就是帮助客户了解现在和将来拥有多少可配置的资源,这是综合理财规划服务中的关键环节。

一、家庭财务信息的收集与整理

要帮助客户明确现在的状况,切入点就是理财师对客户家庭财务状况的分析。而对理财师 KYC(know your client)的监管要求也是通过这个环节体现出来。

(一)收集客户家庭财务信息

客户家庭财务信息主要包括以下几个方面。

(1) 收入信息包括收入来源。

(2) 支出信息。

(3) 资产信息(包括一些储蓄、投资账户信息)。

(4) 负债信息。

(5) 现有保单信息。

(6) 其他相关的家庭、财务信息。

【例 12-1】 张先生家庭财务信息

张先生今年 45 岁,张太太今年 40 岁,现定居在广东佛山,育有一女 14 岁。张先生经营一家小型服装贸易公司,太太负责公司财务,目前公司资本额 600 万元。张先生家银行存款 50 万元,理财产品 300 万元。自住房产市值 400 万元,还有 80 万元商业贷款余额,等额本息还款,还需 10 年还清,公积金贷款余额 30 万元,还有 10 年还清。之后每 7 年装修房子,预算现值 60 万元。自用车一辆市值 60 万元,没有贷款。今后每 7 年换车,现值

60 万元。目前夫妻的住房公积金都用来还贷款,没有余额。张先生的个人养老金账户余额 15 万元,已缴费 15 年,太太 8 万元,已缴费 12 年。个人医疗保险金账户余额张先生为 6 万元,太太为 3 万元。

张先生月薪税前 3 万元,年终奖金 10 万元,张太太月薪税前 1.5 万元,年终奖金 5 万元。金融投资收益税后 15 万元,一家三口每年的生活费 8 万元,近年来公司发展稳定,未来 10 年税后利润 60 万元。两人均无商业保险。

经与张先生夫妇多次沟通,张先生希望 60 岁时和太太一起退休。预计张先生 80 岁终老,张太太 80 岁终老。退休后希望出国旅游,届时需要 80 万元,退休后年生活费保持 10 万元。张先生希望女儿在国内读本科,学费、生活费每年 10 万元,到加拿大读硕士两年,每年费用 30 万元。张先生夫妇希望女儿继承自己的事业,将来能够接管自己的企业。张先生想尽早设立一只 100 万元的专项基金,以资助失学儿童。

(二)编制客户家庭财务报表

要对客户家庭财务状况进行分析,首先要整理客户财务信息,即根据客户所提供的信息编制资产负债表和收支结余结构表。只有对客户的资产负债、收入支出和结余按科目进行分类整理,才能对客户的家庭财务状况有全面、清晰的把握,才能进行专业分析。

1. 资产负债表

根据张先生家庭财务信息编制资产负债表,如表 12-7 所示。

表 12-7 张先生家庭资产负债表　　　　万元

项　目	张先生	张太太	夫妻共同	合　计	比重/%
现金及活期存款			50	50	3.47
流动性资产			50	50	3.47
银行理财产品			300	300	20.80
个人养老金账户	15	8		23	1.60
医疗保险金账户	6	3		9	0.62
实业投资			600	600	41.61
投资性资产	21	11	900	932	64.63
自用汽车当前价值			60	60	4.16
自用房产当前价值			400	400	27.74
自用性资产			460	460	31.90
资产合计	21	11	1 410	1 442	100
商业贷款			80	80	72.73
住房公积金贷款			30	30	27.27
负债合计			110	110	100
净值	21	11	1 300	1 332	100

2. 收支结余结构表

根据张先生家庭财务信息编制收支结余结构表,如表 12-8～表 12-10 所示。

表 12-8　工资收入所得税计算

项　目	张 先 生	张 太 太
月薪收入/元	30 000	15 000
佛山 2016 年社会平均工资(月)/元	4 360	4 360
养老保险费提缴率/%	8	8
失业保险费提缴率/%	1	1
医疗保险费提缴率/%	2	2
住房公积金提缴率/%	12	12
企业年金提缴率/%	0	0
养老保险缴费/元	1 046	1 046
失业保险缴费/元	130.80	130.80
医疗保险缴费/元	261.60	261.60
住房公积金缴费/元	1 569.60	1 569.60
五险一金合计(月)	3 008.40	3 008.40
应税月收入/元	23 491.60	8 491.60
边际税率/%	25	20
速算扣除额/元	1 005.00	555.00
月缴税额/元	4 867.90	1 143.32
税后余额可支配月收入/元	22 123.70	10 848.28
税后余额可支配年收入/元	265 484.40	130 179.36

表 12-9　年终奖所得税计算

项　目	张 先 生	张 太 太
年终奖/元	100 000	50 000
年终奖/12/元	8 333.33	4 166.67
年终奖边际税率/%	20	10
年终奖速算扣除额/元	555	105
年终奖年缴税额/元	19 445	4 895
税后年终奖/元	80 555	45 105

表 12-10　家庭收支情况　　　　　　　　　　　　万元

家庭收支	张 先 生	张 太 太	夫妻共同	合　计
工薪收入(年)	36	18		54
年终奖	10	5		15
减：个人税费(工薪收入)	5.84	1.37		7.21
减：个人税费(年终奖)	1.95	0.49		2.44
减：五险一金	3.61	3.61		
税后工作收入合计	34.60	17.53		52.13
税后金额投资收入			15	15
减：归还住房贷款本金			5.23	5.23
归还住房贷款利息			4.90	4.90
减：家庭生活支出			8	8
家庭储蓄总额	34.60	17.53	−3.13	49

3. 家庭财务指标计算表

根据张先生家庭财务信息编制家庭财务指标计算表，如表 12-11 所示。

表 12-11　家庭财务指标

项　目	指　标	定　义	合 理 区 间	数　值
家庭压力指标	负债比率	负债/资产	60%以下	7.36%
	财务负担率	年本息支出/年可支配收入	40%以下	15.09%
	平均负债利率	年利息支出/负债总额	基本利率1.2倍以下	4.45%
家庭流动性指标	紧急预备金月数	流动资产/月总支出	3~6个月	33.10
家庭储蓄能力指标	工作储蓄率	(税后工作收入－消费支出)/税后工作收入	40%以上	84.65%
	总储蓄率	(总收入－总支出)/总收入	30%以上	73.72%
	自由储蓄率	(总储蓄－固定储蓄用途)/税后总收入	10%以上	57.90%
家庭投资能力指标	生息资产比率	生息资产/总资产	50%以上	64.63%
	财务自由度	年理财收入/年总支出	达到100%	187.50%
家庭保障程度指标	保费收入比	商业保险费/税后工作收入	5%~15%	0

二、家庭财务状况分析

（一）流动性方面

在例 12-1 中，张先生家庭的紧急预备金倍数超出正常区间的范围，表明家庭有过多的资金闲置，不利于资产增值。通常情况下，如果家庭近期无重大支出，建议以 3~6 个月的生活支出额作为一个基本的现金储备，在此基础上，根据具体情况可酌量增加，无须存有大量的现金。

（二）信用和债务管理方面

张先生家庭收入负债率、资产负债率、偿付比率、融资比率等财务指标较为合理。未来即使利率上升、月供水平提高，仍留有余地。

（三）收支结余方面

张先生家庭净储蓄率正常，表明张先生有较强的控制开支和增加净资产的能力。自由储蓄率在合理范围，提高家庭实现财务自由梦想的可能性，达成理财目标机会较大。

（四）投资和资产配置方面

如果不考虑实业投资，张先生家庭的平均投资报酬率较低，后续会依据风险属性做相应的资产配置调整。

（五）家庭财务保障方面

张先生家庭没有商业保险,在风险发生时,不足以给家庭带来充足的保障。建议在保费预算内相应加保,以应对家庭可能面临的风险,而且张先生家庭收入来源非常集中,投资性资产相对比较薄弱,家庭成员任何潜在人身风险都可能导致家庭财务危机,在后面的理财规划服务中,将通过对张先生家庭财务保障规划,以保证在不同阶段的目标得以实现。

三、结论和初步建议

在分析客户的财务状况之后,理财师可以得出初步的诊断,并从以下几个方面给出理财建议。

（1）通过收入结构分析,为客户提供税务筹划。

（2）通过流动性分析,引导客户关注家庭现金储备问题。

（3）通过信用和债务管理方面的分析,为客户提供债务调整方案。

（4）通过投资现状分析,为客户提供资产配置建议。

（5）通过家庭财务保障分析,提请客户关注潜在的风险,并做好保险规划建议。

经与张先生夫妇沟通并达成共识,认为张先生家庭财务状况良好,家庭储蓄能力强,但是工作收入来源单一,实业投资是最大投资资产。如果企业出现问题,会给张先生家庭带来很大的风险。同时,张先生的孩子即将读高中和大学,应建立 100 万元专项助学基金。张先生家庭现金过多,保留 9 万元作为家庭日常备用金即可,多余部分可购买理财产品。张先生家庭没有购买商业保险,需要尽快做好保险规划,提供风险保障。

第三节　确定理财目标

绝大多数客户一生所获得的财务资源是有限的,当对某一个理财目标和需求过多投入的时候,势必影响其他理财目标的达成。例如,当父母愿意为子女无条件付出的时候,有可能无法保障自身的退休生活品质。因此当我们对客户的理财目标进行综合评估和分析的时候,通常会使用现金流模拟仿真的方法,列支客户未来历年的各项主要收入和支出,观察其投资性资产以及所需要的投资报酬率的变动情况。这种模拟方法通常会模拟客户人生不同阶段的现金流,也称为全生涯模拟仿真法。

一、全生涯模拟仿真分析

（一）全生涯模拟仿真的概念

全生涯财务状况模拟仿真包含现金流量分析和投资性资产额度模拟分析两个部分,是检验客户是否达成其理财目标的重要分析手段,也是能比较全面地展示客户未来几年收入支出情况、现金流状况和投资性资产（理财财富）净值的变化状况的一种分析工具。首先我们先介绍一下模拟分析的原理。

全生涯现金流量模拟主要反映客户未来历年的现金流变化状况。每年净现金流量＝固定现金收入－非固定现金收入－固定现金支出－非固定现金支出。据此,我们可以通过 Excel 表格计算,从规划次年到预寿年龄中未来每年净现金流量,如果客户现年 35 岁,预寿年龄为 85 岁,我们可以展示客户在未来 50 年中每年现金净流量情况。当一些比较重大的资本支出产生时,如儿女婚嫁、购房换房等,当年现金净流量可以是负的。在当年的收入不足以满足支出的时候,就要看这个家庭是否有足够的积累或储备即理财准备来补充。家庭的资产分为流动性资产、自用性资产和投资性资产三种。由于自用性资产代表了家庭的生活品质,基本上不会用来变现去支付当年的净现金流缺口,而流动性资产金额通常比较小,因此,投资性资产就成为可考虑变现的主要对象。

(二)全生涯模拟仿真的制作步骤

全生涯模拟仿真的制作过程包括以下几个步骤。

(1)设置模拟环境。首先,我们需要设定一些关键的假设条件,如收支增长率、退休年龄、终老年龄等。这些参数将作为我们模拟仿真的基础。

(2)数据输入与整理。我们需要从家庭财务报表中获取数据,这可能包括资产负债表、收支储蓄表等。然后,我们需要将这些数据整理成可以在模拟中使用的形式,如列出未来不同阶段的各项收入和支出。

(3)计算期初理财准备。我们将计算期初可投资的生息资产,这代表了我们在模拟开始时的财务准备。

(4)计算历年的现金净流量。这将包括可能的正、负值。正的净现金流代表当年的结余金额,而负的净现金流则代表当年的收入不足以支付支出,需要变现投资性资产(即理财准备)来弥补缺口。

(5)评估投资报酬率。我们将计算客户要达成人生目标所需的投资报酬率,并评估该报酬率是否合理。如果太高或太保守,我们可能需要对其进行调整。

(6)计算历年的可配置投资性资产额度。这将观察在模拟过程中,理财财富是否出现负数的情况。如果出现负数,我们可能需要对其进行调整。

通过以上步骤,我们可以制作一个全生涯模拟仿真,帮助客户理解并规划他们的财务生涯。

二、调整和明确目标

详细分析客户的财务状况和评估拟定的理财目标是否可行后,综合理财规划就进入了调整和明确客户理财目标的部分。

在理财规划实务中,理财师通常因为客户的理财目标不合理或者还有提升的空间,而提出调整的要求,如遇到以下情况,则需要调整。

第一,客户所需要的长期年化投资报酬率明显偏高(比如超过 10%),如果以此作为未来预期报酬率,可能涉及较大的投资风险。

第二,客户在全生涯仿真资产模拟中某一年或某些年的投资资产即理财准备市值为负数,现金流出现问题,因此需要调整。

第三,根据客户的财务资源实现其所有理财目标后留下大额遗产,事实上客户可以享受更好的生活品质或增设新的目标,因此需要对理财目标进行调整。

第四,有很多客户没有想到的问题和需求,理财师根据自己的专业经验和客户家庭具体情况对客户未来的支出进行补充调整。

理财师应在服务过程中与客户充分沟通并调整相应的理财目标。与此同时,还可以就一些目标进行敏感性分析。敏感性分析主要体现在"在什么情况发生变化,例如收入增长率低于预期或通货膨胀率高于预期,您的财务状况将发生怎样的变化,例如某些目标不能达成"。在这个过程中,客户将充分地感受到自己不同阶段的理财目标之间的关系,为双方在明确理财目标的过程中达成共识打下重要的基础。调整内容可以包括以下方面。

(一)主要收入项

主要收入项包括退休年龄、预期收入及不固定收入。

(1)退休年龄。一些客户希望能早退休,但其实际的财务负担不允许其早退休,那么退休年龄的调整就顺理成章。

(2)预期收入。对未来的收入预期,收入增长率是其中一个比较重要的调整项。同时,如果客户的收入不稳定的话(如企业主或者是以销售佣金为主的职业),可以通过调整收入来进行敏感性分析,观察在不同收入情况下的家庭财务状况和理财目标达成情况有何变化。

(3)不固定收入。如非上市公司的股权变现收入、遗产和馈赠的现金、赎回投资获得的资本利得等,都可以做相应的调整或做敏感性分析。

(二)主要支出项

在调整并明确目标的过程中,最主要的调整对象是支出项。客户家庭未来的支出也是其生活品质的体现。当内部报酬率过高,说明客户希望获得的生活品质可能无法实现;当内部报酬率过低,说明客户可以提高生活品质,或可以有能力做更多的事情,如社会公益或对子女的财务支持;当投资性资产在某一年为负的时候,首先要检查这一年客户是否有重大的支出,这项支出是否为刚性支出,如果是刚性支出,那么还需看在此之前,有什么支出导致了这种情况,比如换购新车需要一大笔费用导致了这一年理财财富为负。因此在此过程中,理财师有义务提醒客户可能没有想到的潜在支出项,并在调整过程中进行添加。主要支出项在一定程度上也是客户各项分类规划项目的量化表现,如子女教育规划、子女财务支持规划、赡养支出规划、休闲旅游支出规划、自住房购置规划(包括购换房规划)、购车(包括换购车)支出规划、医疗保健支出规划、家政服务支出规划、家庭基本支出规划、保费支出规划等。

(1)子女教育规划。这个部分的内容相对比较刚性,调整空间并不是很大。但如果希望子女留学,需要考虑学费加上生活费用和往来探亲的费用,以及医疗保障方面的费用等。

(2)子女财务支持规划。如果子女年纪还小,很多客户通常会在理财规划中忘记这部分的费用。事实上,中国大部分父母都会对成年子女有一定的财务支持,如支付一部分婚礼费用、为子女负担购房首付、为子女创业提供支持等。这部分的支出弹性高,通常理财师应建议客户量力而行,不应该以牺牲自己的生活品质为代价来成全子女的索取。

（3）赡养支出规划。这项支出也相对比较刚性,最需要注意的是在赡养进入最后阶段(老人超过 80 岁)后,相应的家政服务支出和医疗保健支出会有较大的增幅,同时要考虑丧葬费用。

（4）休闲旅游支出规划。这部分的支出弹性较大,每年的休闲旅游支出预算可高可低,也可以在具体的计划预算中灵活安排。

（5）自住房购置规划。这是理财规划中比较重要的部分,购房支出往往是家庭中重大的支出项目,而且包含的内容比较多:购房总价多少? 首付多少? 贷款以及还贷额度是多少? 购房时的各类税杂费用是多少? 还有一项支出是很多客户自己经常疏忽的,那就是装修费用,不仅是购房当年的装修费用,还有未来需要装修的费用。这些支出项都可能进行调整或敏感性分析,并给予客户比较明确的预算额度。

（6）购车(包括换购车)支出规划。因为私家车的价格范围较大,换车的时间长短也在客户掌控当中,所以这项支出的弹性也较大,是主要的调整内容。私家车的换车费用一定要考虑进去,如果客户没有关注到,理财师应该提醒客户。

（7）医疗保健支出规划。这项支出相对比较刚性,为未来多准备一点医疗保健支出预算是比较稳妥的做法。如果客户的预算较低,则需要提醒客户。

（8）家政服务支出规划。这部分的支出主要是家政服务人员的薪酬和保险费用(作为雇主,应该考虑到家政服务人员的责任保险,通常应为其购买一份意外伤害险)。其中基本薪酬及其增长率需要和市场接轨,调整空间不是很大,但可以考虑钟点工的形式。

（9）家庭基本支出规划。这部分的支出主要是以当前的基本支出为基数,以后每年以一定的增长率(通常以通货膨胀率来衡量)计算,调整的空间不大。

（10）保费支出规划。这部分的支出调整弹性较低。如果没有家庭财务保障规划,一旦风险事故发生,如收入中断或大笔意外支出,家庭生活水准将受到影响以及其他目标将可能无法实现。在完成了家庭财务保障规划后,把保费支出输入全生涯模拟仿真电子表格,可以看到内部报酬率(即要实现所有理财目标所需要的投资报酬率)会相应提高,只要这个预期报酬率在风险可控范围内或者说低于风险测评得出的预期报酬率,那么理财师就可以告诉客户,我们是把不确定的人身风险转化成了可控的投资风险,这样,客户对保险的接受度会更高些。

调整后的各项支出,其实也向客户规划了以后历年的家庭支出预算和投资所需的报酬率,所有的单项规划也基本在这个过程中完成。调整和明确客户未来人生不同阶段目标的目的在于帮助客户看清楚,在自己家庭财务资源有限的情况下,自己能实现怎样的生活目标和品质;同时也通过敏感性分析,让客户了解各理财目标之间的关系,并在此过程中达成一种平衡。

第四节　制订综合理财规划方案

一、对当前财务问题的建议

理财师需要特别关注客户最先提出或关注的家庭财务问题。这些问题往往是客户找理财师做全方位理财规划的出发点,也是客户目前最关心的问题,理财师从全面、系统的角度去分析,帮助客户提出解决这些问题的方案,从而把客户的某一个家庭财务决策引导到全方位的综合理财规划。

所以,综合理财规划建议首先要从客户当前关心的财务问题入手,告诉客户如何去解决这些问题。

在例 12-1 中,客户张先生夫妇当前最关心的问题是企业传承、养老和女儿教育对家庭财务的影响,通过对张先生家庭未来各项主要现金流的模拟,我们可以得到的结论是:在收入稳定增长、对未来家庭财务进行合理规划的情况下,张先生家庭的目标是可行的,需要持续与张先生夫妇和女儿沟通企业传承的事宜。

通过全生涯模拟仿真,我们也看到对未来每项主要现金流的合理规划的重要性,合理规划包括以下几个方面的内容。

(1) 对每年各项支出制定合理的预算和增长率。

(2) 当收支发生偏离的时候及时调整。

(3) 关注投资性资产的投资组合的表现以满足投资报酬率的要求。

(4) 当投资结果发生偏离的时候及时调整。

(5) 努力工作以保证收入的稳定和增长。当收入发生变化时,适时调整理财目标。

(6) 制订完善的家庭财富保障计划,应对各种潜在风险。

以上内容正是理财规划服务所能提供的,我们将和张先生夫妇一起来实施,让规划内容落地,以满足其在人生不同阶段的需求。

二、实现其他理财目标的方案及措施

理财师在为客户解决其所关心的财务问题时,比较全面地分析其现在和未来的财务状况,以及其他的理财目标,包括对客户自己事先没有想到的家庭财务问题也会进行相应的分析和规划,并在此过程中和客户进行良好的沟通。

在对这些理财目标进行规划的过程中,理财师对客户的财务资源进行科学的分析和安排,使其在实现各项理财目标的同时,能够满足相应的生活品质要求,因此在西方发达国家把理财规划也称为生活品质规划(lifestyle planning)。

三、家庭财富保障规划及建议

以下我们将介绍如何在综合理财规划中,为客户制订家庭财富保障规划,并据此为客户配置保险产品。

没有财务保障的理财规划是没有根基的,潜在的风险可能使目标和精心准备的规划沦为泡影。我国许多居民的保险意识虽然在过去十多年中得到很大的提高,但还没有充分意识到保险的重要性,这和保险行业长期以来“以产品为导向”的传统销售模式也有较大的关系。和传统销售模式相比,综合理财规划服务更倾向于从专业角度评估客户的风险,用数据和事实来说明保险的重要性,以理性和亲情相结合的方式,帮助客户完善家庭财务保障,以保证其人生不同阶段的生活品质。

（一）家庭财富保障规划的引导

总结实务经验，单纯向客户介绍保险如何"好"不足以让客户认识到保险或财富保障规划的重要性。综合理财规划服务是从家庭财务状况的分析过程中引导客户去认识家庭财富保障规划的重要性。

（1）收入是普通家庭最重要的财务资源之一。如果家庭收入尤其家庭主要劳动力的收入意外中断，家庭财务就很可能会陷入困境，甚至一些较为刚性的需求就无法实现，如中断子女高等教育、对父母的赡养，甚至自身所期待的生活品质也无法维持等。

（2）目前的投资性资产也是普通家庭的重要收入来源和补充。当出现意外（如重大疾病）需要变现投资性资产时，未来的理财收入就会减少，势必会影响客户未来理财目标的实现。有时客户甚至会被迫变现自用性资产，如卖房，从而降低其生活品质。

（3）理财师与客户一起对其家庭未来不同阶段的理财目标进行调整和明确，能否实现目标是基于客户家庭现在及未来的财务状况是否符合我们的预期。一旦意外风险发生，如果客户没有应对措施，那么其多年的努力将会付诸东流。

客户引导是综合理财规划服务中一项非常重要的内容。所谓的客户引导技巧，不是一味地营销某种理念、某种产品的特点和优势，而是能挖掘出客户已知或潜在的需求，引导客户自己认识到综合理财服务的必要性。引导技巧在家庭财务保障规划过程中尤为重要，要找出客户的痛点、痒点，让客户感知，被唤起意识，引导出显性的理财需求，尤其是保障保险需求。

（二）家庭财务保障规划的步骤

为客户制定家庭财务保障规划包括以下五个步骤。

（1）风险识别。

（2）风险评估。

（3）测算客户保障需求额度。

（4）保险产品建议。

（5）评估风险管理效果。

1. 风险识别

风险识别就是帮助客户分析、明确财富保障的需求。一个普通家庭潜在的家庭财务风险有多种形式，包括人身风险、财产风险、责任风险、信用风险、投资风险等。其中，对客户影响最大的莫过于人身风险。在人身保险中，风险事故是与人的生命和身体有关的"生、老、病、死、残"。客户一旦因意外、疾病或者死亡导致收入减少甚至中断的话，不管是短期的还是长期的，对客户家庭生活来讲都是非常严重的打击。各类医疗费用直接成为大笔意外支出，进而影响客户的储蓄能力。然而，事实上很多客户往往忽视这方面的风险，客户似乎宁愿相信这一切不会发生在自己或家人的身上。因此帮助客户正确识别潜在的人身风险，思考这些风险发生后对自身家庭财务状况的影响，是家庭财务保障规划中最为重要的一个环节。一个普通家庭可能面对以下三种由人身风险而导致的财务风险。

（1）因意外或疾病造成家庭主要成员身故，从而导致家庭收入大幅度减少甚至中断的风险。

（2）由于意外或疾病导致医疗费用的大幅度增加的风险。

（3）因意外或疾病造成家庭成员失去从事原来工作的能力（伤残），从而导致家庭收入大幅减少甚至中断的风险。

以上三种因为人身风险所产生的财务风险是家庭财务保障规划的重点。除了人身风险外，理财师也应该帮助客户了解可能存在的其他潜在风险，比如：

（1）责任风险。对雇用家政服务人员的家庭，有企业和员工的家庭，拥有私家车的家庭等。

（2）财产风险。针对房屋、私家车、家具等家庭财产的损失可能。

（3）信用风险。尤其是针对朋友间的借贷和一些特殊"投资"渠道可能产生的无法收回借出去的资金的风险等。

（4）投资风险。涉及流动性风险、系统性风险和非系统性风险等，这个部分的内容将在投资规划建议部分中为大家做更为详尽的介绍。

2. 风险评估

风险评估是对风险发生的损失程度结合家庭财务的其他因素进行全面考虑，评估风险的危害程度，并决定是否需要采取相应的措施或采取何种对策。

理财师应当就前面提到的三大风险，结合客户情况，一一进行分析评估。

3. 测算客户保障需求额度

常见方法有：双十法则、生命价值法（净收入弥补法）、遗属需求法。

4. 保险产品建议

家庭财务保障规划不仅帮助客户认识到潜在的风险，还包括评估风险事件发生后对其家庭生活品质和理财目标的负面影响，然后通过配置相应的保险产品，让财富保障规划落到实处。

在保险产品的配置问题上，理财师应遵循以下几个原则。

（1）先依照客户的保障需求做好人寿保险规划，考虑客户的预算能力来配置险种。

（2）发生概率虽小但后果严重的风险应优先考虑。

应以"保障优先"的原则来制定家庭财富保障规划，优先配置保障型险种。同时要综合考虑客户的财务状况或预算开支能力再考虑储蓄分红或投资连结的险种。对于普通家庭，保险的主要功能是财富保障，而非资产增值。

（3）保费预算不充足时，尽量不要减少客户所需的保额。

家庭财富保障规划中，保险产品的配置是一项非常重要的工作。理财师需要针对每一位家庭成员可能带来的潜在财务风险提出相关建议。

5. 评估风险管理效果

评估风险管理效果是指对风险管理策略的适用性及收益性情况的分析、检查、评估和修正。风险管理效益的大小，取决于是否能以最小成本获得最大保障，同时在实务中还要考虑风险管理和整体目标是否一致、是否可行，即可操作性和有效性。这一工作包括以下三个方面的内容。

（1）风险覆盖评估。风险覆盖评估主要针对客户面临的主要风险，验证风险管理方案对这些风险的覆盖情况。理财师需要对每一位家庭成员可能存在的潜在风险是否得到有效覆盖进行评估。在很多时候，由于国内保险产品的局限，一些风险尚不能完全覆盖，理财师应对客户如实告知。

（2）可行性评估。当客户家庭主要成员的人身风险都得到一定程度的覆盖后，我们同样要看保险预算占客户可支配收入的比例，一般来说保障型保险的保费预算不超过可支配收入的10%，但如果客户通过保险进行储蓄的话，这个比例可以相应提高，应该具体分析、分别计算。但如果偏高的话，则需要做一定的调整。

（3）整体性评估。无论是家庭财富保障规划还是投资规划，都必须是综合理财规划的重要部分，因此，需要把保障方案并入整体规划，统一协调、规划。

（三）特殊情况的处理

在理财规划实际工作中，家庭财务保障规划有时会遇到非常复杂或特殊的情况。请看以下案例及对策建议。

1. 客户已有商业保单

随着居民保险意识的日益增强，不少客户在遇到专业理财师以前就拥有商业保单。理财师应当认真评估已有保单对客户潜在风险的覆盖情况，并尽可能在原有保单的基础上进行加保或增加新的保险产品。如果有必要进行保单转换，要注意到在转换期间不要让客户"脱保"，新旧保单一定要有连贯性，通常在新保单核保成功后，老保单才可以中断。同时，理财师要特别考虑到客户在转换过程中可能的损失或负担的成本，也核实是否可以在同一家保险公司中转换保单种类，如果可以，转换保单的成本应该会比转到其他保险公司的优惠，对此理财师有责任如实告知并以客户利益至上为原则。

客户已有保单中包括投资连结险或者万能险等投资型险种的话，如前所述，在规划时理财师需要把保障功能和投资功能区分开来，在家庭财富保障的部分专注于保单对家庭财富的保全功能。

2. 客户工作单位的团体保险

如果客户购买了团体保险，理财师应当向客户解释团体保险的局限性：一旦工作单位有变动，或者事业有变化，如创业或失业，原有的团体保险的保障就不复存在。如果那时客户年龄已大，或者有某些慢性疾病，商业保险的核保就会相对复杂，甚至有被拒保的可能性，并且保费也会较高（因为保险公司可能会增加保险费率）。因此在普通家庭中，还是要以商业保险作为主要的保障手段。

3. 事业有成的企业主保险问题

如果客户是一名事业有成的企业主，个人所得税的平均税率高于企业所得税，那么可以考虑通过团体保险为自己做一部分的保障。当前市场上团体保险的保障范围已逐渐扩大，有的团险包括了寿险、重大疾病险、意外险和医疗险，甚至企业员工的配偶也可以加入团体保险中来。虽然这部分的保费支出对企业而言是无法税前扣除的，但是团险保费相对较低廉，个人也无须就这部分利益交个人所得税。当然，对家庭而言，商业保险应当作为主要的保障手段。同时，团体保险的一些保障内容和商业保险还是有一定的差异性，理财师必须关注这些区别，并对客户尽到如实告知的义务。

四、资产配置和产品推荐

投资规划,核心是资产配置和投资理财产品推荐,无疑是理财规划中最受关注、与其他目标关联和影响最大的一项工作。结合前面章节所讲的关于投资规划、资产配置的知识、方法,在综合理财规划时理财师应该做的主要工作和遵循的步骤如下。

(1)分析和评估客户的家庭情况和财务状况。

(2)明确客户的理财目标并量化理财目标,即计算客户目标在何时能实现、所需金额等。

(3)通过全生涯财务状况的模拟仿真及其调整,根据客户现在和未来的资源、所需金额和距离目标年限,通过货币时间价值计算,算出客户满足所有人生不同阶段的目标所需的投资报酬率。结合客户的风险属性判定,设定不同阶段的预期投资报酬率。

(4)根据设定的现阶段投资报酬率,进行相应的资产配置。资产配置由不同类别的资产所组成,主要包括股票、债券、现金和房产等(也可以是上述资产类别的基金产品)。这些资产类别需有较长的投资回报率历史数据统计,以便预测未来可预期的长期投资报酬率。

(5)根据资产配置比例选择具体的投资理财产品,建立投资组合。

以上是理财师为客户制订投资规划方案的过程和主要内容,但是理财师的工作并未到此结束。理财师还需承担以下两个方面的监督任务。

第一,跟踪检查投资组合的整体业绩是否和预估的投资报酬率相一致,如果低于后者,决定是否需要作出调整,以及如何调整。

第二,跟踪其他参与投资规划的专家,如证券公司的投资顾问在投资过程中的表现,这个表现不只是业绩的好坏,另外还包括他们的服务态度和水平,以及是否严格遵守或履行了当初的承诺等。

投资规划是基于对客户家庭财务状况分析和对未来的理财目标设定,对客户现在和未来的资源进行配置和具体管理的结果。投资规划方案主要包括设定预期报酬率、资产配置、产品配置三个主要环节。

(一)客户风险属性测评和预期报酬率设置

理财师在为客户进行投资规划之前,首先要了解客户的风险属性。

了解客户的风险属性有许多方法,譬如理财师与客户面对面沟通、观察,应用风险属性工具,了解客户过往的投资历史和行为等。目前,很多金融机构将判断客户风险属性时涉及的重要问题形成标准化的测评问卷,来规范风险测评的统一性,这就是我们通常说的风险测评问卷。但是每个客户都有其特殊性,风险测评问卷中的问题并不能涵盖客户理财规则中的全面情况,因此,理财师在判断客户的风险属性时,应以风险测评问卷结果为基础,将测评结果与理财师对客户的了解相结合,不要简单依据一种方法。

确定客户的风险属性后,理财师应在与客户风险属性相匹配的预期投资报酬率内为客户推荐资产配置与产品。前文已经介绍了通过全生涯模拟仿真获得"客户实现人生不同阶段的目标所需要的投资报酬率",即内部报酬率,这是客户达成理财目标所需要的最低报酬率。那么,预期报酬率应该既能够满足客户的理财目标也就是高于内部报酬率,同时也在客户可承受的风险属性范围之内。

（二）资产配置

当不同阶段的预期报酬率设定后，理财师就进入资产配置的阶段。前面我们已经介绍了现代投资组合理论和资产配置的概念。在理财规划实际工作中，资产配置主要包括以下几个步骤。

第一，选择风险资产类别。

第二，根据所选择的资产类别的长期预期报酬率、标准差和相互之间的相关系数，在有效前沿上找到最优风险资产组合，及其预期收益率和标准差。

第三，选择无风险资产及其无风险利率，结合客户的风险系数，在资本市场线上找到无风险资产和最优风险资产组合的比例，即最优投资组合。

第四，对应客户现阶段的预期报酬率，和最优资产组合进行比较，并确定相应的资产配置比例，及其标准差。

在明确了客户的资产配置比例后，理财师需要把客户当前的资产配置情况与其进行比较和调整。

我们将张先生家庭的长期资产配置比例如表 12-12 所示设置。

表 12-12　长期资产配置比例　　　　　　　　　　%

资 产 类 别	配 置 比 例
股票	60
债券	40
无风险资产	0
预期收益率	6.94
标准差	6.19

注意：以上资产配置是以马科维茨均值方差组合理论为基础，同时基于以下相关要素的假设而获得。具体如表 12-13 和表 12-14 所示。

表 12-13　不同资产的收益率和标准差　　　　　　%

资 产 类 别	收 益 率	标 准 差
无风险资产	2.91	—
债券	3.71	0.66
股票	9.08	20.03
其他	0	0

表 12-14　不同资产相关系数

相 关 系 数	现 金	债 券	股 票	其 他
现金	1.00			
债券	0.46	1.00		
股票	0.50	0.11	1.00	
其他	0.00	0.00	0.00	1.00

（三）产品配置

产品配置是根据目标资产配置的结果，在每一资产类别中选择相应的产品。比较现有的资产配置和目标资产配置，制订调整计划将现有的资产配置整到目标资产配置，然后与同类型的产品置换。理财师必须向客户说明理由和可能带来的损失或支付的成本，在此特别说明一点，如果理财师从新推荐的理财产品销售中获得利益（如佣金提成），更需要事先告知客户和征求客户意见。

 即测即练

参 考 文 献

[1] 戴艳军,吴桦.论习近平对马克思主义财富观的继承与发展[J].思想理论教育导刊,2019(6): 10-16.

[2] 白光昭.我国理财规划发展的总体框架研究——基于青岛理财规划金融综合改革试验区的经验 [J].山东工商学院学报,2019,33(1):3-16.

[3] 李君平.理财规划研究述评与展望[J].外国经济与管理,2014,36(8):73-81.

[4] 吴树畅.居民理财[M].成都:西南交通大学出版社,2015.

[5] 张新民,钱爱民.财务报表分析[M].5版.北京:中国人民大学出版社,2020.

[6] 张成栋.家庭管理会计简论——读懂家庭财务 实现财富自由[M].北京:中国财政经济出版 社,2020.

[7] 刘夏.子女教育金的选择[J].理财,2020(6):56-57.

[8] 夏吟兰,龙翼飞,曹思婕,等.中国民法典释评·婚姻家庭编[M].北京:中国人民大学出版社,2020.

[9] 杨大文,龙翼飞.婚姻家庭法[M].8版.北京:中国人民大学出版社,2020.

[10] 黄祝华,韦耀莹,孙开焕.个人理财[M].5版.大连:东北财经大学出版社,2019.

[11] 中国银行业协会银行业专业人员职业资格考试办公室.个人理财(初级)[M].北京:中国金融出 版社,2021.

[12] 中国银行业协会银行业专业人员职业资格考试办公室.个人理财(中级)[M].北京:中国金融出 版社,2021.

[13] 中国注册会计师协会.税法[M].北京:中国财政经济出版社,2023.

[14] 宋蔚蔚.个人理财[M].2版.北京:中国人民大学出版社,2020.

[15] 刘兆华.纳税筹划[M].4版.大连:东北财经大学出版社,2017.

[16] 梁文涛.纳税筹划[M].7版.北京:中国人民大学出版社,2023.

[17] 张怡姮.海外家族信托:财富传承印记[J].金融博览(财富),2014(8):55-57.

[18] 邱峰.家族财富传承最佳之选——家族信托模式研究[J].国际金融,2015(2):63-69.

[19] 孙志强.财富传承视角下的家族信托模式研究[J].经济视角,2020(4):55-68.

[20] 理财规划师(CHFP)专业委员会组编.家庭财务规划[M].6版.北京:中国金融出版社,2021.

[21] 理财规划师(CHFP)专业委员会组编.风险管理与保险规划[M].6版.北京:中国金融出版 社,2021.

[22] 李善民.个人理财规划理论与实践[M].北京:中国财政经济出版社,2005.

[23] 吴树畅,郭云.财务管理[M].成都:西南财经大学出版社,2006.

[24] 吴树畅.动态财务理论[M].北京:经济管理出版社,2012.

教师服务

　　感谢您选用清华大学出版社的教材！为了更好地服务教学，我们为授课教师提供本书的教学辅助资源，以及本学科重点教材信息。请您扫码获取。

≫ 教辅获取

本书教辅资源，授课教师扫码获取

≫ 样书赠送

财政与金融类重点教材，教师扫码获取样书

 清华大学出版社

E-mail: tupfuwu@163.com
电话：010-83470332 / 83470142
地址：北京市海淀区双清路学研大厦 B 座 509

网址：https://www.tup.com.cn/
传真：8610-83470107
邮编：100084